含硫气田管道完整性
管理创新与实践

主　编：赵　松
副主编：朱　愚　秦　伟　胡昌权　梁　平

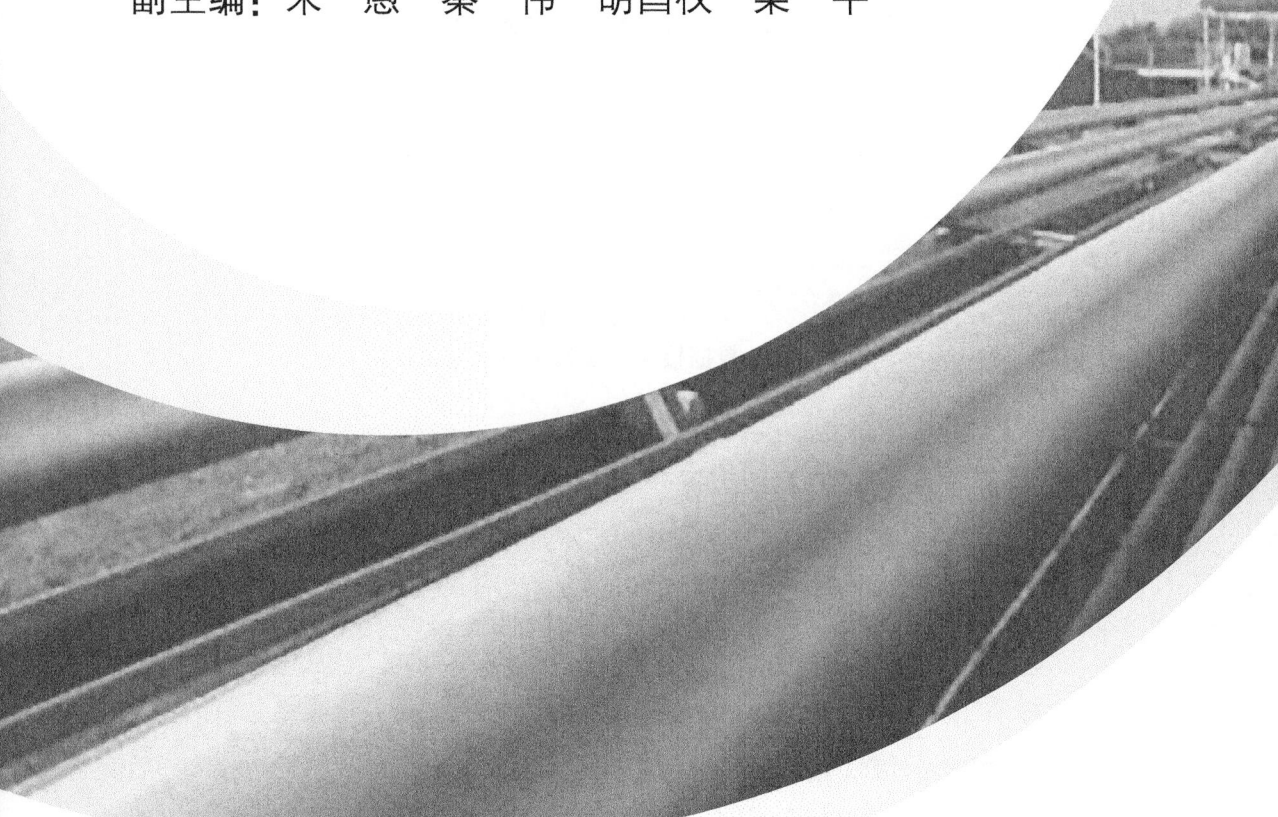

石油工业出版社

内容提要

本书主要从川东气田的勘探开发概况和完整性管理发展历程出发，重点介绍了酸性气田介质危害控制、气田管道本体完整性管理、气田管道外腐蚀防护完整性管理、气田管道环境影响及防治、气田管道风险评价与管理、气田管道完整性管理平台建设等方面的内容，并结合酸性气田集输管道生产运行中的安全问题，较为全面地阐述了管道完整性管理的对策及取得的成效。

本书可供从事酸性气田地面集输的生产管理和工程技术人员借鉴、参考。

图书在版编目（CIP）数据

含硫气田管道完整性管理创新与实践/赵松主编
.—北京：石油工业出版社，2022.12
ISBN 978-7-5183-5626-3

Ⅰ.①含… Ⅱ.①赵… Ⅲ.①高含硫原油–石油管道–完整性–管理②高含硫原油–天然气管道–完整性–管理 Ⅳ.①TE973

中国版本图书馆 CIP 数据核字（2022）第 178580 号

出版发行：石油工业出版社
（北京安定门外安华里 2 区 1 号　100011）
网　　址：www.petropub.com
编辑部：（010）64523535　图书营销中心：（010）64523633
经　　销：全国新华书店
印　　刷：北京中石油彩色印刷有限责任公司

2022 年 12 月第 1 版　2022 年 12 月第 1 次印刷
787×1092 毫米　开本：1/16　印张：16.5
字数：400 千字

定价：100.00 元
（如出现印装质量问题，我社图书营销中心负责调换）
版权所有，翻印必究

《含硫气田管道完整性管理创新与实践》

编委会

主　编：赵　松

副主编：朱　愚　秦　伟　胡昌权　梁　平

成　员：罗嘉慧　宋　伟　钟国春　魏　伟　刘正雄　李　媛
　　　　罗　驰　张　宸　雍　芮　杨　凯　刘世常　游春莉
　　　　何　鹏　杜　卞　王大庆　万立夫　游　赟　董超群
　　　　黄辉荣　刘建勋　周鹏博　何涓涓　涂莹谦　宋敬涛
　　　　冯　毅　叶富铭　赵　勇

序

随着我国经济的快速增长和社会生产力的显著提高，对清洁能源的需求持续推动着天然气工业的发展。中国石油作为国内最大的油气生产商，是"提升油气勘探开发力度、保障能源安全"重任的主要承担者。川东气区作为全国大型天然气产供销基地之一，经过几代石油人的不懈努力，截至2020年底，累计产气量$1900.67\times10^8m^3$，建成天然气集输管线4800余千米，集输站场592座，年原料气集输能力$100\times10^8m^3$，年净化气输送能力$80\times10^8m^3$，占中国石油西南油气田天然气产量的60%以上，占全国陆上天然气总产量的1/4。

重庆气矿是川东气区的主力油气勘探开发区块，截至2020年底，共开发气田37个、气藏132个，累计投产井702口，累计产气$1900.67\times10^8m^3$。一直以来，重庆气矿坚持推进科技创新和管理创新，将国际先进的管理方式、先进的技术引入并应用到日常的生产过程中。

管道完整性管理是当前国际上广泛认可的最佳管道安全管理方式，也是更新管理理念、提高管理水平的有效举措。结合酸性气田特性，重庆气矿自2006年起率先开展了管道完整性管理工作。经过多年刻苦攻关，不断突破瓶颈、完善体系，形成了一系列的管道、站场设备完整性管理的技术标准、工作导则、评价流程和实施方案等，建立了独具特色的酸性气田完整性管理模式。

由重庆气矿组织编写的《含硫气田管道完整性管理创新与实践》适时梳理了在气田管道完整性管理方面的技术经验和理论成果，是对含硫气田集输管道完整性管理体系比较全面、系统、科学的总结，填补了我国此类书籍的空白，具有广泛的实用性。该书的出版，一定会对国内气田管道完整性管理的推广和应用提供很好的指导作用，并对天然气的深度勘探开发利用作出应有的贡献。

preface

前言

川东气区历经几十年开发建设，目前建成地面集输管道近5000km，管网纵横复杂，覆盖川渝地区41个区县，具有含硫气集输管道多、投运跨度年限长、途经高后果区多、管道周边第三方破坏和自然灾害多等特点，给气区的安全生产管理造成极大的挑战。

自2006年起，重庆气矿作为试点开展管道完整性管理，迄今已形成了独具特色的酸性气田完整性管理模式。为总结多年来取得的完整性管理技术成果和实践管理经验，以便于从事酸性气田地面集输的生产管理和工程技术人员借鉴与参考，中国石油西南油气田公司重庆气矿组织编写了《含硫气田管道完整性管理创新与实践》一书。

本书在概述重庆气矿完整性管理现状基础上，分别从管内介质危害控制、管道本体缺陷检测评价、管外环境危害控制和管道综合风险评价等方面介绍了酸性气田管道完整性管理技术及实践后果，最后介绍了重庆气矿完整性数字化管理平台的建设及应用。

本书共分为7章。第1章由赵松、梁平、朱愚、王大庆和刘正雄编写；第2章由胡昌权、钟国春、涂莹谦、游春莉和万立夫编写；第3章由秦伟、罗嘉慧、雍芮和董超群编写；第4章由张宸、宋伟、周鹏博和黄辉荣编写；第5章由刘世常、李媛、刘建勋、杜卞和赵勇编写；第6章由罗驰、何鹏、杨凯、王大庆和冯毅编写；第7章由魏伟、游赟、何涓涓、叶富铭和宋敬涛编写。

本书在编著过程中得到了西南油气田公司各级领导与专家的倾情指导和帮助，在此一并表示衷心感谢。

由于笔者知识和经验有限，书中难免存在不足之处，敬请读者批评指正。

前言

目录
contents

第1章 绪论 ·· 1
  1.1 川东气区勘探开发概况 ··· 1
  1.2 重庆气矿管道完整性管理发展历程 ································· 2
  1.3 重庆气矿管道完整性管理体系 ······································· 3

第2章 酸性气田介质危害控制 ·· 5
  2.1 天然气脱水技术 ··· 5
  2.2 缓蚀剂预膜工艺 ··· 17
  2.3 管道防冻堵方法 ··· 34
  2.4 管道清管工艺 ··· 43

第3章 气田管道本体完整性管理 ·· 52
  3.1 管道检测评价原则 ··· 52
  3.2 管道智能检测技术 ··· 62
  3.3 管道内腐蚀直接评价 ·· 74
  3.4 管道压力试验 ··· 78
  3.5 管道监测技术 ··· 83
  3.6 管道缺陷修复技术 ··· 102

第4章 气田管道外腐蚀防护完整性管理 ································ 108
  4.1 防腐层检测评价技术 ·· 108
  4.2 阴极保护系统有效性检测技术 ····································· 111
  4.3 外腐蚀防护修复技术 ·· 116

第 5 章　气田管道环境影响及防治 …………………………………………… 122
5.1　气田管道高后果区识别与管理 ……………………………………… 122
5.2　地质灾害评价与防治技术 …………………………………………… 135
5.3　专项检测 ……………………………………………………………… 164

第 6 章　气田管道风险评价与管理 …………………………………………… 177
6.1　评价标准 ……………………………………………………………… 177
6.2　管道风险评价 ………………………………………………………… 179
6.3　管道风险管理 ………………………………………………………… 212

第 7 章　气田管道完整性管理平台建设 ……………………………………… 219
7.1　建设背景 ……………………………………………………………… 219
7.2　数字化管理平台架构 ………………………………………………… 222
7.3　数字化平台应用 ……………………………………………………… 248

参考文献 ………………………………………………………………………… 251

第1章 绪　　论

1.1 川东气区勘探开发概况

川东气区历经几十年开发建设，目前建成天然气集输管线4800余千米，集输站场592座，原料气集输能力 $100 \times 10^8 \text{m}^3/\text{a}$，净化气输送能力 $80 \times 10^8 \text{m}^3/\text{a}$，占西南油气田天然气产量的60%以上，占全国陆上天然气总产量的1/4。矿区地面集输管网系统覆盖川渝地区41个区县，具有管网纵横复杂，含硫气集输管道多，管道投运跨度年限长，管道的设计、制管、防腐、施工验收等标准都不同，途经高后果区多，伴随城市化的进程，管道周边第三方破坏多，自然灾害多等特点，给矿区的生产管理和安全管理带来了极大的挑战。

川东气区勘探开发分为3个阶段，在1978年石炭系勘探开发突破后，气矿储量和产量实现了大幅增长，2001年以来以礁滩气藏勘探为主，探索寻找战略接替层系。

根据GB/T 26979—2011《天然气藏分类》中对含酸性气体气藏的划分规定，将 CO_2 含量大于10%且小于50%、H_2S 含量大于 0.02g/m^3 或体积分数大于0.0013%的气藏视为高含 CO_2 含硫气藏，具体规定见表1.1和表1.2。按此分类标准，川东气区属于典型的酸性气田，含有较高浓度的 H_2S 和 CO_2，其中大猫坪、五百梯及高峰场区块的部分气井更是酸性组分双高井。酸性气田开发存在严重的腐蚀性和危险性，对地面集输系统的安全管控一直是油气储运安全工程领域的难题。

表1.1 含 CO_2 气藏分类

分类	微含 CO_2 气藏	低含 CO_2 气藏	中含 CO_2 气藏	高含 CO_2 气藏	特高含 CO_2 气藏	CO_2 气藏
CO_2 体积分数（%）	<0.01	0.01～<2.0	2.0～<10.0	10.0～<50.0	50.0～<70.0	≥70.0

表1.2 含 H_2S 气藏分类

分类	微含硫气藏	低含硫气藏	中含硫气藏	高含硫气藏	特高含硫气藏	H_2S 气藏
H_2S 含量（g/m^3）	<0.02	0.02～<5.0	5.0～<30.0	30.0～<150.0	150.0～<770.0	≥770.0
H_2S 体积分数（%）	<0.0013	0.0013～<0.3	0.3～<2.0	2.0～<10.0	10.0～<50.0	≥50.0

1.2　重庆气矿管道完整性管理发展历程

重庆气矿是四川盆地东部地区天然气开采、集输、销售和科研等生产经营活动的专业化天然气生产单位，在川东地区拥有探矿权和采矿权面积合计 $3.41\times10^4 km^2$，矿权范围东至巫山、西抵泸州、南临四面山、北靠大巴山，与中国石化矿权交替展布，如图 1.1 所示。

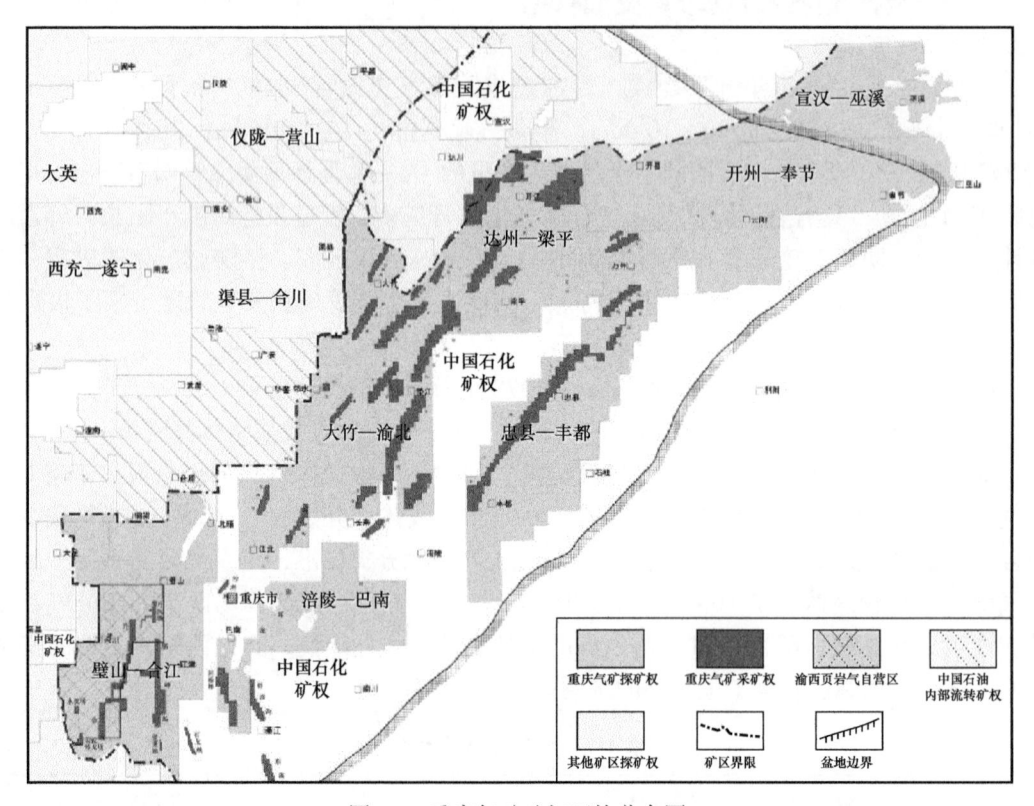

图 1.1　重庆气矿矿权区块分布图

自 21 世纪以来，油气管道管理模式发生了重大变化，管道完整性管理已经成为当前国际上广泛认可的最佳管道安全管理模式。结合酸性气田特性，2006 年西南油气田公司率先在重庆气矿试点开展管道完整性管理；2010 年引进站场完整性管理理念；2013 年各项完整性工作常态化开展；2015 年以中国石油天然气股份有限公司试点工程为契机，联合中国石油西南油气田公司安全环保与技术监督研究院和天然气研究院等单位，开展了 5 轮试点，突破瓶颈、完善体系，完成了 6 项关键技术攻关，编制了《股份公司气田管道完整性管理手册》和《中国石油天然气股份有限公司气田站场完整性管理手册》，形成了 8 个技术规定、4 个集团公司级标准、3 个检测评价修复技术导则，形成了各类管道、站场设备的完整性评价技术流程和实施方案。2020 年，重庆气矿结合西南油气田公司"一体化、三融合"的管理理念，开始全面打造智能数字化气田。历经多年的发展，最终形成了独具特色的酸性气田完整性管理模式（图 1.2）。

图 1.2　重庆气矿酸性气田完整性管理模式

1.3　重庆气矿管道完整性管理体系

重庆气矿是以中国石油天然气股份有限公司油气田管道和站场完整性管理"一规三则"、《西南油气田公司管道和站场完整性管理办法》为指导，结合现场生产实际，制订了4个主要和13个相关实施细则作为气矿纲领性文件。以中国石油天然气股份有限公司和西南油气田公司管道和场站完整性管理手册为指导，每年编制发布矿区级"工作计划"和"管理方案"，指导作业区级"一线一案"112个、"一区一案"21个、"一站一案"47个的编制与落实。重庆气矿管道完整性管理体系如图1.3所示。

重庆气矿管道完整性管理体系结构如图1.4所示。

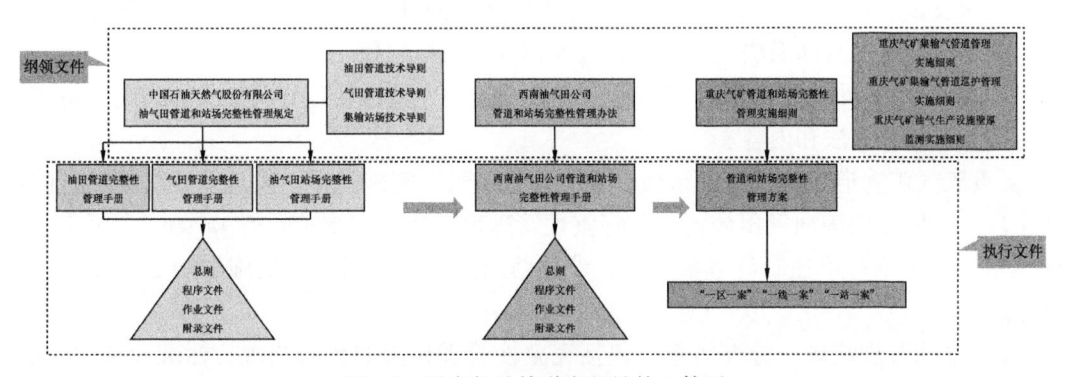

图 1.3　重庆气矿管道完整性管理体系

《重庆气矿管道完整性管理实施细则》归属重庆气矿 HSE 体系文件，用以规定重庆气矿管道完整性管理的流程、内容和要求，以及气矿各部门、各二级单位和技术支持机构的职责。

《重庆气矿管道完整性管理手册》是通过体系文件的方式表述完整性管理的明确要求，详细规定完整性管理各个要素的具体工作流程、方法及步骤，主要将《西南油气田公司管道和场站完整性管理手册》中明确的管理要素和工作标准纳入重庆气矿的管理体系文件。该手册由以下4级文件组成：

一级文件，完整性管理总则，提出重庆气矿完整性管理总体要求。

二级文件，完整性管理程序文件，是完整性管理要素的执行程序，覆盖了完整性管理的关键技术、公司运营的具体要求以及法规的要求，普遍适用于重庆气矿各二级单位。

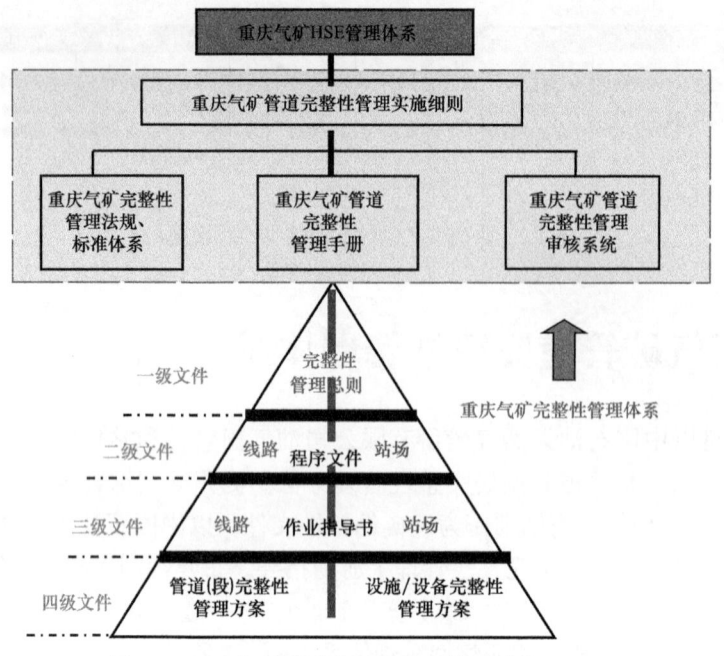

图 1.4　重庆气矿管道完整性管理体系结构示意图

三级文件，完整性管理作业指导书，程序文件的补充和支持，描述程序文件中指引的某项工作任务的具体做法，主要供直接操作人员或班组使用。

四级文件，具体管道（段）或站场设备／设施的完整性管理方案，具体规定方案实施者、实施时间、方法和内容。

《重庆气矿管道完整性管理审核系统》是重庆气矿实施内审、发现差距持续改进的重要手段。按照《西南油气田公司管道完整性管理审核实施细则（暂行）》第三章第十六条的规定，气矿不再单独制订考核办法，参照西南油气田公司考核实施细则制订相关补充规定。

《完整性管理法规、标准体系》包括完整性管理相关的政府法规、标准和经验做法，是《重庆气矿管道完整性管理手册》的支持文件系统，指导《重庆气矿管道完整性管理手册》的持续更新，确保其符合政府、技术标准要求和尽可能采用最优的技术和做法。

第 2 章　酸性气田介质危害控制

川东气田是典型的含硫气田，超过 99% 以上气井是含硫气井，生产井 H_2S 含量最高为 144g/m³，还常常含有水（游离水、汽态水），再加上集输管网分布地区地形起伏较大，造成管道内腐蚀环境恶劣，管输效率较低，在一定压力和温度条件下还会形成水合物堵塞管路、设备，严重影响集输管网系统安全、平稳和高效运行。为此，重庆气矿特提出从源头上控制酸性气田介质对管道的危害，重点围绕降低管输介质水含量、控制管道集输参数、优选缓蚀防冻药剂、改善管道内壁环境等提出了一系列技术措施，使得气田管道内部安全状况得到持续改善。

2.1　天然气脱水技术

川东气田区管输原料气中含硫、含水，会形成具有强腐蚀性的酸液，导致管道内腐蚀极为严重。为了缓解管道内腐蚀状况，重庆气矿提出严格控制管内输送介质的含水量，要求所有进入集输干线管网的原料气必须是脱水后的干气，集气干线尽可能地保证干气输送。

目前，川东气田运用较多的脱水工艺主要有吸收法脱水（三甘醇）、吸附法脱水（分子筛）和低温分离法脱水（J-T 阀），共建有脱水站 23 座，脱水装置 33 套（不含储气库脱水站及 4 套 $700×10^4m^3/d$ 的 J-T 阀装置），除凉风脱水站分子筛脱水装置（$50×10^4m^3/d$）和丹 7 井脱水站冷冻/分子筛组合脱水装置（$10×10^4m^3/d$）外，其余装置均为三甘醇脱水装置，总设计处理能力 $3010×10^4m^3/d$（包含渝西气区 $310×10^4m^3/d$ 净化气处理装置）。要求经脱水站脱水后的原料气的露点严格控制在低于最低环境温度 5℃（在最大管输压力条件下），以保证管内不会有游离水。

2.1.1　三甘醇吸收脱水工艺

三甘醇（TEG）吸收脱水工艺较适合大流量高压天然气的脱水，可使天然气露点降达到 33～47℃，完全可以满足干气露点比环境温度低 5℃ 的要求，在集输管道全线不会有水从天然气中凝析出，解决了天然气中 H_2S 和 CO_2 对管道的腐蚀问题；此外，三甘醇溶液还有可再生和循环使用、脱水成本低、沸点较高（287℃）、热力学性质稳定等特点。因此，三甘醇吸收脱水工艺是重庆气矿最为广泛采用的天然气脱水方法。

2.1.1.1　典型 TEG 吸收脱水流程

重庆气矿共建有三甘醇脱水装置 31 套，包括引进的加拿大 PROPAK（普帕克）、

MALONEY（马隆尼）、美国 EXPRO，以及国产脱水装置，处理规模从 $10 \times 10^4 \text{m}^3/\text{d}$ 到 $200 \times 10^4 \text{m}^3/\text{d}$，这些装置的流程基本相同。

如图 2.1 所示，为重庆气矿天东 29 井站采用的 $100 \times 10^4 \text{m}^3$ 的三甘醇吸收脱水工艺流程，由甘醇吸收和甘醇再生两部分组成。含水天然气（湿气）经原料气分离器除去气体携带的杂质和大部分游离水，再经过滤分离器除去液态烃和微小固态的杂质后进入吸收塔的底部；在吸收塔内原料气自下而上流经各层塔板，与自塔顶向下流动的贫甘醇液逆流接触，天然气中的水被吸收，变成干气从塔顶流出。三甘醇溶液吸收原料气中的水后，变成富液自塔底流出，与再生后的三甘醇贫液在换热器中经热交换后，再经闪蒸和过滤后进入再生塔再生。再生后的三甘醇贫液经冷却后流入储罐供循环使用。

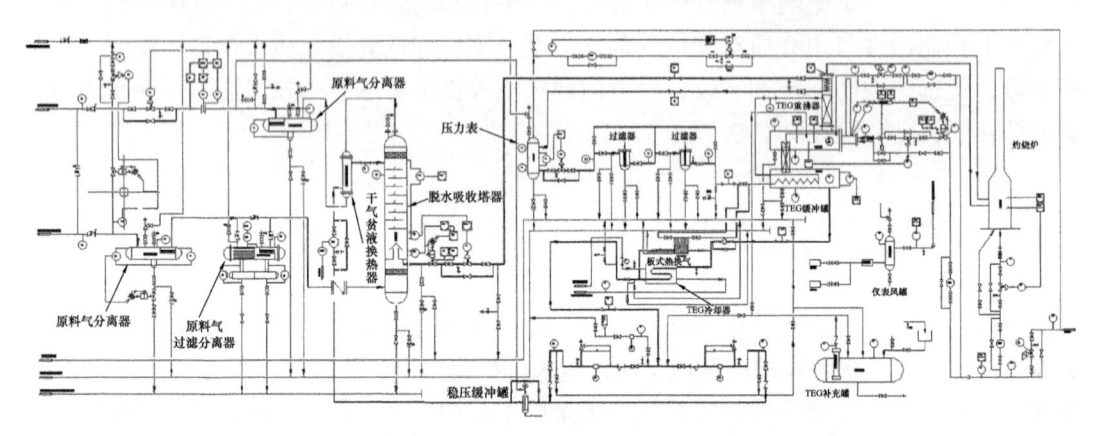

图 2.1　重庆气矿天东 29 井站三甘醇吸收脱水工艺流程图

该脱水站的设备情况见表 2.1，主要操作参数（包括吸收塔的操作压力和温度、三甘醇贫液浓度、再生后富液浓度、三甘醇循环量、脱水后干气露点等）见表 2.2。

表 2.1　重庆气矿天东 29 井站三甘醇吸收脱水主要设备

序号	设备名称	型号规格	数量
一	天然气脱水部分		
1	原料气分离器	DN1000mm×5688mm	1
2	过滤分离器	DN800mm×5408mm	1
3	吸收塔	DN1400mm×11488mm	1
4	干气分离器	DN1000mm×5684mm	1
5	计量装置	KGKFM-100 DN150	1
二	三甘醇循环再生部分		
6	三甘醇循环泵	union DX-5	2
7	闪蒸罐	ϕ800mm×3651mm	1

续表

序号	设备名称	型号规格	数量
8	过滤器（机械）	RTLX20X1SL	1
9	过滤器（活性碳）	RTCX4SL-D 过滤器	2
10	板式换热器	AlfaNova 76-36H	1
11	重沸器	ϕ 700mm×5320mm	1
12	缓冲罐	ϕ 700mm×5320mm	1
13	灼烧炉	ϕ 1020mm×8500mm	1

表 2.2　重庆气矿天东 29 井站三甘醇吸收脱水主要操作参数

序号	工艺操作参数	单位	数值
1	吸收塔操作压力	MPa	≥2.5MPa，不超过 8.9MPa
2	吸收塔操作温度	℃	10～30
3	三甘醇贫液浓度	%	98% 以上
4	再生后富液浓度	%	93% 以上
5	三甘醇循环量		吸收 1kg 水所需甘醇循环量为 0.02～0.03m^3
6	重沸器温度	℃	180～200
7	闪蒸罐压力	MPa	0.27～0.62
8	闪蒸罐液位	%	40～50
9	吸收塔液位	%	40～50
10	缓冲罐液位	%	60～80
11	脱水后干气露点	℃	比环境温度低 5℃

2.1.1.2　TEG 吸收脱水装置优化

重庆气矿三甘醇吸收脱水装置运行至今，由于原料气的性质、工况和气量等参数已发生了变化，再加上装置流程局部欠优、部分设备组件老化、材料抗腐蚀性能弱等，使得脱水装置整体适应能力明显降低，造成脱水成本上升、装置运行不稳定等问题。气矿经过多年的生产管理实践，从局部流程调整、设备更新改造和设备组件加装等多个方面对脱水装置进行了整体优化，提高了在役三甘醇脱水装置的适应性。

2.1.1.2.1　局部流程调整

原脱水装置尾气处理是从重沸器和精馏柱顶出来的再生气经加了保温层的管线进入再生气分液罐，部分水蒸气和携带的少量甘醇冷凝出来，排放到气田水池，剩余的气体进入灼烧炉被燃烧掉。由于再生气冷凝中含硫化氢和甘醇降解产物,直接排入气田水池,散发出难闻的气味,造成环境污染,对人体伤害很大。

针对上述问题,提出取消原装置再生气分液罐及其至灼烧炉间的管线,重新架设精馏柱顶部至灼烧炉的再生气管线,并对再生气管线伴热和保温,利用精馏柱顶旁通控制精馏柱顶部温度,确保再生气以气态进入灼烧炉。闪蒸气不再经过燃料气分液罐,直接进入灼烧炉中部参与燃烧,延长灼烧炉主火伸入炉内的深度,保证灼烧炉的稳定燃烧和对再生气的充分处理。尾气处理系统改造后,装置运行正常,各项消耗指标合格,装置无冷凝液排除,消除了冷凝液排放造成的环境污染。

2.1.1.2.2 设备更新改造

(1)原料气过滤分离器。

原料气过滤分离器在安装时端面密封易出现短路的问题,提出了滤芯改型和滤芯端面密封加强的措施(图 2.2)。对滤芯更换时盲板难开的过滤分离器,则将其更换为 GD 盲板的新型分离器(图 2.3)。

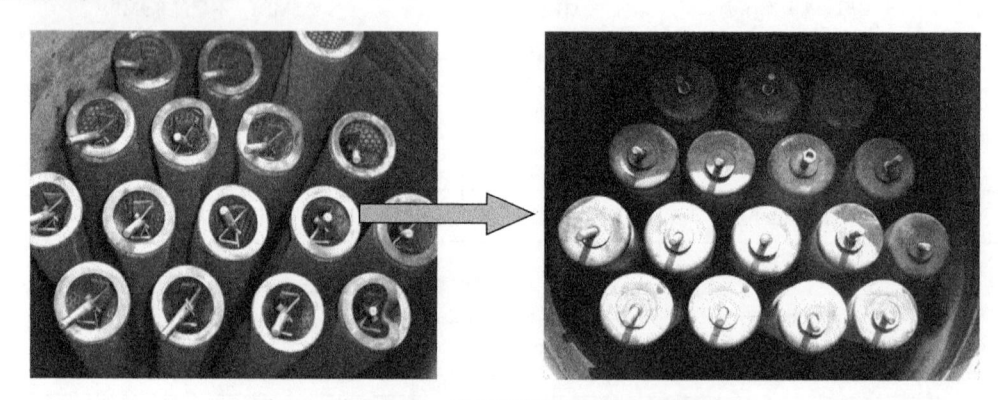

图 2.2 滤芯改型、滤芯安装过程中加强端面密封

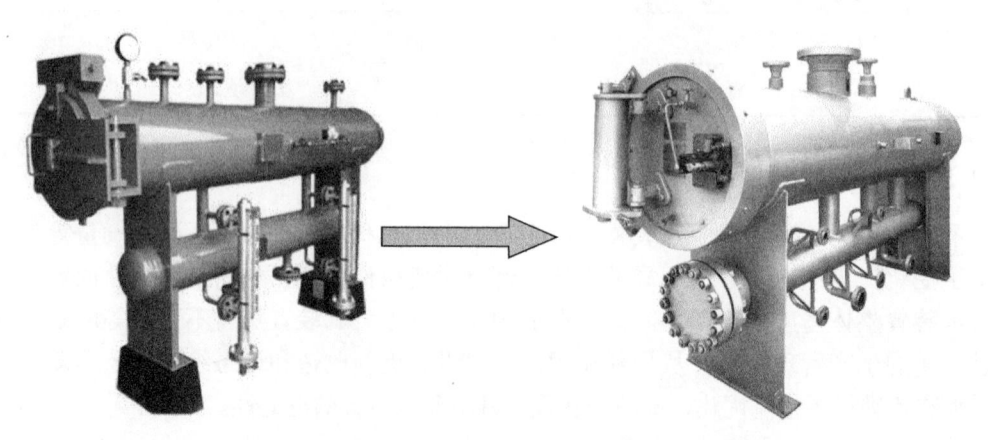

图 2.3 分离器更换为更易打开的 GD 盲板分离器

(2)甘醇冷却系统。

甘醇富液在 200℃左右的重沸器内进行再生,再生后贫甘醇通过溢流进入缓冲罐与富液进行热交换,出缓冲罐后温度在 80℃左右,还必须进行强制水冷降温,以控制进泵温

度。在水冷却过程中会消耗水和电，增加了脱水装置的运行成本。针对这种情况，提出用板式换热器替代水冷器（图2.4），利用贫富甘醇的温差换热，不仅没有水冷器耗水和循环水泵耗电的问题，而且提高了富液进入重沸器的温度，降低了甘醇再生的燃料气消耗。另外，板式换热器占地小，也不存在水冷却造成的管线腐蚀问题。

（3）缓冲罐、精馏柱换热盘管。

图 2.4　AN76 型板式换热器现场安装

原脱水装置缓冲罐、精馏柱换热盘管采用 304SS 材质，相当于 1Cr18Ni 普通不锈钢材质，易发生晶间腐蚀。由于川东气田大部分是含硫酸性天然气，脱水装置处理时，甘醇 pH 值逐渐降低，加上 Cl^- 的作用，造成该材质的盘管容易发生化学腐蚀。后在脱水装置大修中换用 20 号钢或 00Cr17Ni14Mo2 材质的盘管（图2.5），至今尚未发生穿孔现象。

图 2.5　换热盘管换用 00Cr17Ni14Mo2 材质

（4）吸收塔和闪蒸罐液位计。

脱水装置上吸收塔和闪蒸罐液位是需要自动控制的，原橇装装置上该部分的液位检测均为浮筒液位计，但浮筒液位计内有机械活动部件，容易被杂质卡死形成"假液位"，导致液位控制失灵，从而产生安全隐患。在大修中将这些控制环节上的浮筒液位计，更换为雷达液位计，较好地解决了吸收塔和闪蒸罐液位的控制问题。

（5）过滤分离器排污阀。

如图 2.6 所示，改造前的排污流程若操作不当，就有可能造成过滤分离器"短路"，同时由于选用强制密封球阀作为排污阀，极易使阀门内漏；经改造使过滤分离器两段分别排污且采用"球阀＋阀套式排污阀"结构的双阀控制，较好地解决了上述问题。

（6）三剂注入系统。

由于以前装置的三剂注入方式为自力式平衡罐加注，不能很好地控制三剂的加注量和加注速度，三剂加注不均匀，pH 值等调节困难。将其改造成计量柱塞泵加注，保证了甘醇 pH 值调节等甘醇品质的正常维护工作。

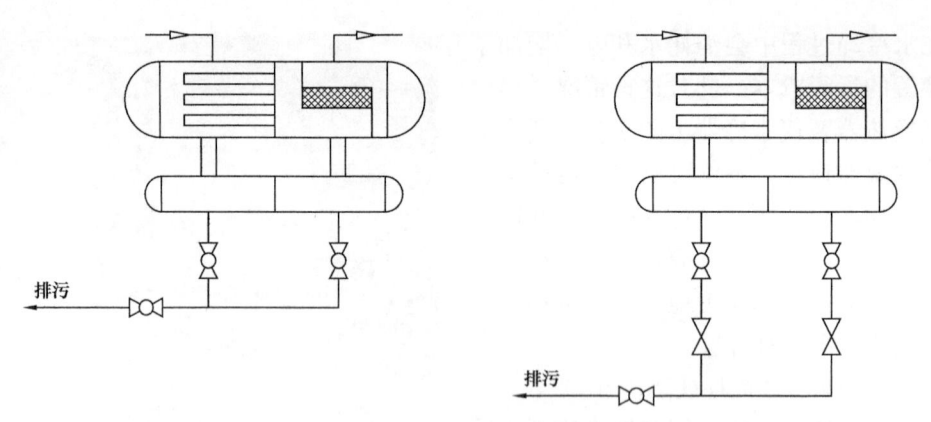

图 2.6 排污改造原理图

（7）仪表风系统。

① 空气压缩机。将装置上原有故障率较高的无油润滑空气压缩机、复盛空气压缩机更换为滑片式空气压缩机。同时参照滑片式空压机的启停控制方式，选用压力开关对引进活塞式空压机（QUINCY325）进行改造，使其"低限自动开机、高限自动停机"，实现了空压机运行故障率最低、节能、噪声小、维护简单的目标。

② 压缩空气干燥机。装置原有的无热再生式干燥器由于其干燥剂再生频繁，且要靠干燥后仪表风，导致仪表风损失大，空压机一直不能停下，造成能量的损失，将其更换为冷冻式干燥机减少了仪表风的浪费，改善了仪表风质量，同时节约了电能。

（8）重沸器、灼烧炉燃烧系统改造。

① 电子点火及火焰监测装置。脱水装置的重沸器、灼烧炉的电子点火装置在投运后不久就出现故障，使重沸器和灼烧炉只能进行人工点火，增加了操作的不安全因素；同时重沸器的原火焰监测仪的安装位置不合理，误报警多，无法正常监测火焰等，重沸器熄火不能及时发现，从而影响甘醇的正常再生。将点火器更换为HD-2高能点火器、高压点火线，以及安装引火燃烧器和相应的燃料气管线，并将原火焰监测仪安装位置改在炉膛挡板，并重新选型为ZK-200型火焰监测仪，很好地解决了上述问题。

② 燃料气流量计。重沸器、灼烧炉原有燃料气计量采用腰轮流量计，在投用不久后就出现故障无法计量。大修中更换为智能旋进旋涡流量计，从而使其耗气得到控制，较为准确地掌握重沸器和灼烧炉的能耗，并有利于掌握重沸器的热负荷及热效率的变化情况，初步判断其内部火管结垢（外壁）和积碳（内壁）的情况。

2.1.1.2.3 设备组件加装

（1）甘醇循环泵后加装缓冲罐。

甘醇循环泵工作时产生的脉冲波会引起管路振动，易导致泵出口甘醇流量计和压力表损坏。以往利用循环泵后的缓冲包来减振，结构为在其内安装的缓冲胶囊（或带O形密封圈的活塞）与缓冲包外壳形成的密闭空间，定期向胶囊内（活塞腔）注入1/3~2/3倍泵工作压力的氮气，以实现对甘醇泵脉冲波的缓冲。但由于缓冲包体积小，仅为1~2L，缓冲效果差；且由于长期受交变应力的影响，胶囊或O形密封圈使用寿命短，泵脉冲引起的振动导致泵出口甘醇流量计和压力表损坏。针对此问题，提出在甘醇循环泵出口管路上加装缓冲罐（图2.7），泵出甘醇的脉冲压力波通过缓冲罐内甘醇液面的微小起伏被大大缓冲，甘醇均匀稳定地进入吸收塔。从现场使用效果看，压力表指针和甘醇流量计指针指示非常稳定，甘醇管路振动基本消除。

（2）甘醇循环泵加装变频系统。

甘醇循环泵采用的是Union电动柱塞泵，无流量调节功能，为适应工况条件的变化，只能依靠泵出口甘醇回流旁通管路上的阀门进行手动调节。由于管路振动，调整好的甘醇循环量不能稳定，且无论将甘醇循环量调整为多大，泵的排量不变（为额定排量1.8m³/h），电动机转速及消耗的电能不变，泵活塞磨损严重、电能浪费。针对此问题，在甘醇循环泵上加装了变频系统（图2.8），变频器通过改变电源的频率改变电源电压，达到控制电动机的转速实现流量的自动调节，减少了泵的振动和磨损，节约了电能。

图2.7　TEG减振缓冲罐　　　　图2.8　甘醇循环泵变频器

（3）精馏柱和缓冲罐盘管加旁通。

由于精馏柱顶甘醇富液换热盘管未设旁通，精馏柱顶再生气温度无法调节。在精馏柱顶甘醇富液换热盘管增设旁通管线，实现人为控制精馏柱顶温度的目的。同样，缓冲罐盘管加装旁通控制以后，可以在出现盘管穿孔或泄漏等又无法停产情况下的短期非正常生产。

2.1.2　分子筛吸附脱水工艺

在天然气含H_2S量较高时，若采用三甘醇吸收脱水工艺，H_2S会溶解于三甘醇溶液中，不仅会导致溶液pH值下降，而且也会与三甘醇反应导致溶液变质，在这种情况下可采用抗硫型分子筛脱天然气中的水，以解决天然气集输过程中H_2S和CO_2对集输管道的腐蚀问题。目前重庆气矿在万州作业区凉风站建有1套处理规模$50\times10^4m^3/d$的高含硫原料气分子筛脱水装置，将含硫气的露点控制在环境温度低5℃后，再进入气田集输管网。

凉风脱水站 $50×10^4m^3/d$ 分子筛脱水装置采用的是两塔流程，即一塔进行脱水操作，另一塔进行吸附剂的再生和冷却，然后切换操作。该装置处理的高含硫原料气的气质组分见表2.3，工艺流程如图2.9所示。

表2.3 重庆气矿万州作业区凉风脱水站处理原料气气质组成

原料气组分	甲烷	乙烷	丙烷	硫化氢	二氧化碳	氮	氦	氢
摩尔分数（%）	88.130	0.270	0.020	4.37	6.350	0.800	0.030	0.030

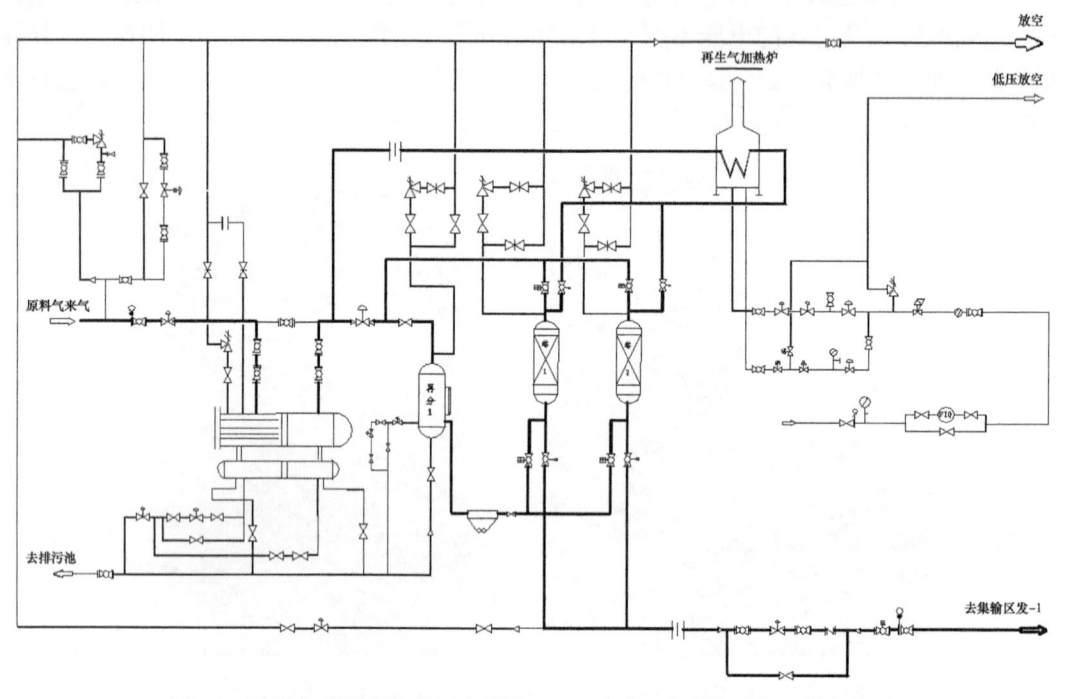

图2.9 重庆气矿万州作业区凉风站 $50×10^4m^3/d$ 分子筛脱水工艺流程图

天然气脱水吸附流程：酸性湿天然气首先进入进口过滤器（在其上层塔板填充有过滤和聚结材料），气流流经聚结材料时，会被过滤除去混杂在其中的固体颗粒和直径大于或等于0.3μm的液滴之后进入脱水吸附塔；湿天然气从顶部进入酸气脱水吸附塔，然后由上至下通过分子筛床层，进行脱水吸附过程，得到达到水露点要求的干气。

吸附塔再生流程：酸性湿天然气首先进入进口过滤器，过滤器上层塔板填充有过滤和聚结材料。气流流经聚结材料时，会被过滤除去混杂在其中的固体颗粒和直径大于或等于0.3μm的液滴，之后进行分流，一部分天然气进入脱水吸附塔进行脱水，另一部分用作再生，再生气从进口过滤器出口管线上接出。气体流入再生气加热器，温度加热至260℃，达到了分子筛再生的所需温度。热的再生气进入脱水床层，从上至下，流经分子筛床层，加热蒸发掉水分，以再生分子筛。湿热的湿再生气然后进入再生气冷却器，在那里，再生气被冷却至50℃，水分被凝结出来。随后在两相分离器中把水分离出去。从再生气分离器分离出来的液相水流入旁边的污水罐。仍然处于水饱和态的冷却再生气，与到吸附床层的湿原料气混合进入吸附塔进行脱水。

该脱水站主要设备情况见表2.4,主要操作参数见表2.5。

表2.4 重庆气矿万州作业区凉风站 $50\times10^4\text{m}^3/\text{d}$ 分子筛脱水装置主要设备表

项目	规格	单位	数量
进口过滤器	PN10.0,DN600	台	1
酸气脱水干燥器	PN10.0,DN1000	台	2
干气过滤器	PN10.0,DN1000	台	1
加热炉	N−235kW	台	1
再生气分离器	PN10.0,DN600	台	1
空冷器	换热面积11m²	台	1
再生气压缩机	N=12kW	台	1

注:DN—公称直径,mm;PN—公称压力,MPa;N—功率。

表2.5 重庆气矿万州作业区凉风站 $50\times10^4\text{m}^3/\text{d}$ 分子筛脱水装置关键控制参数

序号	名称	单位	参数值
1	吸附操作温度	℃	8~20
2	吸附操作压力	MPa	—
3	分子筛使用寿命	a	
4	吸附周期	h	8或10
5	再生温度	℃	285
6	再生压力	MPa	
7	再生周期	h	吸附周期的一半
8	脱水前原料气露点	℃	—
9	脱水后干气露点	℃	比环境温度低5℃

2.1.3 J−T阀低温分离脱水工艺

当天然气压力较高,有充足的压力降可以利用,且不需很低的冷冻温度时,可采用J−T阀低温分离脱水工艺。这种方法流程简单,投资和运行费用较低,是国内气田中除三甘醇吸收脱水工艺外应用较多的天然气脱水方法。重庆气矿相国寺集气站采用的就是J−T阀脱水工艺,以保证原料气进入集气干线前达到低于环境温度5℃的要求。

2.1.3.1 典型 J-T 阀脱水流程

天然气脱水系统：如图 2.10 所示，原料天然气［约 26℃，12.4MPa（表）］经原料气分离器分离出醇水液后，进入原料气预冷器管程。自乙二醇再生及注醇装置来的乙二醇贫液（质量分数 80%）通过雾化喷头成雾状喷射入原料气预冷器的管板处，和原料气在管程中充分混合接触后，与自低温分离器来的冷干气进行换热，被冷却至约 0℃。原料天然气再经 J-T 阀作等焓膨胀，气压降至约 9.61MPa（表），温度降至约 −10℃，从中部进入低温分离器进行分离，以分出液态醇水液。产品气进入壳程与原料天然气逆流换热，换热后的干气［约 16.85℃，9.56MPa（表）］输往输气干线。原料气分离器底部出来的醇水混合液［9.61MPa（表）］降压至 1.0MPa 进入乙二醇再生及注醇装置进行换热。

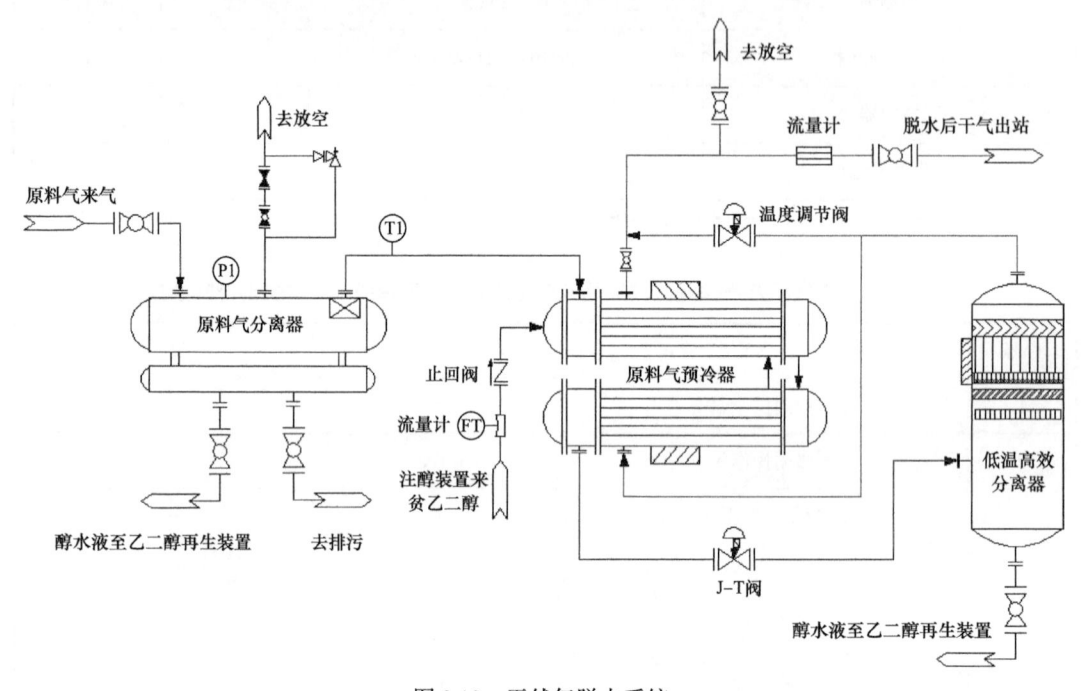

图 2.10 天然气脱水系统

乙二醇循环系统：如图 2.11 所示，低温分离出来的乙二醇（EG）富液（−7℃，1.0MPa（表），质量分数 65.2%）经系统汇集并由 EG 贫富液换热器换热到 65℃后进入本装置 EG 富液闪蒸罐，从闪蒸罐出来的富液［65℃，0.98MPa（表）］依次进入 EG 富液机械过滤器和 EG 富液活性炭过滤器，以除去富液中可能存在的杂质及降解产物。过滤后的富液经 EG 再生塔塔顶内换热盘管换热至 80℃后从塔中部进入再生塔。塔顶出来的蒸气［99℃，0.05MPa（表）］接至平台外围。从塔底重沸器出来的贫液（约 129℃）经 EG 贫富液换热器换热到 40℃，送入 EG 贫液缓冲罐。缓冲罐内的贫液再经 EG 贫液注入泵分别注入脱水装置。再生塔顶排出的不凝气体主要为水蒸气、CO_2 及微量 EG，直接排入大气。

相国寺集气站 J-T 阀脱水装置主要设备情况见表 2.6，主要操作参数见表 2.7。

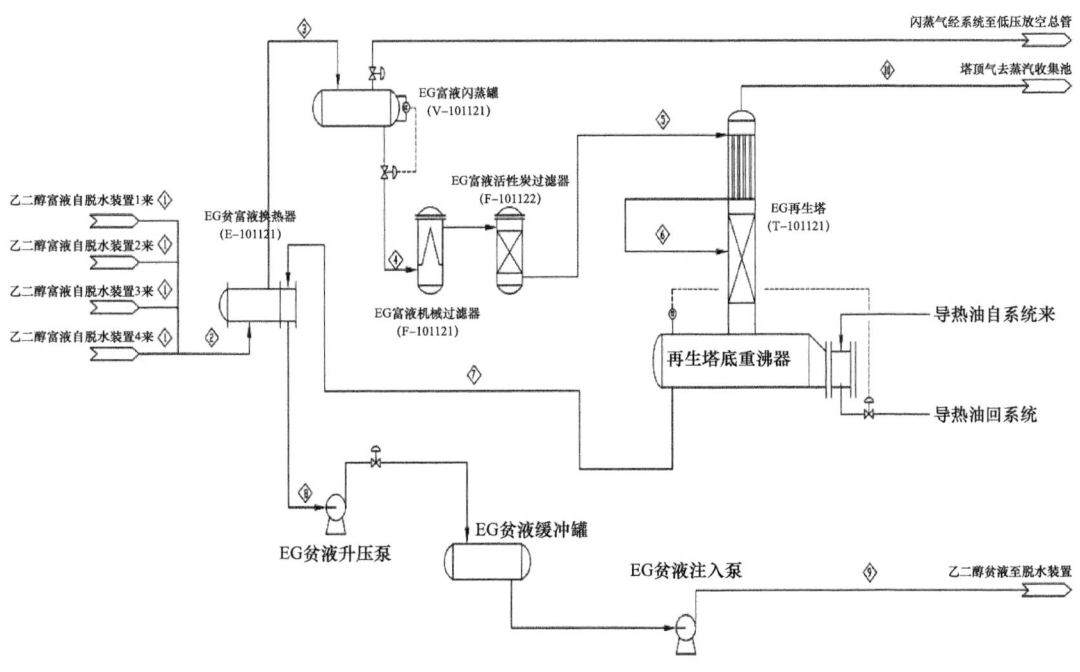

图 2.11　乙二醇循环系统

表 2.6　重庆气矿相国寺集气站 J-T 阀脱水装置主要设备表

序号	设备名称	型号规格	单位	数量
1	原料气预冷器	ϕ1200mm×18704mm	台	1
2	原料气分离器	DN1400mm×6000mm	台	1
3	高效分离器	DN1300mm×3800mm	台	1
4	EG 再生塔	DN500mm×6000mm	台	1
5	EG 贫富液换热器	BES500-2.5-65-6/19-4I	台	1
6	再生塔底重沸器	BKU 500/1100-2.5/1.6-50-4/19-4I（釜式）	台	1
7	EG 富液闪蒸罐	DN1200mm×3500mm	台	1
8	EG 贫液缓冲罐	DN2400mm×11000mm	台	2
9	EG 补充罐	DN1600mm×6000mm	台	1
10	EG 富液机械过滤器		台	1
11	EG 富液活性炭过滤器		台	1

表 2.7 重庆气矿相国寺集气站 J-T 阀脱水装置主要操作参数

序号	名称	单位	参数值
1	处理量	$10^4 m^3/d$	700
2	原料气压力	MPa	9～14
3	进站温度	℃	8～26
4	乙二醇循环量	kg/h	370
5	乙二醇再生温度	℃	120～129
6	贫液浓度	%	80
7	富液浓度	%	62.5
8	换热器入口温度	℃	<40
9	换热器出口温度	℃	<65
10	闪蒸罐压力	MPa	0.6
11	仪表风压力	MPa	0.3～0.7
12	过滤分离器压差	KPa	<50
13	机械过滤器压差	KPa	<30
14	干气露点	℃	-18～-5

2.1.3.2 J-T 阀脱水装置优化

（1）降低乙二醇消耗量。

① 加强液位计排污，确保液位指示准确。

② 投运回流泵，便于塔顶温度的控制。

③ 加密取样化验，便于及时调控参数（再生塔的温度调整）。

（2）适当降低乙二醇浓度。

再生后的乙二醇的浓度在 87%～89%（质量分数）之间，高于设计的浓度（85%），建议适当地降低。可以通过适当地降低乙二醇再生塔底的操作温度，适当地降低乙二醇贫液的浓度，使乙二醇的性能最优且使得乙二醇始终保持其在非结晶区。

（3）严格控制操作参数。

在生产中要严格控制好三相分离器混合腔液位，否则其油腔将携带走大量的乙二醇，造成耗量增大；严格控制好再生塔顶温度，否则会影响再生塔提浓效果；严格控制好再生塔底温度，否则会影响再生塔顶的温度；严格控制好再生塔顶回流罐的流量和液位，否则会影响再生塔的温度梯度；控制好再生塔的进料，使其流量尽量平稳，进而保证再生塔的平稳。

2.2 缓蚀剂预膜工艺

重庆气矿输送高含硫介质的管道共有62条，合计258.28km，分布在垫江、忠县、万州、开州和开江5个作业区，除万卧线A段和峰汝线B段输送介质为干气外，其余均为湿气输送管道。高含硫管道内腐蚀严重，造成管道运行风险升高。缓蚀剂预膜工艺可有效加强重庆气矿在役高含硫管道腐蚀防护。

完整的缓蚀剂预膜工艺一般包括缓蚀剂的选择、缓蚀剂的加注工艺和监测评价技术。首先选择适合管道输送介质的缓蚀剂，采用预膜工艺将其涂抹在管道内表面，形成缓蚀剂保护膜，使用监测评价技术评价液膜在气流的长期冲刷下膜的变化及防腐效果，适时对缓蚀剂液膜进行修复和补充。

2.2.1 缓蚀剂选型

2.2.1.1 评价标准

根据重庆气矿高含二氧化碳气井的气、水组成分析结果，结合管线集输工艺条件，筛选评价适用于现场工况条件的缓蚀剂。

评价采用标准：

GB/T 10123—2001《金属和合金的腐蚀基本术语和定义》。

JB/T 7901—2001《金属材料实验室均匀腐蚀全浸试验方法》。

Q/CNPC CY464—2000《含硫气田气井缓蚀性能评价方法》。

SY/T 5273—2014《油田采出水处理用缓蚀剂性能指标及评价方法》。

2.2.1.2 缓蚀剂理化性能评价

试验采用4种油气田常用缓蚀剂：CT2-19，CT2-19C，CT2-17，CT2-15。

对缓蚀剂的评价参考SY/T 5273—2000油田采出水用缓蚀剂性能评价方法。应用性指标：

（1）乳化趋势：不乳化或微乳化。

（2）黏性沉淀：无结垢沉淀。

缓蚀剂与现场水配伍性性能评价如图2.12和图2.13所示，评价结果见表2.8和表2.9。

表2.8 缓蚀剂与现场水乳化性与配伍性性能评价结果（缓蚀剂：现场水=1：1，30℃）

缓蚀剂	10min	1h	24h	结论
CT2-19	1mL乳化层	无乳化层，无沉淀	无乳化层，无沉淀	不发生乳化，无沉淀，配伍性好
CT2-19C	水溶性，无沉淀	水溶性，无沉淀	无沉淀	无沉淀，配伍性好
CT2-17	水溶性，无沉淀	水溶性，无沉淀	无沉淀	无沉淀，配伍性好
CT2-15	1mL乳化层	无乳化层，无沉淀	无乳化层，无沉淀	不发生乳化，无沉淀，配伍性好

表2.9　缓蚀剂＋乙二醇与现场水配伍性性能评价结果（缓蚀剂∶乙二醇∶现场水＝4∶1∶5，30℃）

缓蚀剂	10min	1h	24h	结论
CT2-19	1mL乳化层	无乳化层，无沉淀	无乳化层，无沉淀	不发生乳化，无沉淀，配伍性好
CT2-19C	水溶性，无沉淀	水溶性，无沉淀	无沉淀	无沉淀，配伍性好
CT2-17	水溶性，无沉淀	水溶性，无沉淀	无沉淀	无沉淀，配伍性好
CT2-15	1mL乳化层	无乳化层，无沉淀	无乳化层，无沉淀	不发生乳化，无沉淀，配伍性好

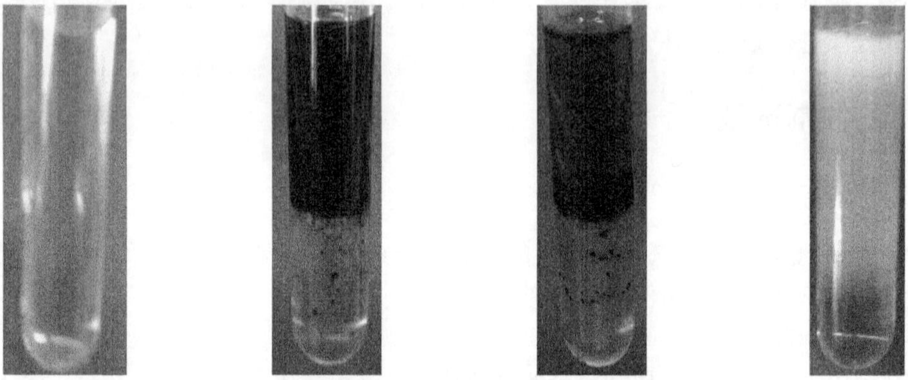

(a) CT2-19C　　(b) CT2-19　　(c) CT2-15　　(d) CT2-17

图2.12　缓蚀剂乳化性能评价图（30℃，24h）

(a) CT2-19C+乙二醇　　(b) CT2-19+乙二醇　　(c) CT2-15+乙二醇　　(d) CT2-17+乙二醇

图2.13　缓蚀剂＋乙二醇与现场水配伍性能评价图

2.2.1.3　缓蚀剂防腐性能评价

针对云安012-X8井现场工况，在实验室内对4种缓蚀剂的防腐性能进行了对比评价。

(1)不同缓蚀剂防腐性能对比。

主要通过对云安012-X8井现场水通入饱和H_2S和饱和CO_2后,对比缓蚀剂的缓蚀率情况。

试验条件:材质L245NCS,温度30℃,常压,试验周期72h,缓蚀剂浓度200mg/L,试验结果见表2.10。

表2.10 缓蚀剂防腐性能评价结果

缓蚀剂	缓蚀剂加量(体积分数)(%)	腐蚀速率(mm/a)	缓蚀率(%)	试片表面状况
空白	0	0.356	—	
CT2-15	0.02	0.03	91.6	
CT2-17	0.02	0.031	91.3	
CT2-19	0.02	0.015	95.5	
CT2-19C	0.02	0.045	87.4	

结果表明,在云安012-X8井现场水中,缓蚀剂防腐效果较好的依次为:CT2-19,CT2-15,CT2-17,CT2-19C。

(2) CT2-19 在不同浓度下的性能对比。

试验主要通过对云安 012-X8 井现场水通入饱和 H_2S 和饱和 CO_2 后，采用 CT2-19 缓蚀剂，对比不同浓度下的防腐性能评价。

试验条件：缓蚀剂种类 CT2-19，材质 L245NCS，温度 30℃，常压，试验周期 72h，试验结果见表 2.11。

表 2.11 CT2-19 缓蚀剂防腐性能评价结果

缓蚀剂	缓蚀剂加量（体积分数）（%）	腐蚀速率（mm/a）	缓蚀率（%）	试片表面状况
空白	0	0.356		
CT2-19	0.005	0.099	72.7	
CT2-19	0.01	0.016	95.5	
CT2-19	0.02	0.015	95.8	
CT2-19	0.05	0.009	97.5	
CT2-19	0.1	0.009	97.5	

结果表明，在云安012-X8井水中，油溶水分散型缓蚀剂CT2-19加量达到0.01%（体积分数）时，防腐效果最明显（表2.12）。

为了研究缓蚀剂在加注防冻剂工况下的应用效果，试验评价了缓蚀剂在含乙二醇防冻剂现场水中的缓蚀率。

表2.12 云安012-X8井现场水加乙二醇条件下缓蚀剂的防腐效果

缓蚀剂	缓蚀剂加量（体积分数）（%）	腐蚀速率（mm/a）	缓蚀率（%）	试片表面状况
空白	0	0.356		
加入乙二醇（体积分数5%）	0	0.119	72.7	
CT2-19+乙二醇（体积分数5%）	0.01	0.015	95.8	

注：试验条件，云安012-X8井水样，30℃，常压，材质L245NCS，饱和CO_2，饱和H_2S，72h。

综合室内缓蚀剂评价结果，筛选出用于云安012-X8井管线防腐用缓蚀剂为CT2-19。试验证明：CT2-19缓蚀剂具有明显的缓蚀效果，且对于现场介质和工况具有良好的适应性。因此现场试验选择使用CT2-19作为预膜缓蚀剂。

2.2.2 缓蚀剂加注

2.2.2.1 缓蚀剂加注工艺选择

缓蚀剂加注可采用连续加注或连续加注与缓蚀剂涂膜处理相结合的方式。采气和集气管道投产前应采用缓蚀剂涂膜处理方式对管道内壁进行内涂处理。内涂功效取决于内涂工艺技术、内涂均匀度、缓蚀剂的密度、黏度等，而内涂工艺技术、缓蚀剂密度、黏度的差异，流速的不稳定（或过低）都将致使缓蚀剂形成滴流并沉积到管道的底部，造成内涂不均匀或部分管壁暴露，这部分管壁只有很少保护或没有得到保护，将继续受到腐蚀，缓蚀剂未能起到应有的防腐保护效果。根据重庆气矿生产现状，以及现场工艺设施、设备的情况，推荐4种缓蚀剂加注方式。

（1）小排量泵连续加注。

目前川东地区管道已经普遍采用了喷雾泵注工艺。其工作原理是：缓蚀剂贮罐（高位罐）内的缓蚀剂灌注到高压泵内，经过高压泵加压送到喷雾头，缓蚀剂在喷雾头内雾化，喷射到管道内。雾化后缓蚀剂液滴能够比较均匀地附着在管道内表面上，形成保护膜，喷雾泵注工艺的技术关键是喷雾头，其雾化效果好坏决定了缓蚀剂的保护效果。在现场缓蚀剂加注系统上可选用合适排量的柱塞隔膜计量泵进行缓蚀剂的加注。灵活调节缓蚀剂的加注量和连续加注的频率，保证最好的缓蚀剂使用效果。

（2）大剂量批处理（雾化预膜）。

使用大剂量注入泵将缓蚀剂一次性以雾状喷入管道内，使缓蚀剂雾滴均匀分散于管道气流中，被气流带走，吸附于管道内壁上形成保护膜，再通过蛛头球进行优化维护。该工艺仅要求管道起始场站具有缓蚀剂加注泵及雾化装置，适用条件较为广泛。

（3）清管预膜。

① 准备管道发球装置（双球）。现场井站管线首尾两端设计有清管器发送系统和清管器接收系统。

② 清洁管道。在进行管道预膜前首先要对管道进行清洁，去除残留在管道内壁上的腐蚀产物和污垢等物质，以便缓蚀剂的涂抹。

③ 定量加注缓蚀剂。管道清洁后，使用两个定量注入球来加注定量的缓蚀剂（图2.14）。每次都要确定收球端收到一定量剩余的缓蚀剂。

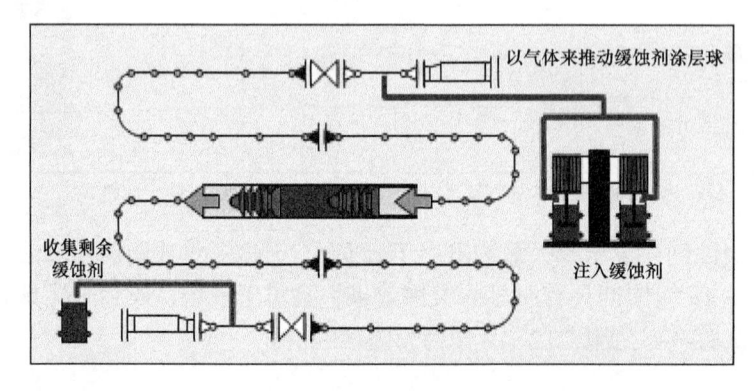

图2.14 定量注入缓蚀剂示意图

④ 清管器注入+"蛛头球"优化预膜。

a. 准备管道发球装置（双球）：现场井站管线首尾两端设计有清管器发送系统和清管器接收系统。

b. 清洁管道：在进行管道预膜前首先要对管道进行清洁，去除残留在管道内壁上的腐蚀产物和污垢等物质，以便缓蚀剂的涂抹。

c. 定量加注缓蚀剂：在经过通球清洁后，使用两个弹性密封球来加注定量的缓蚀剂。每次都要确定收球端收到一定量剩余的缓蚀剂。

d. 优化缓蚀剂效果：预膜通球后，缓蚀剂可以完全涂抹在管道和弯头的任何一个部位，发挥很好的防护效果。但是由于时间的推移及重力作用，缓蚀剂可能会顺管壁流到管道底部，顶部管道就会得不到缓蚀剂的保护。这时使用喷射式清管器的方法，对管道底部的缓蚀剂进行一次旋转喷涂，优化缓蚀剂的防护效果（图2.15）。

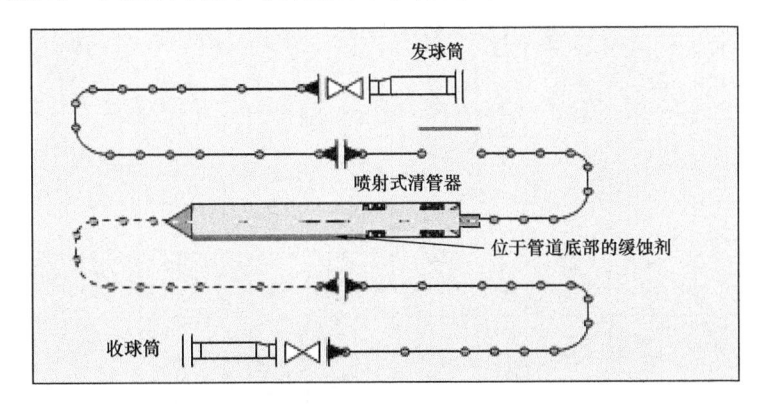

图2.15 喷射式清管器优化缓蚀剂效果示意图

2.2.2.2 缓蚀剂加注量计算

（1）预膜缓蚀剂用量的计算。

根据预膜管道内表面积、膜的估算厚度（一般为0.1mm）和缓蚀剂富余量（根据管道高程差、内腐蚀状况、管道走向起伏、进气支线数量等因素确定，一般取0.3）近似估算。一般近似计算公式为：

$$V = CL\delta(1+\partial) \tag{2.1}$$

式中 V——缓蚀剂用量，L；

C——管道内径周长，mm；

L——预膜管段长度，km；

δ——成膜厚度（取0.1），mm；

∂——富余量（取值范围0~1）。

（2）常规加注缓蚀剂计算。

管线日常缓蚀剂加注量根据气井产量确定，一般按照每万立方米天然气每天加注0.17~0.66L缓蚀剂进行计算。本方案初期选择每万立方米天然气0.3L/d缓蚀剂进行加注，后续根据加注效果再做适宜的调整。

2.2.2.3 缓蚀剂加注方案

为确保效果，缓蚀剂加注应持续开展。考虑到高含硫管道在冬季需要加注防冻剂而中断缓蚀剂的加注，且冬季部分管道频繁的清管会影响缓蚀剂膜的持久性。因此，本方案将结合各个作业区的生产实际情况，将缓蚀剂的加注方案分为夏季加注方案和冬季加注方案两个部分。清管预膜可使用CT2-19A，CT2-19B和CT2-19E三种类型缓蚀剂，常规加注可使用CT2-19C和CT2-20A两种类型缓蚀剂，需作业区开展缓蚀剂配伍性试验，结合加注过程效果优选缓蚀剂。对干气管线、小数量及停运管线及含凝析油管线暂不加注缓蚀剂。详细加注要求见重庆气矿高含硫管道缓蚀剂加注方案表（表2.13和表2.14）。

表 2.13 重庆气矿高含硫管道缓蚀剂加注方案大表（夏季）

管线名称	管径（mm）	长度（km）	输送气量（10⁴m³/d）	运行压力（MPa）	清管装置	加注装置	加注方式	加注周期	加注量（L）	缓蚀剂型号
天高线 B 段	273	22.7	140	5.65	球筒	有	清管预膜	1 次/月	2300	CT2-19A，CT2-19B，CT2-19E
峰汝线 A2 段	325	6.15	12	5.6	球筒	无	雾化预膜	1 次/月	760	CT2-19A，CT2-19B，CT2-19E
峰汝线 A1 段	325	4.75	6.6	5.61	球筒	有	雾化预膜	1 次/月	590	CT2-19A，CT2-19B，CT2-19E
天高线 A 段	219.1	29.7	46	7	球筒	有	常规加注	连续加注	14	CT-20A，CT2-19C
云安 012-X8 井—云安 012-1 井管线	168.3	1.44	20	6.68	球筒	有	常规加注	连续加注	6	CT-20A，CT2-19C
寨沟 004-H1 井—寨沟 3 井管线	88.9	1.04	11	5.52	清管阀	有	常规加注	连续加注	4	CT-20A，CT2-19C
云安 012-X7—云安 012-1 井管线	168.3	3.58	38	7.1	球筒	有	常规加注	连续加注	11	CT-20A，CT2-19C
宝 001-1 井—宝 1 井管线	114.3	8.8	15.0	6.0	球筒	有	清管预膜	1 次/月	47	CT2-19A，CT2-19B，CT2-19E
宝 1 井—池 50 井管线	108	8	15.0	5.4	球筒	有	清管预膜	1 次/月	388	CT2-19A，CT2-19B，CT2-19E
池 50 井—池 6 井管线	114	8	15.0	5.3	球筒	无	清管预膜	1 次/月	108	CT2-19A，CT2-19B，CT2-19E
池 6 井—汝溪站管线	159	7	15.0	5.0	球筒	无	清管预膜	1 次/月	537	CT2-19A，CT2-19B，CT2-19E

第 2 章 酸性气田介质危害控制

表 2.14 重庆气矿高含硫管道缓蚀剂加注方案大表（冬季）

管线名称	管径（mm）	长度（km）	输送气量（10⁴m³/d）	运行压力（MPa）	清管装置	加注装置	加注方式	加注周期	加注量（L）	缓蚀剂型号
天高线 B 段	273	22.7	140	5.65	球筒	有	常规加注	1 次/月	2300	CT-20A, CT2-19C
峰汝线 A2 段	325	6.15	12	5.6	球筒	无	雾化预膜	1 次/月	760	CT2-19A, CT2-19B, CT2-19E
峰汝线 A1 段	325	4.75	6.6	5.61	球筒	有	雾化预膜	1 次/月	590	CT2-19A, CT2-19B, CT2-19E
天高线 A 段	219.1	29.7	46	7	球筒	有	常规加注	连续加注	24	CT-20A, CT2-19C
云安 012-X8 井—云安 012-1 井管线	168.3	1.44	20	6.68	球筒	有	常规加注	连续加注	6	CT-20A, CT2-19C
寨沟 004-H1 井—寨沟 3 井管线	88.9	1.04	11	5.52	清管阀	有	常规加注	连续加注	4	CT-20A, CT2-19C
云安 012-X7—云安 012-1 井管线	168.3	3.58	38	7.1	球筒	有	常规加注	连续加注	11	CT-20A, CT2-19C
宝 001-1 井—宝 1 井管线	114.3	8.8	15.0	6.0	球筒	有	清管预膜	1 次/月	47	CT2-19A, CT2-19B, CT2-19E
宝 1 井—池 50 井管线	108	8	15.0	5.4	球筒	有	清管预膜	1 次/月	388	CT2-19A, CT2-19B, CT2-19E
池 50 井—池 6 井管线	114	8	15.0	5.3	球筒	无	清管预膜	1 次/月	108	CT2-19A, CT2-19B, CT2-19E
池 6 井—汝溪站管线	159	7	15.0	5.0	球筒	无	清管预膜	1 次/月	537	CT2-19A, CT2-19B, CT2-19E

(1）干气管线以腐蚀监测为主，暂不加注。

峰汝线 B 段和万卧线 A 段为干气输送管道，且根据腐蚀监测数据可以看到，其平均腐蚀速度一直属于轻度腐蚀，可暂不考虑加注缓蚀剂。需持续开展腐蚀监测，并定期分析腐蚀状况，同时定期开展管道清洁、除垢作业。

（2）小输量及停运管线以腐蚀监测为主，暂不加注。

峰 003-X3—凉风站、峰 007-1 井—峰 15 井、峰 15 井—峰 21 井、峰 21 井—高峰站、天东 021-4 井—天东 21 井、天东 109 井—龙门增压南站、池 63 井—池 39 井（池 037-2 井关井）因目前停运，暂不考虑加注缓蚀剂。针对上述停运管线中，长期停运的管线需采取注氮保护，间歇生产管线根据停产计划在停产前加强清管，并加注缓蚀剂保护。

（3）含凝析油管线不加注。

卧南干线 A 段、卧南干线 B 段和老 325 管线所输送天然气含有凝析油，本身对管线具有保护作用，暂不考虑加注缓蚀剂。

2.2.3　缓蚀剂预膜现场实践

通过以上内容的研究，获得了缓蚀剂筛选评价程序、预膜缓蚀剂用量计算、预膜控制速度优化、预膜效果监测评价技术选择等研究成果，并对优化后的预膜工作程序展开现场试验，通过实施后的成膜及其维持效果进行跟踪检测、分析、对比、评价，对各种工艺和参数进行优化，形成最佳的缓蚀剂管道预膜工艺技术。

2.2.3.1　试验管道概况

通过管线的长度、输送气量和硫化氢含量等，经筛选，现场应用试验选择了重庆气矿天高线。

天高线于 2009 年 11 月建成投产，分为 A 段和 B 段，A 段起于云安 24 井，止于云安 012-1 井（沿线设有云安 21 井阀井、李河阀室、云安 012-3 井预留阀、云安 012-2 井阀井）；B 段起于云安 012-1 井，止于万州末站（沿线设有云甘宁阀室）；输送介质为含硫湿天然气（H_2S 含量 55.126g/m³）。

A 段管线全长 29.7km，管材为 L245 NCS，管道规格为 D219.1mm×8.8mm，设计压力 8.60MPa，设计输量 90×10⁴m³/d，管道防腐为三层普通级绝缘防腐。A 段运行现状：起点压力 6.4MPa，终点压力 6.24MPa，实际输量约 58.5×10⁴m³/d，输送的天然气中 H_2S 含量约为 55.126g/m³。

B 段管线全长 22.7km，管材为 L245 NCS，管道规格为 D273mm×11mm，设计压力 7.85MPa，设计输量 116×10⁴m³/d，管道防腐为三层普通级绝缘防腐。B 段运行现状：起点压力 6.24MPa，终点压力 5.46MPa，实际输量约 120×10⁴m³/d，输送的天然气中 H_2S 含量约为 70.02g/m³。

本次现场试验选取管道为天高线 B 段，部分气井配产、H_2S 和 CO_2 含量见表 2.15。

表 2.15 天高线 B 段部分气井配产、H₂S 和 CO₂ 含量统计表

井号	日产气量 （10⁴m³）	H₂S 含量 （g/m³）	CO₂ 含量 （g/m³）
云安 002-2 井	12.5	1.184	27.992
云安 11 井	8.5	0.456	30.018
云安 012-1 井	48	93.523	156.353
云安 012-2 井	49	90.519	152.67
云安 24 井	2	0.682	30.018
累计 / 平均	120	74.543	130.424

（1）云安 24 井站。云安 24 井位于重庆市万州区天城管委会天城镇双堰村 4 组，是冯家湾潜伏构造主高点的一口开发井，2006 年 4 月 30 日射孔完井，产层为石炭系。该井于 2006 年 11 月 20 日建成投产，站场设计压力 9MPa，设计处理量 $10\times10^4\text{m}^3/\text{d}$。所采天然气经分离、计量后经 D114.3mm×6.3mm～3.06km 管线输往云安 11 井进行脱硫，脱硫后净化气供万州民用气用气，单井设有缓蚀剂喷灌注系统，该站主要功能为集输云安 11 井、云安 3 井和云安 002-2 井经天高线输至云安 012-1 井站。2009 年天高线建设时按高含硫生产工艺要求设有缓蚀剂喷灌注系统，但目前未启用。缓蚀剂泵：① 规格型号 RB050S103X1MNN、工作压力 103bar、排量 47L/h；② 规格型号 RB050S103X1MNN、工作压力 103bar、排量 47L/h。

（2）云安 012-1 井站。云安 012-1 井位于重庆市万州区分水镇双红村 9 组，构造位置在云安厂构造大猫坪潜伏构造东南翼，钻探目的是查明大猫坪构造长兴组生物礁气藏分布范围，增加井口产能，兼探嘉陵江组和飞仙关组含流体情况。该井于 2009 年 1 月 28 日开钻，2009 年 12 月 9 日完钻，2010 年 1 月 14 日完井。2010 年 1 月 24 日采用射孔酸化联作方式施工，测试产气 $101.78\times10^4\text{m}^3/\text{d}$，初算无阻流量 $276.29\times10^4\text{m}^3/\text{d}$，计划配产为 $50\times10^4\text{m}^3/\text{d}$，建设规模 $30\times10^4\sim60\times10^4\text{m}^3/\text{d}$，单井设有缓蚀剂喷灌注系统。云安 012-1 井天然气经分离和计量后由 D219.1mm×12.5mm 管线进入云安 012-1 井集气站经 D273mm×11mm 集输干线—万州净化厂原料气干线输往万州末站。2009 年天高线建设时按高含硫生产工艺要求设有缓蚀剂喷灌注系统，但目前未启用。缓蚀剂泵规格型号 RB050S103X1MNN、工作压力 103bar。

（3）万州末站。万州末站是位于高峰镇内的一个大型集输站，紧靠万州净化厂。主要接收云安厂气田、高峰场气田和凉风脱水站集输站来气，经汇集、分离和计量后输往万州净化厂脱硫，再将处理后的净化气输至输气处万州分输站进入南—万—忠管线，最后进入忠武线。该站于 2009 年 5 月与万州净化厂同步建设并投产。站场设计压力 7.85MPa，设计输气量 $200\times10^4\text{m}^3/\text{d}$。

2.2.3.2 天高线 B 段清管预膜现场试验

2.2.3.2.1 主要试验内容

天高线 B 段缓蚀剂清管预膜加注工艺试验主要试验内容如下：

（1）清洁管线。使用标准双向清管器清洁管线，达到预膜标准。

（2）预膜。应用预膜速度优化研究成果，采用标准清管预膜作业程序完成预膜。

（3）监测评价。应用预膜效果监测评价技术研究成果，评价预膜效果及膜的有效周期，判断膜的失效节点。

2.2.3.2.2 实验期间现场参数（温度、压力、产气、产水）

实验期间天高线 B 段生产参数变化如图 2.16 所示。

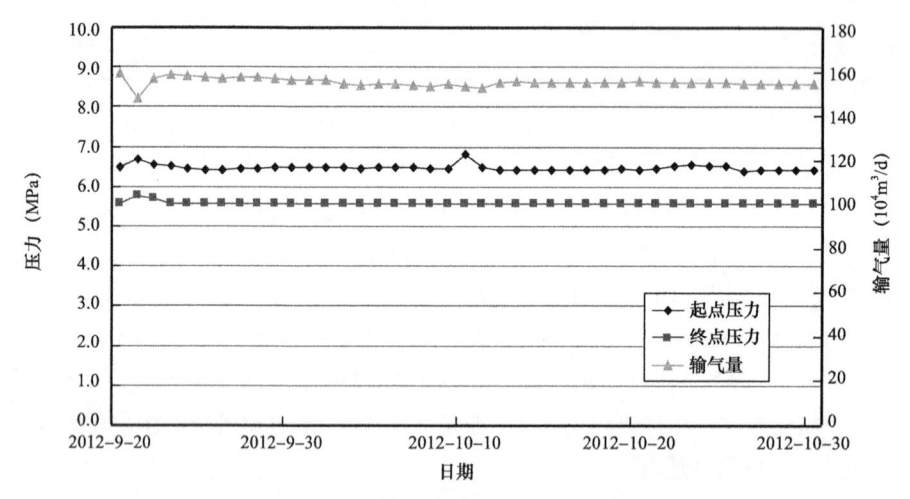

图 2.16　清管预膜期间天高线 B 段运行参数

2.2.3.2.3 作业过程

在成功进行管道的清洁通球后，紧接着进行管道的标准清管预膜作业程序。

天高线 B 段为 L245NCS 的抗硫无缝钢管，外径为 273mm，壁厚为 11.1（15）mm，管线长度为 22.7km，工程中需考虑 30% 余量，则所需缓蚀剂 2240kg。

天高线 B 段缓蚀剂预膜批处理情况见表 2.16，管线预膜后收球筒成功收到约 40L 缓蚀剂。图 2.17 所示为预膜后的清管器形貌。

表 2.16　天高线 B 段缓蚀剂预膜批处理情况

管线名称	发球时间	收球时间	最大推球压差（MPa）	清管前压差（MPa）	清管后压差（MPa）	平均速度（m/s）	运行时间（min）	预膜量（kg）	污水（m³）	污物（kg）
天高线 B 段	2012-9-20 14:13	2012-9-20 16:00	1.1	1.0	0.9	3.5	107	2240	0.07	0

图 2.17 预膜后的清管器形貌

根据预膜控制速度计算公式：

$$v \leqslant \frac{55L}{D-2\delta} \quad (2.2)$$

式中　v——预膜速度，m/s；
　　　L——预膜管道长度，km；
　　　D——管道外径，mm；
　　　δ——管道壁厚，mm。

计算得到天高线 B 段清管预膜控制速度为 $v \leqslant 5.2 \text{m/s}$，而实际的预膜运行平均速度为 3.5m/s，部分管段运行速度接近 5m/s。

2.2.3.2.4 预膜效果监测评价

在清管预膜作业后，分别采用了在线腐蚀监测（失重挂片、电阻探针、）水化学分析（缓蚀剂残余浓度、氯离子浓度及 pH 值）和氢通量监测的方法对 CT2-19 缓蚀剂预膜效果进行评价。其中，在线腐蚀监测能够反映缓蚀剂预膜质量及防腐效果，氯离子浓度是影响管道或容器腐蚀速率的重要因素，缓蚀剂残余浓度则反映缓蚀剂现场应用状况。无损氢通量监测技术可以根据缓蚀剂预膜后一定周期内的腐蚀氢通量变化来判断缓蚀剂的预膜效果。

天高线 B 段沿线共开挖了 8 个氢通量监测点，选择了 4 个点进行无损氢通量监测（图 2.18），监测点基本信息见表 2.17。通过无损氢通量监测技术可以根据缓蚀剂预膜后一定周期内的腐蚀氢通量变化来判断缓蚀剂的预膜效果。

氢通量监测采用最新的无损氢通量监测技术。该技术是通过在管道或装置外直接测量微量的氢气浓度预计装置内腐蚀速率。测量表面可以处于不同状况。

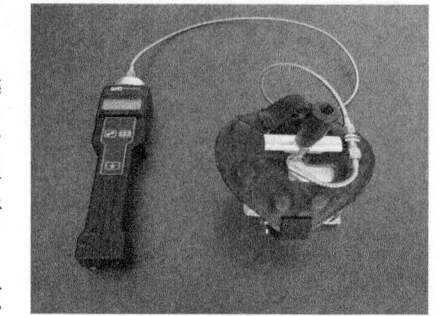

图 2.18　无损氢通量监测设备

氢通量监测点如图 2.19 和图 2.20 所示，分别监测管线 12 点钟、3 点钟和 6 点钟三个方向。开挖监测点基本信息见表 2.17，图 2.21 所示为氢通量监测曲线图。

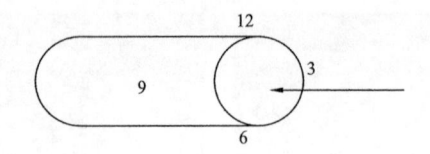

图 2.19 氢通量监测点示意图

(a) 3号定标桩　　　(b) 4号定标桩　　　(c) 16号定标桩

图 2.20 氢通量监测点定标桩

表 2.17 开挖监测点基本信息表

定标桩序号	监测点位置	管线走势	监测部位
3号	该开挖监测点位于管线3km处	V字形管段低洼带	12点钟方向，3点钟方向（由于地形限制无法监测6点钟方向）
4号	该开挖监测点位于管线4km处	爬坡后的水平段	12点钟方向，3点钟方向（由于地形限制无法监测6点钟方向）
16号	该开挖监测点位于管线16km处	整段管线海拔最高点	12点钟方向，3点钟方向（由于地形限制无法监测6点钟方向）

从氢通量监测结果可以看出，缓蚀剂预膜后，12点钟方向、3点钟方向和6点钟方向，氢通量监测值都急剧降低，分别由 4pL/（cm²·s），5pL/（cm²·s），6pL/（cm²·s）和 3pL/（cm²·s）下降到 0，CT2-19 缓蚀剂抑制腐蚀的效果极其明显。

预膜期间氢通量监测值具有 3 个阶段：

第一阶段，缓蚀剂预膜及优化阶段，时间段为 9月19—21日，可以看到氢通量的急剧减小至 0。

第二阶段，缓蚀剂膜保护阶段，从 9月21日至10月9日，氢通量检测数据显示在该时间段缓蚀剂膜能很好地起到保护作用。

第三阶段，缓蚀剂膜破坏并形成新的产物膜。氢通量测量值在 10月9日同一测量点两个方向出现了 3pL/（cm²·s）以上的数据，表征膜的破坏，膜有效持续期为 21 天。

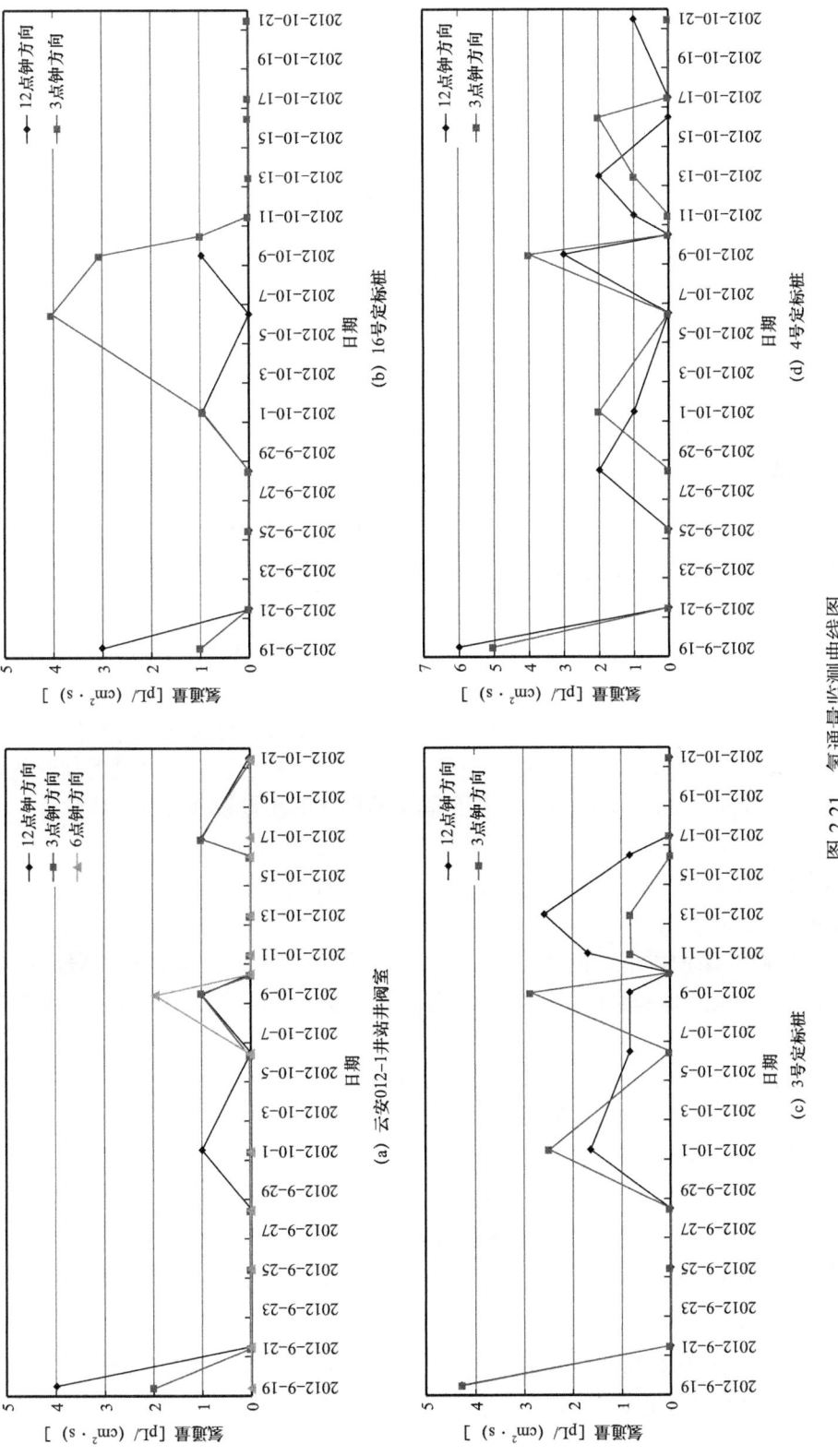

图 2.21 氢通量监测曲线图

2.2.3.3 天高线 B 段雾化预膜现场试验

2.2.3.3.1 主要试验内容

天高线 B 段缓蚀剂雾化预膜加注工艺试验主要试验内容如下：

（1）清洁管线。使用标准双向清管器完全清除管道残留缓蚀剂，达到预膜标准。

（2）预膜。应用预膜作业程序优化成果，采用雾化预膜作业程序完成预膜。

（3）监测评价。应用预膜效果监测评价技术研究成果，评价预膜效果及膜的有效周期，判断膜的失效节点；对比评价雾化预膜与清管预膜的效果。

2.2.3.3.2 作业过程

2013 年 5 月 20—21 日，对天高线 B 段使用标准双向清管器完成管道清洁，5 月 22—25 日，通过云安 012-2 井缓蚀剂注入泵，连续注入 2300L 缓蚀剂，通过气流完成雾化预膜，6 月 3 日使用蛛头球优化维护。

2.2.3.3.3 预膜效果监测评价

在雾化预膜作业后，分别采用了在线腐蚀监测（失重挂片、电阻探针）、水化学分析（包括缓蚀剂残余浓度、铁离子浓度分析）和氢通量监测的方法对 CT2-19 缓蚀剂预膜效果进行评价。

氢通量监测点沿用清管预膜的开挖点，其中 3 号监测点由于观察坑塌方，没有取到本次雾化预膜的空白数据，氢通量监测数据如图 2.22 所示。

从监测数据可以看到，云安 012-1 井站外阀室和 16 号定标桩两个监测点在试验期间氢通量数值变化均不大，最大值不超过 $3pL/(cm^2 \cdot s)$；所有监测点在试验期间的氢通量数值均不超过 $6pL/(cm^2 \cdot s)$，这与清管预膜试验期间的测量数据具有一致性。

由于 3 号标监测点没有取得空白数据，以 4 号标监测点为例，可以看到：

① 缓蚀剂雾化预膜阶段，时间段为 5 月 22—25 日，可以看到氢通量数据急剧减小至 $2pL/(cm^2 \cdot s)$。

② 缓蚀剂膜保护阶段，时间段为 5 月 25 日至 6 月 13 日，氢通量数据显示在该时间段缓蚀剂膜能很好地起到保护作用，期间在 6 月 3 日采用蛛头球进行了优化维护清管作业。

③ 缓蚀剂膜破坏，氢通量测量值在 6 月 14 日两个监测点同时出现了 3 个 $3pL/(cm^2 \cdot s)$ 以上的数据，表征膜的破坏。

④ 雾化预膜试验期间，在 6 月 3 日采用蛛头球进行了优化维护清管作业，6 月 13 日采用高密度泡沫清管器进行了清管作业，从氢通量的数据来看，蛛头球优化维护后氢通量数据没有明显变化，采用高密度泡沫清管器清管作业后，氢通量数据在 14 日出现明显上扬，作业时间处于雾化预膜周期后期，对缓蚀剂膜的破坏起到了促进作用。

2.2.3.3.4 实验结果与评价

（1）天高线实际运行速度 3.5m/s 符合优化后的速度计算方法的计算结果（小于 5.2m/s），超过经验总结的推荐速度（2～3m/s），实际清管预膜效果良好，预膜速度计算方法有效。

(a) 云安012-1井站外阀室

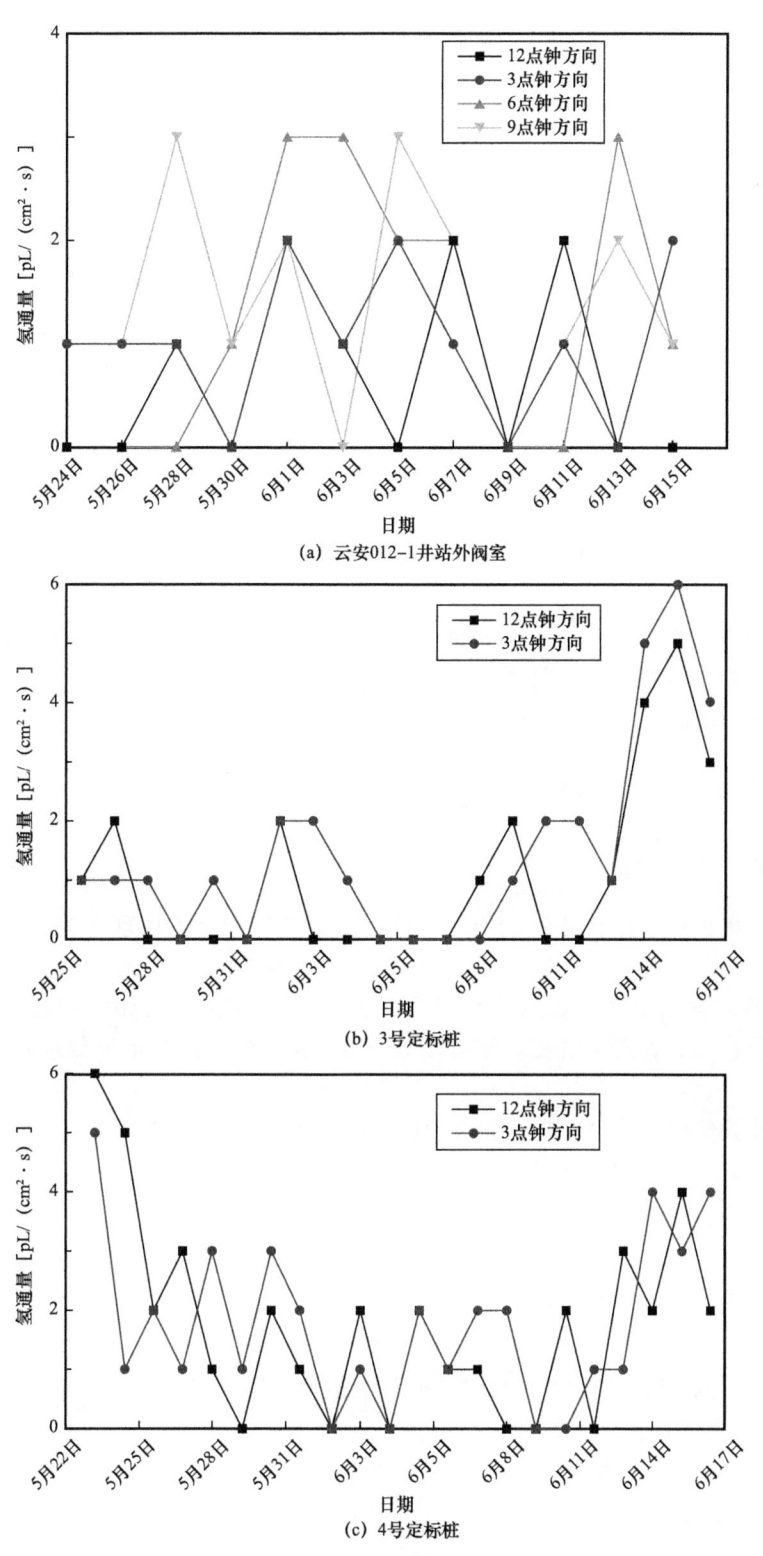

(b) 3号定标桩

(c) 4号定标桩

图 2.22 氢通量监测曲线图

（2）以氢通量检测技术为主，结合水化学分析、失重挂片监测技术评价天高线缓蚀剂管道预膜效果的方法可行，成功实现了管道预膜效果的持续监测评价，效果良好。

（3）综合对比缓蚀剂残余浓度及氢通量测量值，天高线 B 段采用 CT2-19 缓蚀剂预膜、清管预膜后，缓蚀剂保护膜有效持续时间（在不进行清管作业情况下）为 21 天。雾化预膜周期为 20 天。

（4）对比清管预膜周期 21 天和雾化预膜周期 20 天（雾化预膜后 10 天进行了蛛头球优化维护），在时间上差别不大，但雾化预膜对管线中后段的全周向保护效果并不理想，在有条件的情况下建议优先采用缓蚀剂清管预膜工艺。

（5）通过对天高线 B 段进行清管预膜和雾化预膜的实验对比分析，实验成功完成了主要实验内容，预膜效果良好。重庆气矿高含硫管道缓蚀剂加注设计方案可作为今后相关作业的推荐方案。

2.3 管道防冻堵方法

原料气中有液态水存在，如游离水和凝析水，在集输过程中的高压和低温工况下有可能形成水合物，造成阀门、管道堵塞，因此掌握水合物形成的基本理论及其防治方法，是含硫气田地面集输管网生产运行稳定的重要保障。

2.3.1 酸性气田水合物基本理论

2.3.1.1 天然气的水露点

天然气的水露点是指在一定的压力条件下，天然气中开始出现第一滴水珠时的温度，即天然气的饱和含水量相对应的温度就是水露点（俗称冰点）。天然气的饱和含水量和水露点温度可通过查图得到，如图 2.23 所示。图 2.23 是在天然气相对密度为 0.6，与纯水接触条件下绘制的。若天然气相对密度不等于 0.6 和（或）接触水为盐水时，应乘以图中的修正系数。

对于酸性天然气，当系统压力高于 2100kPa（绝）时，应对 H_2S 和（或）CO_2 含量进行修正。酸性天然气饱和含水量计算：

$$W = 0.983\left(y_{HC}W_{HC} + y_{CO_2}W_{CO_2} + y_{H_2S}W_{H_2S}\right) \quad (2.3)$$

式中　W——酸性天然气饱和含水量，mg/m^3；

　　　y_{CO_2}，y_{H_2S}——气体中 CO_2 和 H_2S 的摩尔分数，%；

　　　y_{HC}——气体中除 CO_2 和 H_2S 以外的其他组分的摩尔分数，%；

　　　W_{HC}——非酸性天然气饱和含水量，mg/m^3；

　　　W_{H_2S}——H_2S 气体含水量，可查图 2.24（a）；

　　　W_{CO_2}——CO_2 气体含水量，可查图 2.24（b）。

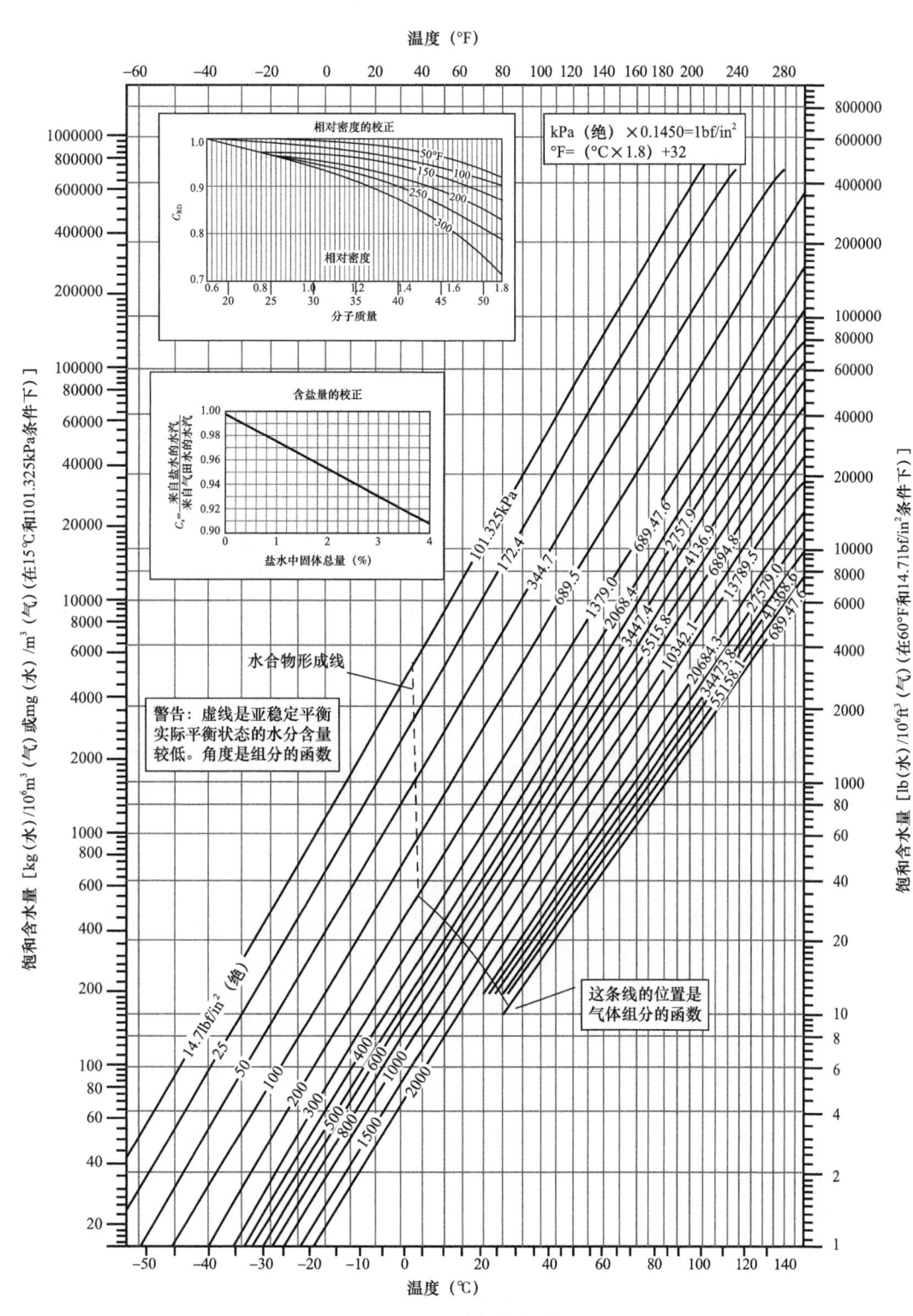

图 2.23 天然气的水露点

C_{RD}—相对密度校正系数;C_s—含盐量校正系数

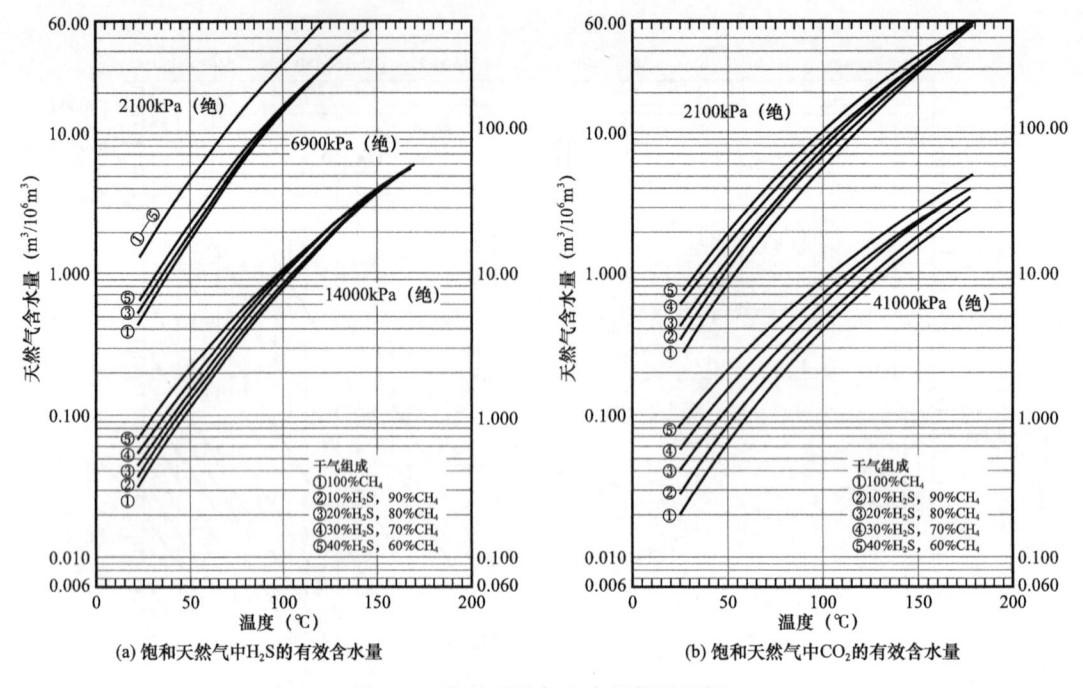

(a) 饱和天然气中H_2S的有效含水量

(b) 饱和天然气中CO_2的有效含水量

图 2.24　酸性天然气含水量辅助图版

2.3.1.2　天然气水合物的结构及其形成条件

天然气水合物是由轻的碳氢化合物和水所形成的疏松结晶化合物，其形状外观与冰类似，又称为"可燃冰"。研究表明，天然气水合物的结构有Ⅰ型、Ⅱ型和H型，如图 2.25 所示。

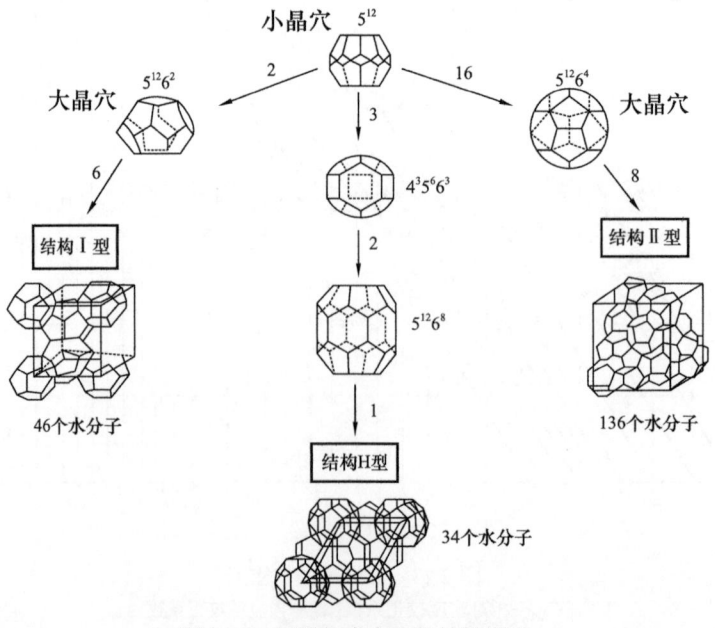

图 2.25　天然气水合物的结构类型

天然气水合物形成的必要条件是：

（1）天然气中的水汽含量处于饱和或过饱和状态，并存在自由水；

（2）天然气处于足够高的压力和足够低的温度；

（3）流动条件突变，如压力的波动、气流的高速流动、气体流向突变产生的搅动、晶种的存在等。

2.3.1.3 天然气水合物的预测方法

2.3.1.3.1 相对密度法

针对 H_2S 和 CO_2 含量小于 1%（摩尔分数）的天然气，可采用相对密度曲线法估算水合物形成的最高温度（或最低压力）。图 2.26 给出了甲烷以及相对密度 0.6，0.7，0.8，0.9 和 1.0 的天然气预测生成水合物的压力和温度曲线。曲线上每一个点相应的温度，即该点压力条件下的水合物形成温度。每条线的左边是水合物形成区，右边是非生成区。若相对密度在两条曲线之间，可采用内插法近似计算。

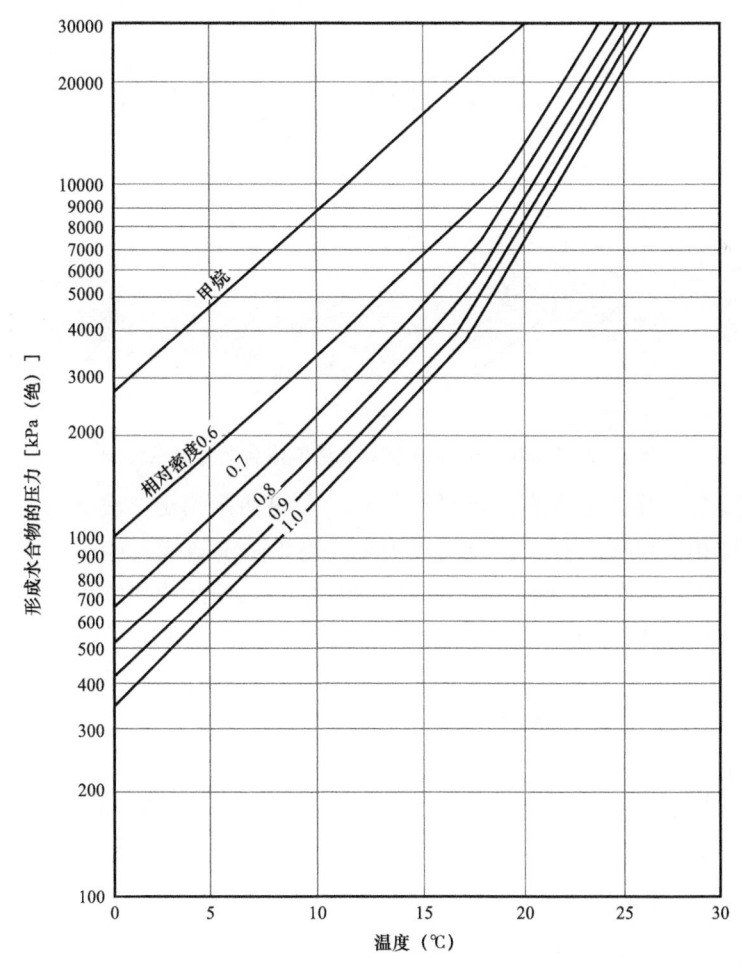

图 2.26 预测天然气水合物形成的压力—温度曲线

2.3.1.3.2 Baillie-Wichert 法

Baillie-Wichert 法是在相对密度法的基础上考虑了 H_2S 和 C_3 含量的影响，天然气相对密度范围为 0.6~1.0，H_2S 含量范围为 1%~50%，C_3 含量可达 10%。Baillie-Wichert 估算天然气水合物形成条件图如图 2.27 所示。具体使用步骤如下：

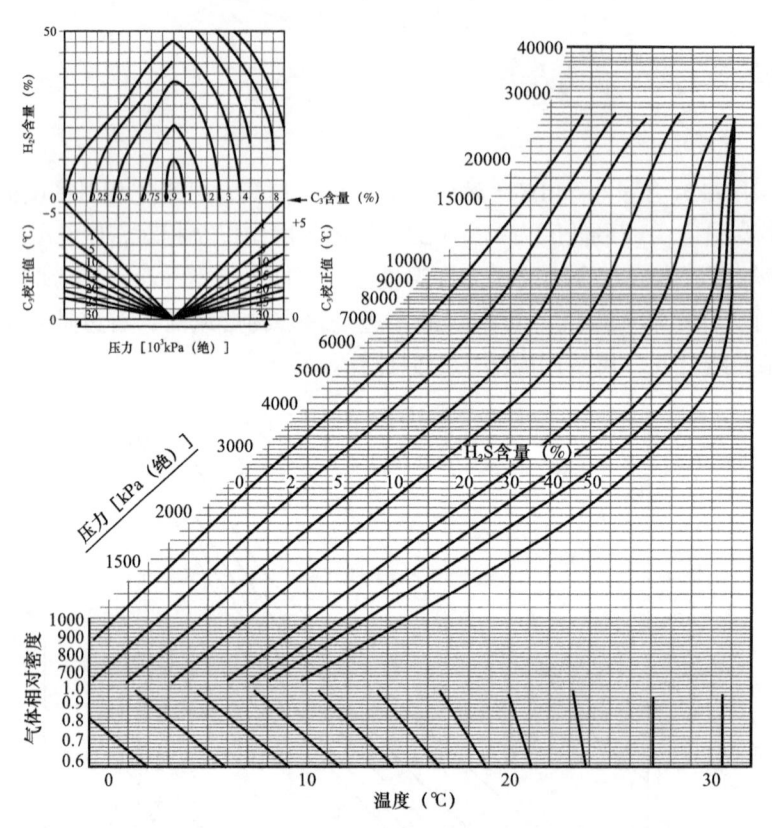

图 2.27 Baillie-Wichert 估算天然气水合物形成条件图

（1）先从图 2.27 压力值向右引水平线与 H_2S 含量曲线相交，设交点为 A，由 A 点向下引垂线与气体相对密度线相交，设交点为 B，再依图中斜线走向引过 B 点的斜线，该斜线与横坐标交点的读数为该酸性天然气水合物形成温度的初始值。

（2）由图 2.27 左上方小图中左侧 H_2S 含量值向右引水平线与 C_3 含量曲线相交，设交点为 A′，由 A′向下引垂线与压力线相交，设交点为 B′，再过 B′向右（或向左）引水平线与纵坐标相交，与交点 B′距离最近一侧的纵坐标读数即为 C_3 含量的校正值。当 C_3 含量小于 1% 时（左侧），校正值为负值；当 C_3 含量大于或等于 1% 时（右侧），校正值为正值。

以上两步读数之和即为该酸性天然气在给定压力下的水合物形成温度。用相似的步骤可以估算水合物形成的压力条件。

2.3.1.4 天然气水合物的防治方法

（1）加热法。

对天然气进行加热或敷设平行于采集气管道的热水伴热管道，保证井口节流和输送过程中天然气最低温度高于水合物形成温度 3~5℃以上。通常在井口或集气站设加热换热设备，如饱和蒸汽逆流式套管换热器、水套加热炉和真空加热炉等。

（2）脱水法。

采用三甘醇或分子筛脱水工艺脱除天然气中的饱和水，是抑制水合物生成的最根本途径。该方法在含硫天然气集输中较为常用，既可以防止水合物生成，又可防止集气管道的腐蚀。

（3）井下节流法。

采用井下节流器在井筒对天然气节流降压，降低了采集气压力，改变了水合物形成条件，降低了水合物形成温度，可减少加热炉的负荷和水合物抑制剂的注入量，甚至可取消加热炉或抑制剂注入系统，不仅降低运行成本，节流降耗效果也十分明显。

（4）注抑制剂法。

注入抑制剂的目的是吸收天然气中的水分，使天然气的水露点下降，从而降低天然气水合物的形成温度。目前天然气水合物抑制剂广泛使用的主要是乙二醇和甲醇。注入采集气管道的水合物抑制剂一部分与管道中的液态水相溶，另一部分挥发至气相，所以水合物抑制剂的实际使用量为抑制剂的液相用量和气相损失量之和。天然气水合物形成温度降主要决定于水合物抑制剂的液相用量。

2.3.2 集输管道防冻堵应用实践

重庆气矿冬季冻堵主要集中在高含硫管线或高海拔管线，其中以大猫坪片区冻堵最为严重，影响气量最大。

大猫坪构造长兴组生物礁气藏共获气井 6 口（云安 12 井、云安 012-1 井、云安 012-2 井、云安 012-6 井、云安 012-X7 井、云安 012-X8 井），其中云安 12 井已经封闭，生产井 5 口。目前各井的油管压力、套管压力，产气量、产水量及气质情况见表 2.18。大猫坪区块地面集输管网结构示意如图 2.28 所示。

表 2.18 大猫坪区块各井生产参数（2021 年 9 月数据）

序号	井号	套管压力（MPa）	油管压力（MPa）	产气量（$10^4 m^3/d$）	产水量（m^3/d）	H_2S 含量（g/m^3）	CO_2 含量（g/m^3）
1	云安 012-1 井		6.63	38.1	4	87.70	164.46
2	云安 012-2 井	8.80	7.47	39.34	3.0	76.3	166.67
3	云安 012-6 井	2.31	7.32	25.6	2.0	101.7	171.09
4	云安 012-X7 井	6.56	13.44	27.4	3.0	98.33	163.17
5	云安 012-X8 井		6.82	29.1	2.5	26.32	261.14
	合计			120.2	14.5		

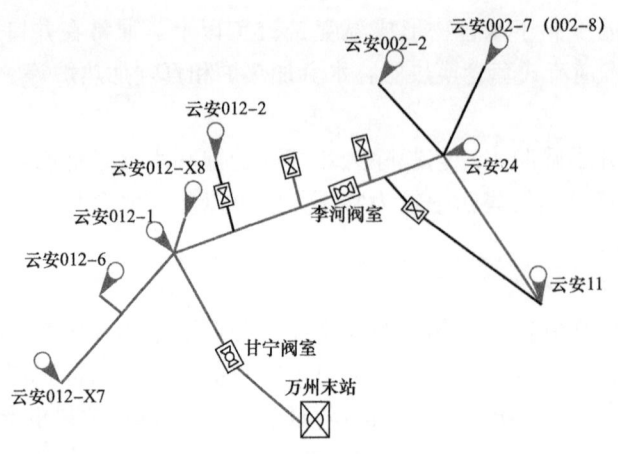

图 2.28 大猫坪区块地面集输管网系统结构图

大猫坪区块各井产出的天然气汇集至云安 012-1 井后通过天高线 B 段输送至下游万州末站，进入万州净化厂处理。气田内部集气支线以天高线 B 段为主管道，沿途 T 接或就近进入附近井站。自 2013 年起云安 012-6 井、云安 012-X7 井和云安 012-X8 井相继投产后，大猫坪区块管线冻堵频发，经分析主要是由于未及时加注防冻剂所致。具体案例如下：

（1）云安 012-6 井采气管线。气井在 2013 年 7 月临时投产，集气支线约 20m，根据输压 7.56MPa，采用查图法确定了天然气水合物形成温度为 18.73℃，高于地温 12℃，由于气井投产后一直未安装防冻剂加注装置，导致 2013 年 11 月 26 日发生冻堵。

（2）云安 012-X7 井采气管线。气井油管压力 24MPa，输压 7.4MPa，计温 30℃，井口至云安 012-6 井 T 接点管段安装有保温层，根据经验推算，T 接点处天然气气流温度约为 14.39℃，低于水合物形成温度 17.63℃。但该井投产后因缺市电且防冻剂加注橇未安装完成，无法实施正常的防冻剂加注，在 2014 年 1 月发生冻堵。

（3）天高线 B 段集输干线。2013 年冬季万州净化厂背压升高，输压比平时升高约 0.5MPa，引起水合物形成温度偏高，同时云安 012-2 井防冻剂加注泵故障，无法加注防冻剂，导致 12 月 11 日天高线 B 段出现堵塞。

（4）云安 002-8 井采气管线。气井井地处万州区大垭口森林公园，海拔约 1300m，冬季气温仅为 2~3℃。井站内无加热、分离装置，仅有一套井口装置，产气与地层水一起混输至云安 24 井分离、计量。正常生产时套管压力 8.0MPa，油管压力 6.87MPa，输压 6.85MPa，产气量 $20.0\times10^4m^3/d$，产水量 $2.4m^3/d$。2016 年 1 月 26—27 日，该集气支线发生 3 次冻堵，共计影响产量 $20.1\times10^4m^3$。经计算，该井地面操作压力 6.8MPa 时的水合物形成温度为 10.79℃，在当地温降低到 10.79℃以下时就会发生冻堵。

针对大猫坪区块管线冻堵情况，重庆气矿从 2013 年开始就制订了相应的对策：一是对各个站场安装地温计，每日记录地温；二是计算各个站场的水合物形成温度以及不同地温下的防冻剂加注量；三是各个站场配备两台防冻剂加注泵，采取一备一用的方式；四是每年冬季来临之前对防冻剂加注泵进行系统维护保养，保证冬季生产时防冻剂加注泵可以正常运行。

要保证管线不冻堵，必须保证管线最低的气流温度高于水合物形成温度，而防冻剂的加注量也要以管线最低的气流温度为基准进行计算。在不节流情况下,管线最低的气流温度应在海拔最高处。云安 012-2 井、云安 012-6 井和云安 012-X8 井产气都输送至云安 012-1 井,各条管线的高程图分别如图 2.29 至图 2.32 所示。

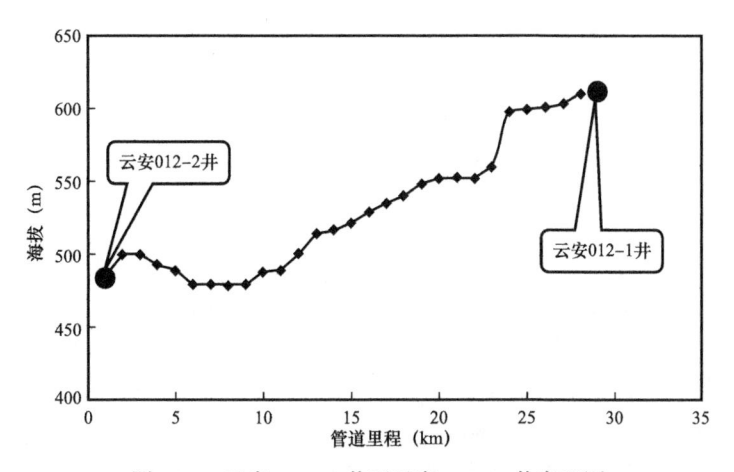

图 2.29　云安 012-2 井至云安 012-1 井高程图

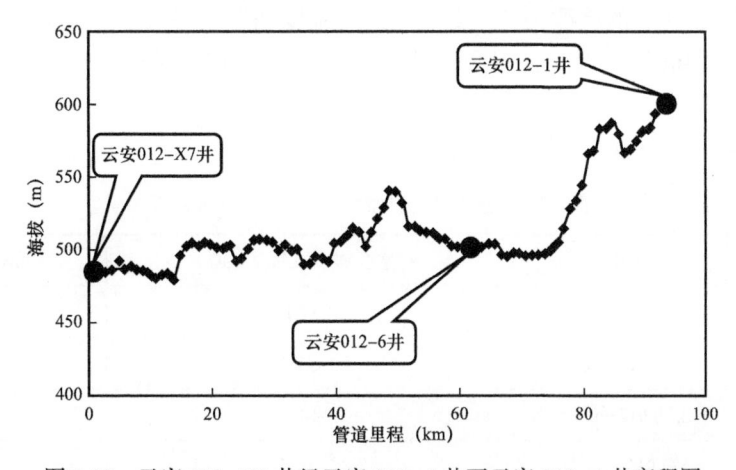

图 2.30　云安 012-X7 井经云安 012-6 井至云安 012-1 井高程图

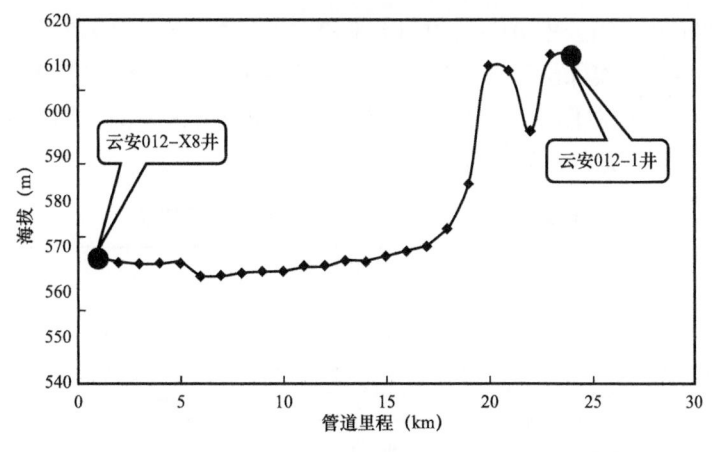

图 2.31　云安 012-X8 井至云安 012-1 井高程图

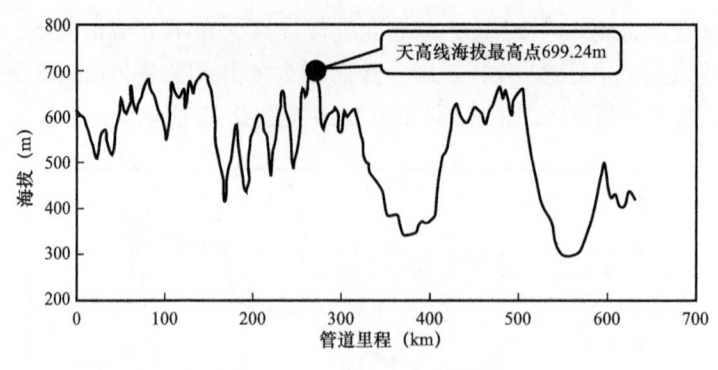

图 2.32 天高线 B 段高程图

由图 2.29 至图 2.31 可以看出，云安 012-2 井、云安 012-6 井和云安 012-X8 井海拔均低于云安 012-1 井，且 3 条管线沿途无大的起伏地段，三条管线的海拔最高处都为云安 012-1 井，因此在对云安 012-2 井、云安 012-6 井和云安 012-X8 井进行防冻剂加注量计算时，以云安 012-1 井的气流温度作为计算依据。

由图 2.32 可知，云安 012-1 井海拔 612.22m，万州末站海拔 461.551m，天高线 B 段海拔最高点（图 2.40）的高度为 699.24m。由于温度和海拔呈反比，天高线气流温度最低值应在海拔 699.24m 处，因此在对天高线 B 段进行防冻堵计算时，应以海拔最高处的气流温度作为计算依据。

各气井水合物形成温度对应的地温值统计见表 2.19。

表 2.19　各井水合物形成温度对应的地温值

序号	井号	水合物形成温度（℃）	地温（℃）
1	云安 012-1 井	17.11	18
2	云安 012-2 井	17.3	18
3	云安 012-6 井	18.68	19
4	云安 012-X8 井	14.8	15

由计算结果可知，当云安 012-1 井地温低于 19℃时，需要对云安 012-6 井加注防冻剂，当云安 012-1 井地温低于 18℃时，需要对云安 012-1 井和云安 012-2 井加注防冻剂，当云安 012-1 井地温低于 15℃时，需要对云安 012-X8 井加注防冻剂。计算得到各井在不同地温下的防冻剂加注量，见表 2.20。

表 2.20　天高线 B 段防冻剂加注量计算结果

云安 012-1 井地温（℃）	防冻剂加注量（kg）			
	云安 012-1 井	云安 012-2 井	云安 012-6 井	云安 012-X8 井
5	228.05	50.52	42.09	30.33
6	211.39	46.48	39.06	27.3

续表

云安012-1井地温（℃）	防冻剂加注量（kg）			
	云安012-1井	云安012-2井	云安012-6井	云安012-X8井
7	194.73	42.44	36.03	24.27
8	178.07	38.4	33	21.24
9	161.41	34.36	29.97	18.21
10	144.75	30.33	26.94	15.18
11	128.09	26.29	23.91	12.15
12	111.43	22.25	20.88	9.12
13	94.76	18.21	17.85	6.09
14	78.1	14.17	14.82	3.06
15	61.44	10.13	11.79	
16	44.78	6.08	8.76	
17	28.12	2.05	5.73	
18	11.46		2.71	

现场按照制订的水合物防治方案严格执行后，大猫坪区块每年的冻堵次数显著降低，2018—2020年冬季实现了"零冻堵"。

2.4 管道清管工艺

清管是管道生命周期内必不可少的环节，是管道流动安全的重要保障。为解决油气管道输送过程中杂质沉积、蜡沉积、凝析液聚集、污物沉积等引起的管输气量低、管道腐蚀等问题以及满足后续智能检测要求，工程上需要进行清管作业。

2.4.1 清管原则或依据

为进一步加强中国石油西南油气田公司天然气管道清管作业管理，确保管道处于高效运行状态，结合川渝外部环境和天然气气质条件实际，制定了《西南油气田分公司清管作业管理办法》。

针对管道实际情况，结合气质条件、历次清管情况及气温变化等因素，确定合理的清管周期，管道清管周期确定的主要原则依次为管输效率、污物量和最长周期。

（1）管输效率原则：湿气管道采用威莫斯公式计算，当管输效率小于80%时，应安排清管作业；含硫干气或净化气管道采用潘汉德公式计算，管径DN400以下管线管输效率小于80%、管径DN400及以上管线管输效率小于85%时，应安排清管作业。

当管输效率难以计算，可根据管道输送压差的变化合理安排清管作业。

（2）污物参考原则：管径DN300及以下管道（段）每次清出污水应小于10m³；管径DN300以上管道（段）每次清出污水折算到每千米管道应小于0.5m³，如清出污物量超过上述参考量，应考虑缩短清管周期。

（3）最长周期原则：气液混输管道的清管周期不应超过1个月；湿气管道清管周期不应超过3个月；含硫干气或净化气管道的清管周期不应超过半年；清管条件差（流速低、运行压力低且管道较长）、卡堵后影响大（如城市单一供气或主供气源管线的清管作业）的管线，最长清管周期不宜超过1年。

（4）高含硫天然气集输管线的清管周期应考虑管道内腐蚀防护方案要求；气温降低时应缩短气液混输、湿气管道的清管周期；天然气输送管线在停运检修前应进行清管作业。

2.4.2 常规清管器的主要类型及选用原则

清管作业工程中通常要用到清管器。常规的清管器的主要类型有：清管作业工程使用的清管器具主要有：带射流功能的标准双向清管器、标准盘式双向清管器、带钢丝刷标准盘式双向清管器、带磁铁标准盘式双向清管器、带测径盘标准盘式双向清管器。各个清管器结构及功能如下：

（1）带射流功能的标准双向清管器：液压水带射流功能的标准双向清管器由3部分构成：制动单元、密封单元、清洗单元（清洁头）。

（2）标准盘式双向清管器：由金属骨架、密封皮碗、支撑皮碗、隔套等构成并可以配置无线电发射机，具有密封性能好、清扫彻底、可双向行走等特点。它具有清扫、隔离、阻水等功能。

（3）带钢丝刷标准盘式双向清管器：导向盘将前端液体和松散粉尘推出，密封盘由其前后压差推动，钢刷松动管道内壁附着不太紧的垢块，能够清除管壁粉尘和大多数沉积物。

（4）带磁铁标准盘式双向清管器：收集管内的铁屑和折断的钢刷。

（5）带测径盘标准盘式双向清管器：利用均匀分布在清管器周围的测径臂，收集管线管径信息，作为后续智能检测器能否正常通过管线的重要基础依据。

常规清管器的选择应综合考虑输送介质、清管装置、历次清管情况及季节变化等因素。具体选用原则如下：

（1）气液混输与湿气输送管线清管可采用清管球或柱状清管器，条件具备时宜尽量选用柱状清管器，凝析油管线应尽量采取泡沫清管器。

（2）含硫干气与净化气输送管线清管应尽量选择柱状清管器。

（3）管线投运后的第一次清管或管内杂质较多管线清管时，应先采用清管球或泡沫清管器等质地较软的清管器清管，再根据清管情况合理选择清管工具。

2.4.3 射流清管器

重庆气矿采用常规清管器进行清管作业过程中,出现了比较严重的管道卡堵情况。通过分析近年来出现的 5 次管道卡堵情况,其中有 4 条管线(峰汝线 B 段、卧渝线 B 段、万卧线 C 段以及达卧线达石段)卡堵原因是管输气量低,管内污物或杂质堆积造成的。

为解决油气管道输送过程中杂质沉积、蜡沉积和凝析液聚集等问题,重庆气矿将主要应用在管线清蜡、清沉积物和清管器速度控制方面的射流清管器体引入清管作业中,并自主研发了一系列射流清管器,应用于工程实际中。

2.4.3.1 射流清管器的研发制作

射流清管器又称旁通清管器,即在清管器中间开一定大小的孔,允许一部分流体经过的清管器。相比于传统清管方式,射流清管技术由于在清管器钢骨架内部开设旁通孔,降低驱动压差,从而减小清管器运行速度,前方积液拥有更多的时间自流出管道,且在射流气体的携带作用下,积液的堆积量减小,进而消除清管段塞,给生产带来了一系列的优势。

重庆气矿研发并制作了 $D273mm$ 及 $D325mm$ 两种规格的射流清管器,过盈量均为 3%,可通过曲率半径为 $1.5D$ 的弯头,两种清管器所使用的材料均一致。

(1)结构。

新型射流清管器主要包括两部分(图 2.33 和图 2.34):

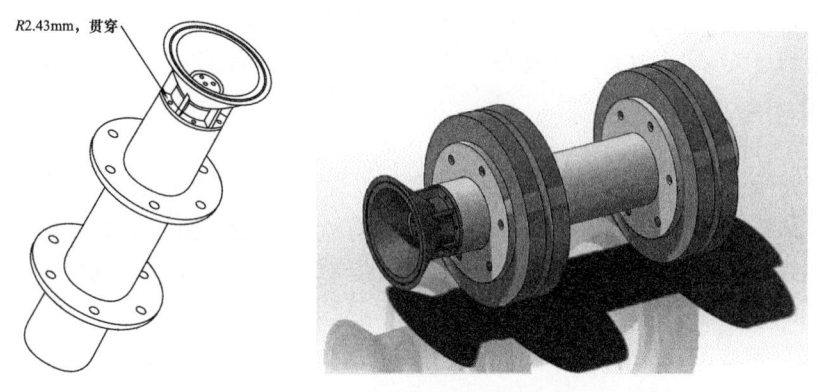

图 2.33 射流清管器结构示意图

图 2.34 射流清管器实物图

① 标准双向清管器，包括：2片导封盘、2片定向盘、4片密封盘、钢骨架，其中D273mm 密封盘外圆周均加工成楔形状。

② 环形喷管：外环及内环分别一体成形，两环间以4个焊接点焊接而成。

（2）组装方式。

标准双向清管器部分：利用螺栓将密封盘和导向盘坚固在钢骨架上。

喷管与标准双向清管器部分：利用内六角螺栓将喷管紧固在标双钢骨架上（所用内六角螺栓规格及固定孔个数可根据需要确定）。

（3）使用材质。

标准清管器密封部分材质：聚氨酯。

钢骨架材质：无缝钢管（20号）。

环形喷管：壁厚为4～5mm的碳素结构钢，Q325B。

2.4.3.2 现场应用及效果分析

由于应用前未出现发生清管卡堵的管道，所以选择了净化气管线清达线清竹段进行应用，但清管完成后，管线清出较多污水，因而为验证干气输送管道的清管效果，又选取了长时间未进行清管，管线比较长且存在卡堵风险的另一条干气输送管线金达线进行了现场应用试验。

2.4.3.2.1 清达线运行效果分析

（1）管线基本情况。

清达线清竹段规格为D323.9mm×5.6mm，管线长14.5km，起点站大竹站，终点站清水站，沿线无分支或阀室，所输气质为净化天然气，射流清管器运行时管输气量约$79×10^4$m^3/d，压力2.9MPa。

（2）清管运行情况。

射流清管器运行情况：2019年9月22日，按现场实施方案及安全评价报告及清管方案要求，在该条管线上运行了D325mm的新型射流清管器，清管器发送时间为14：28，收到时间为15：48，整个运行时间80min，平均速度3m/s，清管运行起止点压力见表2.21，运行过程中的压力趋势图如图2.35所示。

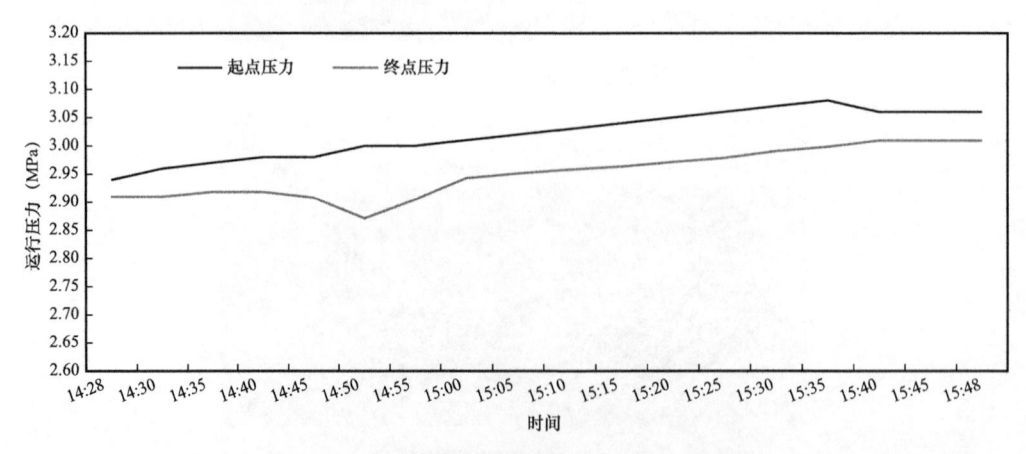

图2.35 清达线清竹段清管起止点运行压力曲线

表 2.21 清达线清竹段清管运行起止点压力

时间	发球端压力（MPa）	收球端压力（MPa）	压差（MPa）	压损（%）
14：28	2.94	2.91	0.03	1.02
14：30	2.96	2.91	0.05	1.69
14：35	2.97	2.918	0.052	1.75
14：40	2.98	2.918	0.062	2.08
14：45	2.98	2.908	0.072	2.42
14：50	3.00	2.871	0.129	4.30
14：55	3.00	2.905	0.095	3.17
15：00	3.01	2.943	0.067	2.23
15：05	3.02	2.951	0.069	2.28
15：10	3.03	2.958	0.072	2.38
15：15	3.04	2.963	0.077	2.53
15：20	3.05	2.971	0.079	2.59
15：25	3.06	2.978	0.082	2.68
15：30	3.07	2.99	0.08	2.61
15：35	3.08	2.998	0.082	2.66
15：40	3.06	3.009	0.051	1.67
15：45	3.06	3.009	0.051	1.67
15：48	3.06	3.009	0.051	1.67
平均值	3.02	2.95	0.07	2.3

标准清管器运行情况：射流清管器运行前一个月进行了一次空管清管，而最近的几次常规清管在2018年11月8日，该管道连续进行了漏磁检测前的三次清管器，清管气量约 $45 \times 10^4 m^3/d$，清管情况见表2.22。

表 2.22 清达线标准清管器运行情况

发球时间	收球时间	运行时间	发球端压力（MPa）	收球端压力（MPa）	压差（MPa）	污物量（kg）
10：24	12：11	1h47min	3.2	2.96	0.24	1.7
10：56	12：49	1h55min	3.18	2.9	0.28	1.7
11：31	13：23	1h52min	3.1	2.88	0.22	1.6

（3）运行效果。

2019年9月22日射流清管器运行起点平均压力约3.02MPa，终点压力平均压力2.95MPa，差压0.07MPa；运行时间1h20min，平均运行速度约3m/s；共清出较多污物（因就地排污坑小，由排污管进行了排放，无法估算），射流清管器清管效果如图2.36所示。

图2.36 清达线现场用射流清管清及清管效果

2019年7月，空管通球，未清出污物。

2018年11月8日，三次标准双向清管器运行情况见表2.22，每次清出污物较少。

两种清管器清管情况见表2.23，因运行时气量不一样，如果将标准清管器按射流清管器运行气量计算（因压力差别不大，可不考虑压力变化），则两种清管器运行数据见表2.34，与标准清管器相比，射流清管器运行时间长，运行速度慢。结合射流清管器本次运行情况，射流清管器运行平稳且存在较好射流效果，清出污物效果明显（明显多于前几次清管），清管器密封盘无明显磨损，整体完好，且各连接十分紧固。

表2.23 清达线两种清管器运行情况

清管类型	运行压力（MPa） 起点	运行压力（MPa） 终点	运行差压（MPa）	运行时间	运行速度（m/s）	清出污物量（kg）	运行气量（$10^4 m^3/d$）
射流清管器	3.02	2.95	0.07	1h20min	3	较多	79
标准清管器	3.2	2.96	0.24	1h47 min	2.26	1.7	45
标准清管器	3.18	2.9	0.28	1h55 min	2.10	1.7	45
标准清管器	3.1	2.88	0.22	1h52 min	2.16	1.6	

表2.24 清达线两种清管器运行情况（按等气量计算）

清管类型	运行压力（MPa） 起点	运行压力（MPa） 终点	运行差压（MPa）	运行时间	运行速度（m/s）	清出污物量（kg）	运行气量（$10^4 m^3/d$）
射流清管器	3.02	2.95	0.07	1h20 min	3	较多	79
标准清管器	3.2	2.96	0.24	1h13 min	3.3	1.7	79
标准清管器	3.18	2.9	0.28	1h12 min	3.34	1.7	
标准清管器	3.1	2.88	0.22	1h10 min	3.39	1.6	

2.4.3.2.2 金达线运行效果分析

（1）管线基本情况。

金达线规格 $D273mm \times 8mm$，管线长 41.2km，管线起点金山站，终点达县站，沿线无分支或阀室，管线设计压力 6.9MPa，设计输量 $120 \times 10^4 m^3/d$，所输气质为脱水后含硫天然气，因管线存在卡堵风险，作业区在 2018—2019 年期间未进行过清管作业，因而借助新研制的射流清管器进行现场应用试验。

（2）清管运行情况。

2019 年 11 月 14 日，在金达线上运行了 $D273mm$ 的射流清管器，运行时气量约 $67 \times 10^4 m^3/d$，清管前起点压力 4.6MPa，终点压力 4.5MPa，清管器发送时间 11∶37，收到时间 16∶10，运行时间 4h33min，平均运行速度约 2.5m/s，清管运行起止点压力见表 2.25，达县站压力自动采集数据如图 2.37 所示。

表 2.25　金达线清管（射流清管器）运行起止点压力

时间	发球端压力（MPa）	收球端压力（MPa）	压差（MPa）	压损（%）	时间	发球端压力（MPa）	收球端压力（MPa）	压差（MPa）	压损（%）
	4.6	4.5			13∶05	4.8064	4.485	0.32	6.69
11∶40	4.683	4.505	0.18	3.80	13∶10	4.8544	4.485	0.37	7.61
11∶45	4.7166	4.4975	0.22	4.65	13∶15	4.8064	4.485	0.32	6.69
11∶50	4.8032	4.4975	0.31	6.36	13∶20	4.8064	4.485	0.32	6.69
11∶55	4.8032	4.495	0.31	6.42	13∶25	4.8129	4.4825	0.33	6.86
12∶00	4.832	4.495	0.34	6.97	13∶30	4.822	4.4825	0.34	7.04
12∶05	4.7905	4.495	0.30	6.17	13∶35	4.8479	4.4825	0.37	7.54
12∶10	4.7873	4.4925	0.29	6.16	13∶40	4.8353	4.485	0.35	7.24
12∶15	4.7905	4.4925	0.30	6.22	13∶45	4.8256	4.485	0.34	7.06
12∶20	4.7934	4.4925	0.30	6.28	13∶50	4.8288	4.475	0.35	7.33
12∶25	4.7967	4.49	0.31	6.39	13∶55	4.8129	4.4875	0.33	6.67
12∶30	4.8032	4.4925	0.31	6.47	14∶00	4.8577	4.49	0.33	6.76
12∶35	4.7999	4.49	0.31	6.46	14∶05	4.8385	4.4875	0.37	7.57
12∶40	4.7999	4.4875	0.31	6.51	14∶10	4.8191	4.49	0.35	7.25
12∶45	4.8032	4.4875	0.32	6.57	14∶15	4.832	4.49	0.33	6.83
12∶50	4.8032	4.485	0.32	6.62	14∶20	4.8191	4.475	0.34	7.08
12∶55	4.823	4.4875	0.34	6.96	14∶25	4.8223	4.4875	0.34	7.14
13∶00	4.8223	4.485	0.34	6.99	14∶30	4.8577	4.4875	0.33	6.94

续表

时间	发球端压力（MPa）	收球端压力（MPa）	压差（MPa）	压损（%）	时间	发球端压力（MPa）	收球端压力（MPa）	压差（MPa）	压损（%）
14：35	4.8418	4.49	0.37	7.62	15：25	4.8161	4.48	0.33	6.93
14：40	4.832	4.4875	0.35	7.27	15：30	4.8129	4.475	0.34	6.98
14：45	4.8288	4.4925	0.34	7.13	15：35	4.8223	4.4875	0.34	7.02
14：50	4.832	4.495	0.34	6.96	15：40	4.8256	4.4875	0.33	6.94
14：55	4.8223	4.495	0.34	6.97	15：45	4.832	4.4925	0.34	7.01
15：00	4.8161	4.4925	0.33	6.79	15：50	4.8256	4.48	0.34	7.03
15：05	4.8161	4.48	0.32	6.72	15：55	4.8223	4.4925	0.35	7.16
15：10	4.8129	4.4925	0.32	6.98	16：00	4.8129	4.44	0.33	6.84
15：15	4.8129	4.4875	0.32	6.66	16：05	4.8064	4.5	0.37	7.75
15：20	4.8191	4.485	0.33	6.76	16：10	4.8223	4.46	0.31	6.37

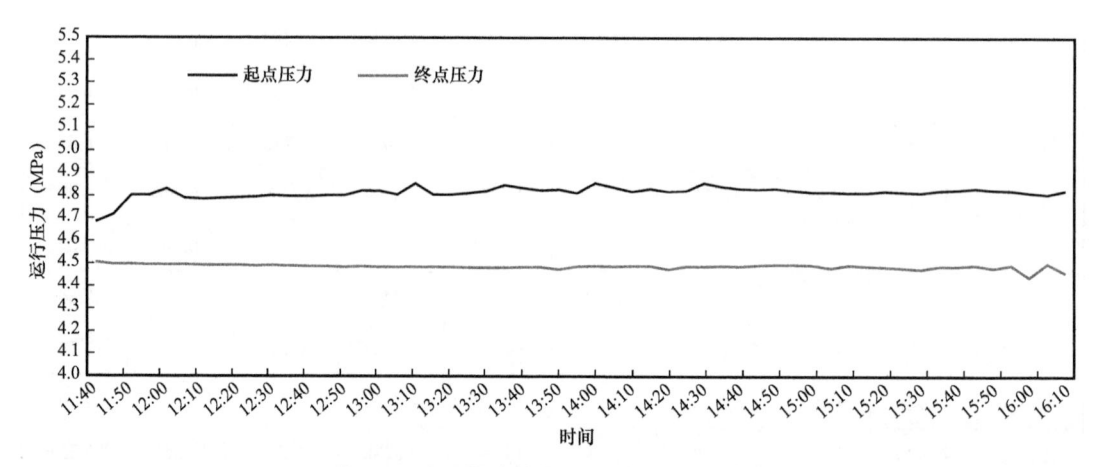

图 2.37 金达线清管器运行起止点压力曲线

为进一步验证射流清管器效果，2019 年 11 月 20 日，再次用标准双向清管器对该条管线进行了清管作业，运行时气量约 $67\times10^4 m^3/d$、运行前起点压力 4.67MPa、终点压力 4.53MPa，清管器发送时间 9：50，收到时间 14：02，运行时间 4h12min，平均运行速度约 2.75m/s。

（3）运行效果。

11 月 14 日射流清管器运行起点压力在 4.68～4.86MPa 之间波动，平均压力约 4.81MPa，终点压力在 4.44～4.51MPa 之间波动，平均压力 4.49MPa；运行时间 4h33min，平均运行速度约 2.5m/s；共清出污物 80kg、污水 $2m^3$，现场所用射流清管器及清管效果如图 2.38 所示。

11月20日标准双向清管器运行期间起点平均压力约4.78MPa,终点平均压力约4.56MPa,运行时间4h12min,平均运行速度约2.75m/s,共清出污物10kg,污水0.2m³,现场所用标准清管器及清管效果如图2.39所示。

图2.38 金达线射流清管器及清管效果

图2.39 金达线标准清管器及清管效果

两次清管情况见表2.26所示,与标准清管器相比,射流清管器运行差压要大(因管内污物较多),运行时间要长,运行速度要慢,清出污物多(先运行)。结合射流清管器本次运行情况,射流清管器运行平稳且存在较好射流效果,清出污物效果明显,清管器密封盘无明显磨损,整体完好,且各连接十分紧固。

表2.26 金达线两次清管运行数据

清管类型	运行压力(MPa) 起点	运行压力(MPa) 终点	运行差压（MPa）	运行时间	运行速度（m/s）	清出物 污物量（kg）	清出物 污水量（m³）
射流清管器	4.81	4.49	0.32	4h33min	2.5	80	2
标准清管器	4.78	4.56	0.22	4h12min	2.75	10	0.2

第3章 气田管道本体完整性管理

管道本体完整性管理是为保障油气田管道和站场安全运行而进行的一系列管理活动，是近年来逐渐发展成熟并得到成功应用的管理体系。为保证管道安全运行、规避风险，在基于管道检测基础上进行的安全性评价、修复和管理，有效保证了天然气集输的安全运行。实践证明，检测是管道完整性管理的有效手段之一。为保证管道本体完整性，重庆气矿自1998年始先后采用管道智能检测、电磁涡流检测、内腐蚀检测及管道内光纤振动监测、管道次声波监测等手段保障管道的安全运行。智能检测在管道缺陷检测中已得到成熟应用，不能满足智能检测环境下的管道辅以电磁涡流、内腐蚀检测等手段，在地质安全及动土等风险管段辅以光纤振动监测及次声波监测预警，同时开展缺陷的评价和管道修复技术，全面完成天然气管道完整性评价与管理，保证了天然气管道的有效安全运行。

3.1 管道检测评价原则

为维护气田管道安全运行，通过检测、危害因素识别及风险等级评价，制订相应的维修维护措施，保证管道运行的安全性和完整性，制订了油气管道运行的完整性检测与评价技术。

3.1.1 管道检测评价方案

根据运行管道的结构尺寸、工程材料、运行工况、运行年限及风险因素等不同，针对不同类别的管道Ⅰ类、Ⅱ类、Ⅲ类及高风险级管段的安全运行，制订油气管道安全运行的完整性检测与评价方案。

3.1.1.1 Ⅰ类管道检测评价方案

针对Ⅰ类管道优先采用内检测及评价技术，在不能进行内检测的管段可开展直接评价技术，包括内腐蚀直接评价、杂散电流测试评价等，针对无法开展智能内检测和直接评价的管道选择压力试验，特别是在一些必要经过穿越的河流、公路等的管段检测评价可进行专项检测评价，见表3.1。

3.1.1.2 Ⅱ类管道检测评价方案

针对Ⅱ类管道采用直接评价和压力试验，具备内腐蚀直接评价条件时优先推荐内腐蚀直接评价，然后进行外腐蚀直接评价，在无法开展内腐蚀直接评价时选择进行压力试验，见表3.2。

表3.1　Ⅰ类管道完整性管理检测评价方案

检测评价项目			方案
内检测			具备智能内检测条件时优先采用智能内检测
直接评价	内腐蚀直接评价		有内腐蚀风险时开展直接评价
	外腐蚀直接评价	敷设环境调查	开展管道标识、穿跨越、辅助设施、地区等级、建（构）筑物、地质灾害敏感点等调查
		土壤腐蚀性检测	当管道沿线土壤环境变化时，开展土壤电阻率检测。
		杂散电流测试	开展杂散电流干扰源调查，测试交直流管地电位及其分布，推荐采用数据记录仪
		防腐层（保温）检测	采用交流电流衰减法和交流电位梯度法（ACAS+ACVG）组合技术开展检测
		阴极保护有效性检测	对采用强制电流保护的管道，开展通断电位测试，并对高后果区、高风险级管段推荐开展密间隔电位法（CIPS）检测；对牺牲阳极保护的高后果区、高风险级管段，推荐开展极化探头法或试片法检测
		开挖直接检测	优先选择高后果区、高风险段开展开挖直接检测，推荐采取超声波测厚等方法检测管道壁厚，必要时可采用超声C扫描、超声导波等方法测试；推荐采取防腐层黏结力测试方法检测管道防腐层性能
压力试验			无法开展智能内检测和直接评价的管道选择压力试验
专项检测			必要时可开展河流穿越管段敷设状况检测、公路铁路穿越检测和跨越检测等

表3.2　Ⅱ类管道完整性管理检测评价方案

检测评价项目			内容
直接评价	内腐蚀直接评价		具备内腐蚀直接评价条件时优先推荐内腐蚀直接评价
	外腐蚀直接评价	敷设环境调查	开展管道标识、穿跨越、辅助设施、地区等级、建（构）筑物、地质灾害敏感点等调查
		土壤腐蚀性检测	当管道沿线土壤环境变化时，开展土壤电阻率检测
		杂散电流测试	开展杂散电流干扰源调查，测试交直流管地电位及其分布，推荐采用数据记录仪
		防腐层检测	采用交流电流衰减法和交流电位梯度法（ACAS+ACVG）组合技术开展检测
		阴极保护有效性检测	对采用强制电流保护的管道，开展通断电位测试，必要时对高后果区、高风险级管段可开展密间隔电位法（CIPS）检测；对牺牲阳极保护的高后果区、高风险级管段，测试开路电位、通电电位和输出电流，必要时可开展极化探头法或试片法检测
		开挖直接检测	优先选择高后果区、高风险段开展开挖直接检测，推荐采取超声波测厚等方法检测管道壁厚，必要时可采用超声C扫描、超声导波等方法测试；推荐采取防腐层黏结力测试方法检测管道防腐层性能
压力试验			无法开展内腐蚀直接评价时开展压力试验

3.1.1.3　Ⅲ类管道检测评价方案

Ⅲ类管道采用腐蚀检测与压力试验评价方法，内腐蚀检测对管道沿线的腐蚀敏感点进行开挖检测，外腐蚀则需对土壤腐蚀检测、防腐层检测、阴极保护检测及开挖直接检测，在无法开展腐蚀检测评价时选择压力试验，见表3.3。

表 3.3　Ⅲ类管道完整性管理方案

检测评价项目		内容
腐蚀检测	内腐蚀检测	对管道沿线的腐蚀敏感点进行开挖抽查
	外腐蚀检测　土壤腐蚀性检测	测试管网所在区域土壤电阻率
	防腐层检测	对于高风险级管道，采用ACAS+ACVG组合技术开展检测
	阴极保护参数测试	对采用强制电流保护的管道，开展通/断电位测试；对牺牲阳极保护的高后果区、高风险级管段，测试开路电位、通电电位和输出电流
	开挖直接检测	优先选择高后果区、高风险段开展开挖直接检测，推荐采取超声波测厚等方法检测管道壁厚；推荐采取防腐层黏结力测试方法检测管道防腐层性能
压力试验		无法开展内、外腐蚀检测的管道可进行压力试验

3.1.2　缺陷合于使用评价技术

合于使用评价技术是以断裂力学、材料力学、弹塑性力学及可靠性系统工程为基础的，承认结构存在构件形状、材料性能偏差和缺陷的可能性，但在考虑经济性的基础上，科学分析已存在缺陷对结构完整性的影响，保证结构不发生任何已知机制的失效，因而被广泛应用于工程结构质量评估中。重庆气矿在充分考虑 ASME B31G（修正版）、DNV RP-F101 准则、API 579 准则的基础上，形成了基于管道完整性评价的操作流程及方法。

Ⅰ类、Ⅱ类和Ⅲ类管道对检测中发现的危害管道结构完整性的缺陷进行剩余强度评价，具体执行西南油气田公司管道完整性管理作业文件 XN/GIM/ZY-0511《气田管道缺陷剩余强度评价作业规程》。

Ⅰ类、Ⅱ类和Ⅲ类管道根据危害管道安全的主要潜在危险因素选择管道剩余寿命预测方法，具体执行西南油气田公司管道完整性管理作业文件 XN/GIM/ZY-0512《气田管道缺陷剩余寿命评价作业规程》。

3.1.2.1　剩余强度评价

检测中发现危害管道结构完整性的缺陷，对其进行剩余强度评估与超标缺陷安全评定，在剩余强度评估与超标缺陷安全评定过程中应当考虑缺陷发展的影响，并且根据剩余强度评估与超标缺陷安全评定的结果提出运行维护意见。管道常见且需要进行评价的缺陷有：腐蚀缺陷、制造缺陷、平面型缺陷、凹陷、划伤等。评价流程如图 3.1 所示。

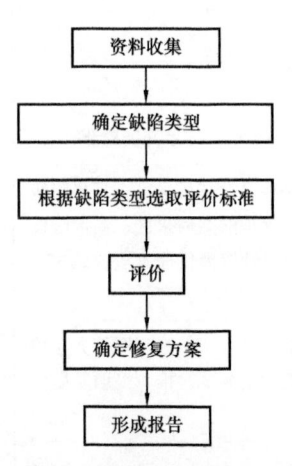

图 3.1　剩余强度评价流程

3.1.2.1.1 缺陷强度评价标准选用

在油气管道缺陷检测及评价策略基础上，按照现有的评价标准执行操作，针对不同缺陷类型如腐蚀缺陷、制造缺陷、机械损伤、裂纹缺陷、几何缺陷以及划伤等，缺陷强度评价应根据缺陷类型选择强度评价或安全评定方法，根据表3.4中标准执行。

表3.4 不同缺陷类型推荐的评价标准

缺陷类型	推荐标准	备注
腐蚀缺陷	ASME B31G	
	API RP 579	
	SY/T 6477	推荐用于缺陷的长度、深度、宽度进行评价
	SY/T 6151	推荐用于缺陷的长度和深度进行评价
	GB/T 30582	推荐用于采用有效面积法使用缺陷的截面详细长度和深度进行评价
	SY/T 0087.1	推荐用于缺陷的长度、深度、宽度进行筛选评价
制造缺陷	SY/T 6477	可当作腐蚀缺陷处理，推荐用于缺陷的长度、深度、宽度进行评价
	GB/T 30582	推荐用于缺陷的长度和深度进行评价
	ASME B31G	
机械损伤	API RP 579	
	SY/T 6477	推荐用于缺陷的长度、深度、宽度进行评价
焊缝裂纹、表面裂纹	BS 7910	推荐使用
	API RP 579	
	SY/T 6477	
	GB/T 19624	
几何缺陷（凹陷）	SY/T 6996	推荐使用
	API RP 579	
几何缺陷（噘嘴、错边）	API RP 579	推荐使用
划伤	BS 7910	推荐使用
	API RP 579	

3.1.2.1.2 评价要求

（1）基于检测结果的评价。

当油气管道腐蚀与制造缺陷检出结果达到以下情况时，则应及时修复更换：

① 当检测到当前内外腐蚀特征尺寸超出评价标准所允许尺寸时；

② 当腐蚀以全寿命或半寿命法按照各自腐蚀速率增长时,腐蚀特征尺寸超出评价标准所允许尺寸时;

③ 当检测到当前制造缺陷特征尺寸超出评价标准所允许尺寸时;

④ 当腐蚀和制造缺陷尺寸达到或超过了壁厚80%(根据需要确定)时;

⑤ 当腐蚀特征和制造缺陷尺寸低于标准或管道设计要求最小壁厚时。

(2)基于预估维修比(ERF)的结果评价。

根据检测报告ERF值确定修复计划,对于ERF值大于1的缺陷需纳入修复计划进行修复,当腐蚀特征和制造缺陷尺寸低于标准或管道设计要求最小壁厚时需纳入修复计划进行修复。

ERF值只针对内外腐蚀缺陷,制造缺陷可参照ERF值计算方法进行计算。

采用ERF值制订修复计划,ERF值依据管道设计压力计算。设计压力计算ERF值最小值为0.909,如果报告中ERF值有小于0.909的情况(即检测单位按实际操作压力计算),则需要求检测单位重新按设计压力计算。

报告中ERF值只针对当前腐蚀缺陷尺寸进行计算,未考虑未来腐蚀发展,在制订修复计划时必须重新计算腐蚀发展情况下的ERF值。

(3)焊缝异常。

对于检测到的焊缝异常,根据管道使用年限和焊缝异常所处地区等级按比例进行抽查,抽查比例见表3.5,且数量不少于1条。如果抽查检测到裂纹缺陷,则需对该管道所有焊缝异常进行开挖检测。如果对集输管道抽查检测到未融合、未焊透缺陷,则抽查数量需翻倍。

表3.5 焊缝异常抽查比例　　　　　　　　　　　　　　　单位:%

投用时间	一级地区	二级地区	三级地区	四级地区
10年以上	5	10	15	20
不超过10年	5	5	10	10

报告中需明确焊缝异常抽查的方法,建议如下:

① 目视检查,检测是否存在焊接未满、焊根空洞或者打磨修整等缺陷。

② 磁粉探伤,检测焊缝及热影响区有无表面、近表面缺陷。

③ 焊缝缺陷相关尺寸测量,包括:

a.超声测厚,准确测量开挖管段的最小壁厚。

b.射线探伤,准确测量焊缝缺陷的长度,判断缺陷类型。

c.超声探伤,准确测量焊缝缺陷的深度、位置。采用超声探伤测量焊缝缺陷的深度、位置,不能使用超声波探伤的,采用深度对比试块判断焊缝缺陷的深度。

(4)凹陷与椭圆变形。

对于凹陷,根据表3.6对凹陷进行归类,报告中制订维修维护计划,采用不同时间响应措施,优先考虑高后果区及风险等级为"中高""高"的管段。

表 3.6 管道凹陷缺陷划分原则

凹陷缺陷[①]	立即响应	计划响应	进行监测
	深度≥6% 外径	2% 外径≤深度<6% 外径	深度<2% 外径
普通凹陷	立即修复	1年内移除压迫体后进行表面磁粉探伤，无表面微裂纹则定期监控	巡线监控
弯折凹陷	立即修复	立即修复	表面磁粉探伤；无表面微裂纹则计划修复
焊缝相关凹陷	立即修复	立即修复	凹陷表面磁粉探伤，焊缝射线或超声波探伤，无缺陷则计划修复
腐蚀相关凹陷	立即修复	腐蚀缺陷评价结论为不安全则立即修复，腐蚀深度大于10%但评价结论为安全则计划修复	腐蚀缺陷评价结论为不安全则立即修复；腐蚀深度大于10%但评价结论为安全，则计划修复；腐蚀深度小于10%，则巡线监控
划伤相关凹陷	立即修复	立即修复	划伤评价结论为不安全，则立即修复；划伤评价结论为安全，则计划修复
双重凹陷	立即修复	1年内进行表面磁粉探伤，无表面微裂纹则定期监控	1年内进行表面磁粉探伤，无表面微裂纹则巡线监控
椭圆变形	立即修复	1年内移除压迫体后进行表面磁粉探伤，无表面微裂纹则定期监控	巡线监控

① 普通凹陷—无壁厚减小，不与焊缝相关，管壁曲率平滑改变；弯折凹陷—管壁曲率突然改变的凹陷；相关凹陷—在凹陷尺寸范围内有焊缝、腐蚀、划伤等缺陷的凹陷；双重凹陷—两个凹陷之间距离小于管道直径。

3.1.2.2 剩余寿命预测

管道在运行一段时间后会出现腐蚀、裂纹缺陷，严重影响管道运行寿命，为规范气田管道缺陷剩余寿命评价作业，将剩余寿命结果用于检验周期，提高管道运行安全及管理的完整性，进行管道剩余寿命的预测评价。

3.1.2.2.1 评价标准和流程

根据危害管道安全的主要潜在因素选择管道剩余寿命预测方法，可执行以下标准：
GB/T 30582《基于风险的埋地钢质管道外损伤检验与评价》；
NACE RP-0502《管道内腐蚀直接评价方法》；
SY/T 0087.1《钢制管道及储罐腐蚀评价标准 第1部分：埋地钢质管道外腐蚀直接评价》；
API 579《适用性评价》。
气田管道缺陷剩余寿命评价应按照图 3.2 所示流程进行。

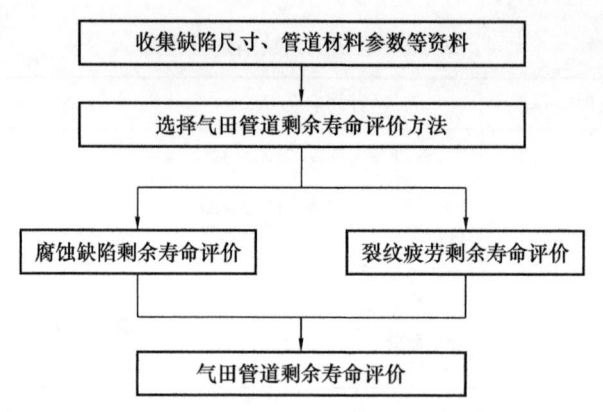

```
┌─────────────────────────────────┐
│ 收集缺陷尺寸、管道材料参数等资料 │
└─────────────────────────────────┘
                 │
                 ▼
┌─────────────────────────────────┐
│    选择气田管道剩余寿命评价方法   │
└─────────────────────────────────┘
          │             │
          ▼             ▼
┌──────────────┐  ┌──────────────┐
│腐蚀缺陷剩余   │  │裂纹疲劳剩余   │
│寿命评价       │  │寿命评价       │
└──────────────┘  └──────────────┘
          │             │
          └──────┬──────┘
                 ▼
┌─────────────────────────────────┐
│       气田管道剩余寿命评价        │
└─────────────────────────────────┘
```

图 3.2 气田管道缺陷剩余寿命评价流程框图

3.1.2.2.2 评价内容及方法

（1）腐蚀剩余寿命常规评价方法。

根据检测结果得管道内外腐蚀的腐蚀速率，腐蚀速率是以管道内外腐蚀的最大深度除以管道投运时间。

根据壁厚计算公式 $t=pD/(2\sigma_{SMYS}F)$（其中，t 为计算最小壁厚；σ_{SMYS} 为最小屈服强度；F 为强度设计系数；D 为管道外径；p 为最大允许操作压力）计算当前压力下的最小允许壁厚，检测最小壁厚减去最小允许壁厚得到允许腐蚀壁厚。

允许腐蚀壁厚除以腐蚀速率则得到腐蚀剩余寿命。

（2）推荐腐蚀剩余寿命评价方法。

管道腐蚀剩余寿命评价采用以下公式计算：

$$RL = C \cdot SM \frac{t}{v_x} \tag{3.1}$$

$$SM = \frac{\text{计算失效压力}}{\text{屈服压力}} - \frac{MAOP}{\text{屈服压力}}$$

其中，计算失效压力的公式按 ASME B31G—2012 具体执行，分子屈服压力计算公式为：

$$\text{屈服压力} = 2tS_{flow}/D$$

式中 RL——腐蚀剩余寿命，a；
      C——校正系数，C=0.85；
      SM——安全裕量；
      MAOP——管段许用压力，MPa；
      v_x——腐蚀速率，mm/a；
      t——名义壁厚，mm；
      S_{flow}——流动应力。

（3）均匀腐蚀剩余寿命评价。

① 壁厚方法。管道腐蚀剩余寿命可以根据在预期服役条件下所需最小壁厚、实测壁厚以及预期腐蚀速率确定，当直管段存在腐蚀时，均匀腐蚀剩余寿命评价方法为：

$$RL = \frac{t_{mm} - RSF_a t_{min}}{c_{rate}} \quad (3.2)$$

式中　RL——腐蚀剩余寿命，a；
　　　c_{rate}——预期腐蚀速率，mm/a；
　　　RSF_a——许用的剩余强度因子；
　　　t_{mm}——管道实测平均壁厚，mm；
　　　t_{min}——管道最小要求壁厚，mm。

② MAWP 方法。当直管段存在腐蚀时，若壁厚方法所确定的剩余寿命评价结果并不保守时，应再用 MAWP 方法确定管道的剩余寿命。

均匀腐蚀剩余寿命评价 MAWP 方法步骤如下：

步骤 1——确定管道壁厚径向的损失量 t_{loss}，即管道的公称壁厚 t_{nom} 减去最近一次实测平均壁厚 t_{am} 得到的数值。

步骤 2——根据管道的腐蚀裕量 CA_e 和公称壁厚 t_{nom}，确定未来服役时间与 MAWP 的关系曲线。腐蚀裕量 CA_e 计算公式：

$$CA_e = t_{loss} + c_{rate} t_{ime} \quad (3.3)$$

式中　CA_e——管道的腐蚀裕量，mm；
　　　t_{loss}——管道壁厚径向的损失量，mm；
　　　c_{rate}——预期腐蚀速率，mm/a；
　　　t_{ime}——管道的未来服役时间，a。

步骤 3——均匀腐蚀剩余寿命评价，即根据未来服役时间与 MAWP 的关系曲线，与设计的 MAWP 曲线的交点所对应的时间。

步骤 4——按照上述步骤，对实测的不同管段分别计算，所有计算结果中最小值作为管道的剩余寿命。

（4）局部腐蚀剩余寿命评价。

局部腐蚀剩余寿命评价的缺陷对象包括因腐蚀、冲蚀或机械损伤引起的局部金属损失，也适用于开裂型裂纹的缓慢的磨损的评价。

① 壁厚方法。壁厚方法是基于未来服役条件、实测壁厚、金属局部损失区域尺寸、预期腐蚀速率以及裂纹扩展速率估计计算需要的最小壁厚。局部腐蚀剩余寿命评价方法：

$$R_t = \frac{t_{mm} - c_{rate} t_{ime}}{t_{min}} \quad (3.4)$$

对于沟槽形裂纹可按当量局部减薄进行评价，其代替公式为：

$$S \rightarrow S + c_{rate}^s t_{ime} \quad (3.5)$$

$$C \to C + c_{\text{rate}}^{c} t_{\text{ime}} \quad (3.6)$$

式中　c_{rate}——预期腐蚀速率，mm/a；

c_{rate}^{s}——预期轴向腐蚀速率，mm/a；

c_{rate}^{c}——预期环向腐蚀速率，mm/a；

S——实测局部金属损失轴向长度，mm；

C——实测局部金属损失环向长度，mm；

R_{t}——剩余壁厚比，由剩余强度评估计算可得；

$t_{\min}$——管道最小要求壁厚，mm；

t_{mm}——管道实测剩余最小壁厚，mm；

t_{ime}——管道的未来服役时间，a。

② MAWP方法。壁厚法剩余寿命评价仅适用于局部金属损失，通过单个壁厚就能表示其特点的场合。如果使用壁厚断面图确定缺陷尺寸，剩余寿命应当使用MAWP方法。

局部腐蚀剩余寿命MAWP方法评价内容及步骤同上。

（5）极值统计剩余寿命评价。

当管道的失效模式包含均匀腐蚀、局部腐蚀、点腐蚀时，且管体腐蚀检测抽检数量大于等于16处，推荐采用极值统计或其他有效评价方法进行评价。管道最小要求壁厚由剩余强度评估可得，以管道剩余壁厚减薄达到最小要求壁厚时作为气田管道寿命的终点。

① 腐蚀剩余寿命评价公式：

$$RL = \frac{C_2}{v_x\{1 - C_x[0.7797\ln(-\ln R_a) + 0.4501]\}} \quad (3.7)$$

式中　RL——腐蚀剩余寿命，a；

C_2——管道的腐蚀裕量，mm；

v_x——腐蚀速率，mm/a；

C_x——腐蚀速率变异系数；

R_a——可靠度。

② 腐蚀速率v_x和变异系数C_x求解公式：

$$v_x = (\chi^* + t_{0.90N-1} S_x / \sqrt{N-1}) / T_1 \quad (3.8)$$

$$C_x = S_x \sqrt{N / \chi_{0.90N-1}^2} / \mu_x \quad (3.9)$$

式中　χ^*——最大腐蚀深度的均值，可由$\chi^* = \dfrac{\sum\limits_{i=1}^{N} x_i}{N}$求得，mm；

S_x——最大腐蚀深度的方差，可由$S_x = \sqrt{\dfrac{1}{N-1}\sum\limits_{i=1}^{N}\left(\chi^* - x_i\right)^2}$求得，mm；

T_1——管道已使用时间，a；

N——开挖坑腐蚀检测的数量，个；

$t_{0.90N-1}$——90%置信度下的t分布系数，查表可得；

$\chi^2_{0.90N-1}$——90%置信度下的χ^2分布系数，查表可得；

μ_x——均值。

② 腐蚀剩余寿命评价：

根据公式建立可靠度R_a与腐蚀剩余寿命R_L之间的关系曲线，如图3.3所示。

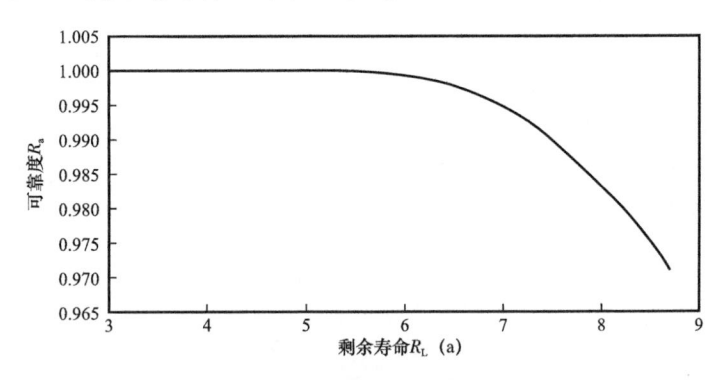

图3.3 可靠度R_a与腐蚀剩余寿命R_L的关系曲线

可靠度R_a与不同风险地段发生事故的可接受失效概率P关系为：$P=1-R_a$，本标准推荐采用可接受失效概率P值：1类和2类地区低风险管段$P=2.3\times10^{-2}$；2类和3类地区中风险管段$P=1\times10^{-3}$；3类和4类地区高风险管段$P=2.3\times10^{-5}$。根据图3.3可得不同风险管段对应的腐蚀剩余寿命。

④ 裂纹疲劳剩余寿命评价：

针对油气管道本体在运行过程中因制造、施工及使用过程中出现裂纹，在疲劳载荷作用下具有进一步开裂的可能性，故本方法适用于以疲劳为主要失效模式的埋地钢制气田管道。

a. 可接受准则。以埋地钢制管道初始裂纹的长度a_0扩展到临界长度a_c时，交变应力循环次数N对应的时间为裂纹疲劳剩余寿命。当引用本标准制订管道的检验周期，应选取腐蚀剩余寿命的一半所对应的时间，或国家有效执行的规程所规定的最大允许检验时间，选取其较小值确定检验周期。

b. 评价方法和步骤。裂纹的扩展速率da/dN是疲劳裂纹扩展规律中最主要的特征量，应用Paris公式，其表达关系式为：

$$\frac{da}{dN}=C(\Delta K)^n$$

式中 ΔK——应力强度因子的变化幅度，等于最大应力强度因子K_{max}与最小应力强度因子K_{min}的差，即$\Delta K=K_{max}-K_{min}$；

C，n——材料常数。

当疲劳应力循环中的最大应力强度因子K_{max}等于临界应力强度因子K_{IC}，裂纹发生疲劳失稳，上述公式可转化为：

$$N = \frac{2}{C(n-2)(\Delta\sigma\sqrt{\pi})^n}\left[\left(\frac{1}{a_0}\right)^{n/2-1} - \left(\frac{1}{a_c}\right)^{n/2-1}\right] \quad n \neq 2 \quad (3.10)$$

$$N = \frac{1}{C(\Delta\sigma\sqrt{\pi})^n}\ln\left(\frac{a_c}{a_0}\right) \quad n \neq 2 \quad (3.11)$$

式中　N——交变应力循环次数；
　　　a_0——初始裂纹长度，mm；
　　　a_c——临界裂纹长度，mm。

c. 临界裂纹长度计算。当裂纹由初始长度扩展到临界长度时，根据断裂判据应力强度因子（K_I）应等于材料的断裂韧性（K_{IC}）。可以得到临界裂纹长度 a_c：

$$a_c = \frac{\pi\dfrac{E}{1-\nu^2}J_{IC}}{8\sigma_s^2\ln\sec\left(\dfrac{\pi\sigma}{2\sigma_s}\right)} \quad (3.12)$$

式中　E——材料弹性模量，MPa；
　　　ν——泊松比；
　　　J_{IC}——积分断裂韧度，N/mm；
　　　σ_s——材料屈服强度，MPa；
　　　σ——外加应力，MPa。

d. 裂纹疲劳剩余寿命评价公式。裂纹疲劳腐蚀剩余寿命等于交变应力循环次数除以管道每年压力波动次数：

$$R_L = \frac{N}{\Delta N} \quad (3.13)$$

式中　R_L——裂纹疲劳腐蚀剩余寿命，a；
　　　N——交变应力循环次数；
　　　ΔN——管道每年压力波动次数。

3.2　管道智能检测技术

重庆气矿启动油气田管道和站场的完整性管理在国内较早，持续开展了一系列试点工程，并配套开展了科研攻关和现场测试等工作，取得了良好的效果，先后开展智能检测120段次，检测长度3000余千米。经过多年的完整性管理实践，重庆气矿管道失效率与设备故障率明显降低，管道失效率由2007年的8.96次/（10^3km·a）下降到2019年的

0.41次/（10³km·a），下降了92.7%。实践证明，油气管道完整性管理是油气田管道和站场提升本质安全、延长使用寿命及提高经济效益的有效手段。

根据对管道信息采集原理的不同，智能检测分为基于漏磁原理、基于超声波原理和基于电磁涡流原理等3种检测技术。对于不同的缺陷有不同的内检测技术。智能检测技术的发展源于检测器的进步，能够针对管道金属损失、裂纹和几何形状三方面进行有效的检测。结合重庆气矿实际情况，目前采用漏磁、电磁涡流检测，其中最常用的是漏磁检测。

3.2.1 基于漏磁原理的智能检测技术

3.2.1.1 漏磁检测工具结构

漏磁检测工具由4个部分组成，如图3.4所示，从左至右各部分分别为漏磁节、几何节、数据节、里程节。

图3.4 漏磁检测工具

漏磁节负责整个检测工具的密封、驱动；负责磁化管壁形成闭合的磁通量回路，并采集磁通量回路的变化情况。

几何节负责采集管道几何变形情况。

数据节负责收集漏磁节、几何节和里程节采集数据，并将采集数据进行初步分析、储存。

里程节负责记录检测工具运行的里程数据。

具体参数见表3.7。

表3.7 漏磁检测工具技术指标

项目	参数
检测器尺寸	DN150～DN1050
检测器长度（m）	1.5～3.0
通过能力	1.5D S形弯头
最大变形量（%）	25
最大运行速度（m/s）	6.5
最低运行速度（m/s）	0.1
管道温度（℃）	0～70

续表

项目	参数
清管装置	具备收发球筒
最大压力（MPa）	22
检测工具传感器数量	24~160
检测工具质量（kg）	40~3500
电池工作时间（h）	100
可检测特征	内部、外部特征

3.2.1.2 漏磁检测技术原理

漏磁检测的原理是利用固定磁场和电磁场在管壁上产生轴向磁场，通过传感器测量管壁的漏磁并记录磁通量密度的变化，从而间接显示出壁厚或者是其他异常的变化。按照分辨率的不同，漏磁检测器分为标准分辨率（SR）和高分辨率（HR）。通过磁极使管壁间形成沿轴向的磁力线（图3.5）。金属损失等缺陷导致磁力线的变化，传感器通过探测和测量漏磁量判断缺陷位置和大小等情况（图3.6）。随着检测工具在管道内部不断前进，从而达到磁化整条管道管壁的、采集整条管道本体缺陷的效果。漏磁监测工具检测技术原理如下：

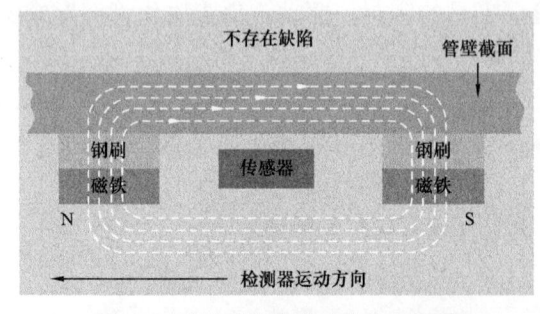

图3.5 管道无缺陷磁感线分布情况

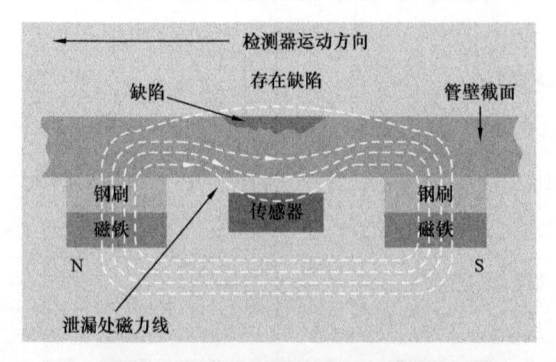

图3.6 管道有缺陷磁感线分布情况

（1）漏磁节。利用检测工具自身安装的永磁铁形成固定磁场，通过永磁铁上的钢刷接触管道内壁从而达到磁化管壁的效果，通过传感器测量管壁的漏磁并记录磁通量回路密度的变化，从而间接显示出壁厚或者是其他异常的变化。磁铁部分主要与被测管壁形成磁回路，当管壁没有缺陷时，磁力线囿于管壁之内，此时传感器采集到的磁力线是规则平滑的；当管壁存在缺陷时磁力线会穿出管壁，穿出管壁的磁力线会被传感器采集，此时传感器采集到的磁力线是不规则的，并且缺陷的深度和尺寸越大，穿出管壁的磁力线的量就越大。

（2）几何节。随着检测工具的不断前进，管道内径的变化，会压缩漏磁检测工具几何节上所安装的几何传感器，从而识别管道本体变形情况。

（3）里程节。漏磁检测工具放入管道后，检测工具里程节上的里程轮处于压缩状态，随着漏磁检测工具的不断前进，里程轮会一直处于滚动状态，通过记录里程轮转动圈数从而计算出管道的里程数据。

3.2.2 基于电磁涡流原理的智能检测技术

3.2.2.1 电磁涡流检测工具结构

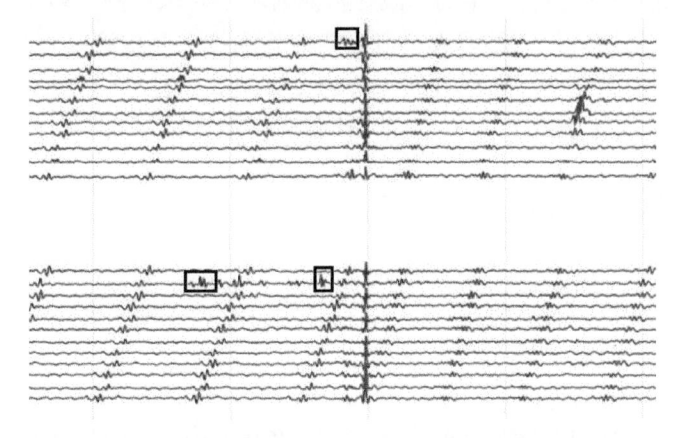

电磁涡流检测工具结构如图 3.7 所示，工具整体长度相当于漏磁检测工具的漏磁节。驱动部分是检测器在管道中运行的动力来源，靠检测器密封皮碗前后介质的压差来驱动检测器的运行。

检测部分由电磁线圈、缺陷传感器、里程传感器、速度传感器及数据储存器构成，分别负责识别管道缺陷、记录里程、记录速度。其中电磁线圈和缺陷传感器是设备的核心部分。图 3.8 所示为电磁涡流检测工具记录的缺陷信号截图示例。表 3.8 为电磁涡流检测工具技术指标。

图 3.7 电磁涡流检测工具结构图

图 3.8 电磁涡流检测工具记录的缺陷信号截图示例

表 3.8 电磁涡流检测工具技术指标

项目	参数数据
检测器尺寸	DN150～DN700
检测器长度（m）	0.3～0.8
通过能力	1.5D S 形弯头
最大变形量（%）	20
最大运行速度（m/s）	7
最低运行速度（m/s）	0.1
管道温度（℃）	0～70
清管装置	清管阀、球筒均适用
最大压力（MPa）	15
检测工具传感器数量	20～60
检测工具质量（kg）	15～100
电池工作时间（h）	50
可检测特征	内部特征

3.2.2.2 电磁涡流检测技术原理

电磁涡流检测是以电磁感应为基础，当载有交变电流的线圈靠近导电材料时，由于线圈磁场的作用，材料中会感生出涡流。涡流的大小、相位及流动形式受到材料导电性能的影响，而涡流产生的反作用磁场又使检测线圈的阻抗发生变化。因此通过测定检测线圈阻抗的变化，可以得到被检测材料有无缺陷的结论。涡流检测只适用于导电材料，同时由于涡流检测是电磁感应产生的，故在检测时不必要求线圈与被检测材料紧密接触，从而容易实现自动化检测。电磁涡流管道智能内检测技术可检测多相流或干气，检测管道内部金属损失、轴向裂纹、环向裂纹、焊缝疲劳裂纹，检测管道结垢、结蜡的位置和程度，检测天然气管道积液的位置和程度，检测沉积物下的内部腐蚀。

3.2.3 漏磁检测与电磁涡流检测结果对比

3.2.3.1 小口径低压管道漏磁检测技术现场应用

3.2.3.1.1 小口径低压管道漏磁检测案例 1

（1）管道基本情况。

检测管线于2004年建成投产，管道长度9.08km，管材为20#，管道规格为D159mm×7mm，设计压力7.8MPa，设计输量$50×10^4$m³/d，运行压力4.0～5.0MPa，实际输

量 $13\times10^4m^3/d$，管道防腐层为二层 PE，输送介质为含硫湿气（硫化氢含量约为 $50g/m^3$）。

（2）现场检测情况。

2021 年 6 月，对管道开展几何检测。管道运行压力为 4.9MPa，实际输量为 $12\times10^4m^3/d$，经评估为最佳检测工况，但检测工具运行至 5.4km 处发生卡堵，通过多次增大检测工具前后压差的方式解堵均未能成功，随即对卡堵管段进行切割换管（图 3.9）。2021 年 7 月，再次开展几何检测，检测工具顺利运行，检测数据完整，几何检测成功。

图 3.9　小口径低压管道漏磁检测案例 1 几何检测卡堵图片

2021 年 12 月，对管道开展漏磁检测。管道运行压力为 4.2MPa，实际输量为 $11\times10^4m^3/d$，经评估为最佳检测工况，但检测工具运行至 3.5km 处发生卡堵，通过多次增大检测工具前后压差的方式解堵均未能成功，随即对卡堵管段进行切割换管（图 3.10）。

图 3.10　小口径低压管道漏磁检测案例 1 漏磁检测卡堵图片

（3）卡堵原因分析。

几何检测卡堵原因：管线割开后发现管道内部焊缝处存在焊瘤导致几何检测工具卡堵。

漏磁检测卡堵原因：检测工具运行过程中，经过焊缝或弯头位置因运行速度较快，导致检测工具部分零部件掉落，掉落的零部件引起检测工具卡堵。

3.2.3.1.2　小口径低压管道漏磁检测案例 2

（1）管道基本情况。

管线于 1988 年 8 月建成投产，管道长度 9.23km，管材为 20#，管道规格为 $D159mm\times6mm$，设计压力 8.8MPa，设计输量 $10\times10^4m^3/d$，运行压力 1.5MPa，实际输

量 $5\times10^4m^3/d$，管道防腐层为石油沥青，输送介质为含硫湿气（硫化氢含量约为 $0.2g/m^3$）。该条管道属于上文中提及的小口径、低压管道。

（2）现场检测情况。

2021年10月27日，对管道开展几何检测。管道运行压力为1.5MPa，实际输量为 $6\times10^4m^3/d$，检测工具顺利运行，检测数据完整，几何检测成功。

2021年11月24日，对管道开展漏磁检测。管道运行压力为1.5MPa，实际输量为 $5\times10^4m^3/d$，经评估为漏磁检测极限工况，检测工具运行至收球站内发生卡堵，卡堵位置距离收球筒约50m。通过多次增大检测工具前后压差的方式解堵均未能成功，随即对卡堵管段进行切割换管。

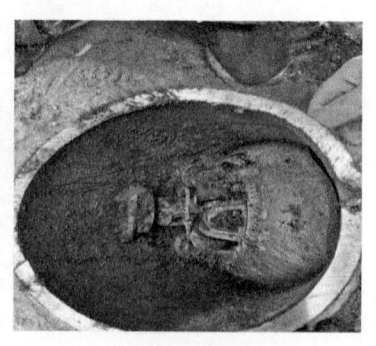

图3.11 小口径低压管道漏磁检测案例2漏磁检测卡堵图片

（3）卡堵原因分析。

检测工具受自身结构限制，无法通过1.5D 90°弯头。

3.2.3.2 小口径低压管道电磁涡流检测技术现场应用

3.2.3.2.1 小口径低压管道电磁涡流检测案例1

（1）管道基本情况。

管线于2007年6月建成投产，管道长度20.03km，管材为20#，管道规格为 $D219mm\times7mm$，设计压力8.0MPa，设计输量 $100\times10^4m^3/d$，运行压力1.2MPa，实际输量 $1.6\times10^4m^3/d$，管道防腐层为三层PE，输送介质为含硫湿气。

（2）现场检测情况。

首次检测前12km取得良好质量检测数据，检测出20%深度以上的缺陷有20处，但未获取缺陷对应里程。2018年4月又对该条管线进行了两次检测，检测结果良好，检测出缺陷共计有102处（远大于1月提供的40处），且最大深度的缺陷为61%壁厚（与2018年1月的检测最大深度吻合）（图3.12）。

通过对3次检测数据的分析，以4月26日检测数据为基础进行统计，发现管道内部金属损失缺陷见表3.9。

开挖验证结果如下：依据检测数据列表，对该管道上11处内部金属损失点进行了现场开挖验证，其中前5个缺陷点通过超声波C扫描验证，后6个缺陷点采用DR数字成像技术和UT无损检测技术验证。

图 3.12　小口径低压管道电磁涡流检测案例 1 现场检测结果

表 3.9　管道内部金属损失缺陷列表

内部金属损失（%）（质量分数）	数量（处）
60~70	1
50~60	5
40~50	7
30~40	12
20~30	43
10~20	34
5~10	0
总数	102

通过超声波 C 扫描检测法验证，5 个缺陷点的深度指标皆满足检测器的精度指标要求（精度指标要求误差不超过 20%），具体验证数据详见表 3.10。

通过 DR/UT 验证 6 个缺陷点中有 4 个缺陷点的误差超过了精度指标要求，2 个缺陷满足精度要求，具体验证数据详见表 3.11。

表 3.10　超声波 C 扫描验证结果表

缺陷编号	检测类型	缺陷宽度（mm）	缺陷长度（mm）	缺陷深度（mm）	腐蚀程度（%）
D25	电磁涡流	60	47.7	1.95	25
	超声波/超声波 C 扫描			1.7/2	21.52/25.31
	误差			0.25/0.05	3.48/0.31
D26	电磁涡流	60	11.86	3.49	44
	超声波/超声波 C 扫描			3.8	48.10
	误差			−0.31	−4.10

续表

缺陷编号	检测类型	缺陷宽度（mm）	缺陷长度（mm）	缺陷深度（mm）	腐蚀程度（%）
D33	电磁涡流	40	12.1396	2.12	27
D33	超声波/超声波C扫描	—	—	1.5/1.7	18.99/21.7
D33	误差			0.62/0.42	8.01/5.3
D36	电磁涡流	80	36.3086	3.4	43
D36	超声波/超声波C扫描	—	—	3.4/2.1	43/26.5
D36	误差			0/1.3	0/16.5
D39	电磁涡流	40	35.86	3.18	40
D39	超声波/超声波C扫描	—	—	1.4/2.7	17.72/34
D39	误差			1.78/0.48	22.28/6

表3.11 DR检测结果对比表

缺陷编号	检测类型	缺陷宽度（mm）	缺陷长度（mm）	缺陷深度（mm）	腐蚀程度（%）
D43	电磁涡流	40	29	2.69	34
D43	DR/UT	—	—	0.6/1.0	7.6/12.66
D43	误差	—	—	2.09/1.69	26.4/21.34
D45	电磁涡流	80	43	4.19	53
D45	DR/UT	—	—	1.0/1.1	12.66/13.92
D45	误差	—	—	3.19/3.09	40.34/39.08
D46	电磁涡流	40	30	3.56	45
D46	DR/UT	—	—	0.6/0.9	7.6/11.39
D46	误差	—	—	2.96/2.66	37.4/33.61
D71	电磁涡流	60	48	2.53	32
D71	UT	—	—	1.1	13.92
D71	误差	—	—	1.43	18.08
D72	电磁涡流	40	46	2.29	29
D72	DR/UT	—	—	1.0/1.0	12.66/12.66
D72	误差	—	—	1.19/1.19	16.34/16.34
D73	电磁涡流	40	195	2.77	35
D73	DR/UT	—	—	1.0/1.0	12.66/12.66
D73	误差	—	—	1.77/1.77	22.34/22.34

(3)存在问题分析。

该条管线先后进行3次电磁涡流检测,均出现传感器脱落现象,从收集到的数据来看,里程量化模块皆出现了较大偏差,而缺陷检出及量化模型处于正常状况。

①传感器脱落问题。

存在问题:前后进行3次检测,均出现传感器脱落的现象,经过对取出检测工具分析,造成传感器脱落的主要原因为检测工具的传感器与皮碗未一次成型,造成稳定性和强度不足,同时传感器收缩性能较差,在检测工具经过弯头较多的情况时,极易造成传感器脱落。

改进措施:将传感器皮碗一次性成型,增加整体稳定性和强度;同时,传感器采用爪式结构,收缩性更强,在弯头较多且内部存在焊缝凸起的情况下,通过能力更强。

②里程精度问题。

存在问题:鉴于2018年1月发出的检测器没有充分考虑到管道建设期管节长度缺失以及管道管节长度长短不一的情况而造成无法精确获得管道管节长度和管道里程的情况,4月检测前对检测器结构进行调整,在皮碗上增加了2个里程和速度计量传感器(图3.13),两个传感器之间的间距为60mm。然而,在实际检测后数据分析过程中发现60mm的间距过小造成里程误差比率偏高,累计测量误差增大,造成里程误差偏大。具体说明如下。

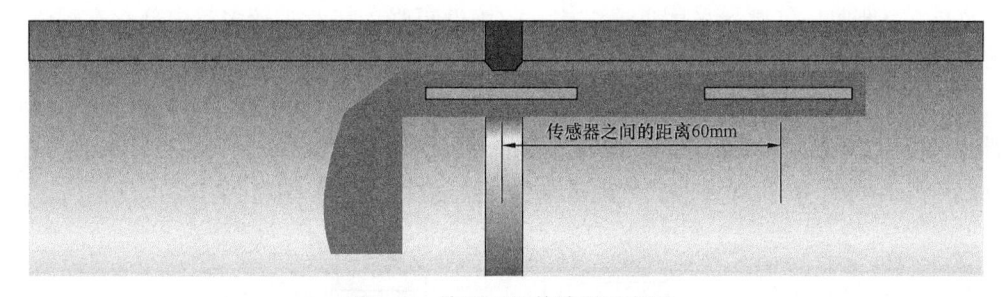

图 3.13　检测工具传感器示意图

设传感器自身的测量误差为 Δx,传感器采样频率为 f_x,传感器间距为 d,接收装置采集两个采样传感器的实际时间差为 t,传感器时间读取系统误差为 Δt,传感器采样的误差比率为 Δy,则:

$$\Delta y = \frac{f_x \Delta x (t + \Delta t)}{d} \quad (3.14)$$

传感器时间读取系统误差 Δt 为定值,而通过两个采样传感器的时间 t 与采样间距 d 为变量,则可知:

a. 通过两个采样传感器的时间 t 越大,则误差比率 Δy 越大;

b. 采样传感器间距 d 越小,则误差比率 Δy 越大。

通过2018年4月检测器运行情况分析可知,两个传感器通过时间间隔 t 偏大(检测器在运行过程中停顿次数多,部分管节停顿时间长),且60mm的传感器间距经分析偏小。因此，造成了本次数据采集误差比率偏大，进而造成管道里程量化误差偏大。

改进措施：将60mm里程计量传感器改为在前后皮碗交错设计传感器，将传感器间距由原来的60mm增大到258mm（根据检测对象管径219mm，实现最大传感器间距），实现误差比率降低4.03倍，改造后检测工具如图3.14所示。

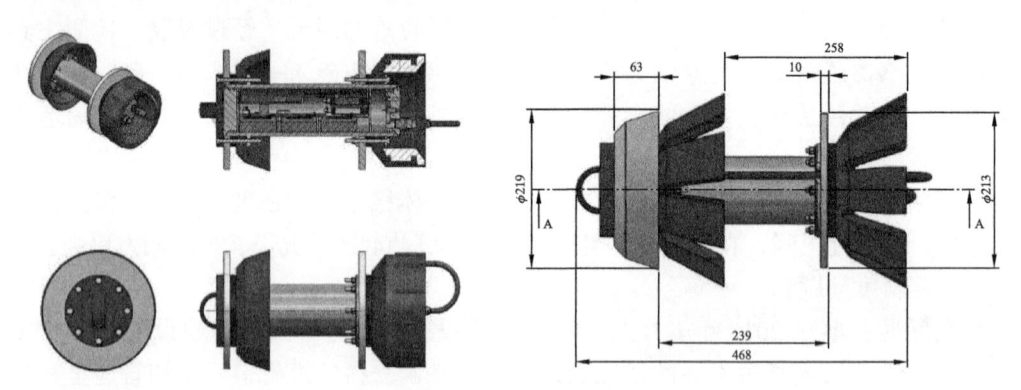

图 3.14　改进后的检测工具

（4）改进后技术验证。

对2018年1月与4月现场运行情况，针对检测器进行如下改进：

改进1，调整后传感器皮碗一次性成型，增加整体稳定性和强度；

改进2，调整后传感器采用爪式结构，收缩性更强，在弯头较多且内部存在焊缝凸起的情况下，通过能力更强；

改进3，取消4月份设计检测的60mm里程计量传感器，改为在前后皮碗交错设计传感器，将传感器间距由原来的60mm增大到258mm（根据检测对象管径219mm，可实现的最大传感器间距），实现误差比率降低4.03倍，设计图如图3.15所示。

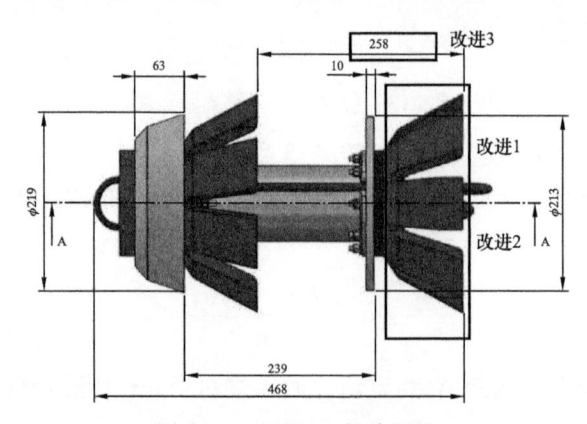

图 3.15　经改进后的检测器

3.2.3.2.2　小口径低压管道电磁涡流检测案例2

（1）管道基本情况。

管线于2013年8月建成投产，管道长度3.58km，管材为L245NCS，管道规格为$D168.3mm \times 11mm$，设计压力8.0MPa，设计输量$50 \times 10^4 m^3/d$，运行压力6.0MPa，实际

输量 $35\times10^4\sim42\times10^4\mathrm{m}^3/\mathrm{d}$，管道防腐层为三层 PE，输送介质为含硫湿气（硫化氢含量约 $86\mathrm{g/m}^3$）。

（2）现场检测情况。

2020 年 8 月 7 日，采用改进过后的电磁涡流检测工具开展了 2 次现场运行，运行过后检测工具均完好，检测数据均完整、无丢失（图 3.16）。

图 3.16 小口径低压管道电磁涡流检测案例 2 现场检测图片

本次检测共计检测出 83 处内部金属损失特征，环焊缝特征 586 条，弯头特征 155 个（表 3.12）。

表 3.12 小口径低压管道电磁涡流检测案例 2 管线电磁涡流检测验证结果

缺陷编号	绝对距离（m）	数据来源	缺陷宽度（m）	缺陷长度（m）	缺陷深度（m）	深度百分比	时钟方位	实测最小壁厚（mm）	标准壁厚（mm）
D1	2433.5	检测数据	60	67	1.6	14.2	11：00	10.27	11
		验证数据	45	600	0.9	8.5	5：00		
		数据偏差	−15	533	−0.6	−5.8	6：00		
D7	734.4	检测数据	40	32	1.3	12.1	3：00	10.13	11
		验证数据	78	600	1.2	11.2	12：00		
		数据偏差	38	568	−0.1	−0.9	3：00		
D12	2437.2	检测数据	60	59	1.2	10.6	3：00	10.45	11
		验证数据	54	600	0.9	8.2	1：00		
		数据偏差	−6	541	−0.3	−2.4	2：00		
D56	739	检测数据	—	—	—	10	3：00	9.69	11
		验证数据	45	600	1.5	13.9	6：00		
		数据偏差	—	—	—	3.9	3：00		
D62	1923.3	检测数据	—	—	—	10	9：00	10.71	11
		验证数据	45	410	0.7	6.7	5：00		
		数据偏差	—	—	—	3.3	4：00		

根据缺陷验证结果，电磁涡流检测技术对于缺陷的位置、缺陷深度、缺陷长度等信息与检测数据符合程度较高，对于缺陷长度、缺陷时钟方位等信息与检测数据存在一定偏差，但获取的数据仍能够在一定程度上对制订修复方案以及完善管道日常管理制度提供有效的数据信息。

3.2.3.3 智能检测结果分析

经重庆气矿现场检测实践证明，智能检测技术是目前最有效，最全面的管道本体内外缺陷检测技术手段，针对（管道公称直径 DN≥200mm，压力 p≥2.0MPa）管径检测效果与现场吻合度较高。但针对小口径（DN＜200mm）、低压（p＜2.0MPa）管道的检测技术仍不够成熟。通过 2 次电磁涡流技术检测、2 次漏磁技术检测在重庆气矿小口径管道的现场应用及对比分析结果可知：

电磁涡流检测技术，其设备通过性能较强，2 次检测过程中检测设备的运行比较平稳，能保证检测数据质量较高。但因技术本身的局限性，电磁涡流检测仅能识别管道内部的缺陷特征，无法全面掌握管道本质情况；由于设备自身结构、材料的局限性，当被检测管道弯头数量较多且管道长度较长时，其传感器容易脱落，而重庆气矿辖区内管线沿线地势起伏，管道沿线弯头较多。

漏磁检测技术，能够全面识别管道本质缺陷，根据卧 120 井—黄葛站管线的漏磁检测数据质量分析，小口径管道在低压工况下仍然能够通过漏磁检测技术获取管道缺陷情况。但由于检测设备自身结构的局限性以及设备自身结构的稳定性缺陷，导致其通过能力不强，尤其针对小口径管道的要求更高，通过性能不强则代表了设备运行不平稳，进而直接影响检测数据质量。

接下来，重庆气矿将持续探索小口径、低压管道智能检测技术可行方案，扩大智能检测覆盖范围，切实掌握管道腐蚀现状。

3.3 管道内腐蚀直接评价

对于未检测集输管道，可根据情况进行内腐蚀直接评价技术，集输管道的内腐蚀直接评价依据 NACE SP0208—2008《液体石油管道内腐蚀直接评估方法》（Internal Corrosion Direct Assessment Methodology for Liquid Petroleum Pipelines）（简称 ICDA）等标准进行。管道内腐蚀直接评价方法流程如图 3.17 所示。

3.3.1 预评价

进行预评价的目的是通过收集管线当前和历史数据，确定内腐蚀直接评价（Internal Corrosion Direct Assessment，ICDA）是否可行，并确定其评价区域。

3.3.1.1 数据收集

液体石油集输管道内腐蚀直接评价收集评价所需收集的数据和信息，见表 3.13。

第3章 气田管道本体完整性管理

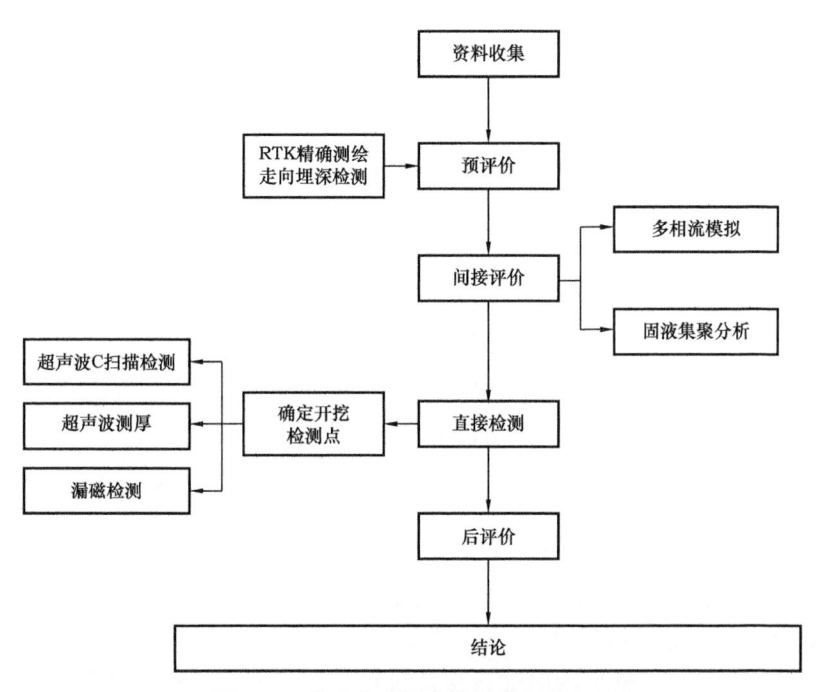

```
                    ┌──────────┐
                    │ 资料收集 │
                    └────┬─────┘
                         ↓
┌──────────────┐    ┌──────────┐
│ RTK精确测绘  │───→│  预评价  │
│ 走向埋深检测 │    └────┬─────┘
└──────────────┘         ↓
                    ┌──────────┐    ┌────────────┐
                    │ 间接评价 │───→│ 多相流模拟 │
                    └────┬─────┘    └────────────┘
                         │          ┌────────────┐
                         └─────────→│ 固液集聚分析│
                                    └────────────┘
┌──────────────┐    ┌──────────┐
│超声波C扫描检测│←──│ 确定开挖 │
├──────────────┤    │  检测点  │    ┌──────────┐
│ 超声波测厚   │←──│          │←──│ 直接检测 │
├──────────────┤    │          │    └────┬─────┘
│  漏磁检测    │←──└──────────┘         ↓
└──────────────┘                    ┌──────────┐
                                    │  后评价  │
                                    └────┬─────┘
                                         ↓
                                    ┌──────────┐
                                    │   结论   │
                                    └──────────┘
```

图 3.17 管道内腐蚀直接评价方法流程

表 3.13 液体石油集输管道内腐蚀直接评价所需收集的基本数据信息

收集项目	基本数据信息
运行历史情况	流向的变化情况、输送介质类型、管道安装年份等
管径和壁厚	标称管径和壁厚
是否存在液态水（包括因水造成的管道不畅）	所有曾经发现有水存在的位置。发生因水造成的管道不畅情况的频率、性质（间歇性或慢性），包括水的量（如已知）
液体石油中的含水量和固体含量	液体石油中的一般固体和水含量。取液体石油的实验室分析结果
液体石油的成分	一般质量规范。原油分析结果与管道位置的关系
是否存在硫化氢（H_2S）、二氧化碳（CO_2）和氧气（O_2）	液体石油中 H_2S，CO_2 和 O_2 的一般含量。化学分析结果与管道位置的关系
最大和最小流量	管道所有注入点和输出点的最大和最小流量。低/无流量的显著周期
高程断面	地形数据，包括考虑管道盖层厚度。在选择仪器时必须谨慎，要确保达到足够的精确度和精密度
温度	一般运行温度，除非是在某种特殊的环境下，如跨越河道或架空的管段
输入端/输出端	确认该管道当前及之前的所有输入端和输出端的位置
腐蚀抑制剂	腐蚀抑制剂的资料，包括投放位置、化学类型、批投放/连续投放以及投放的剂量
清管操作情况	所采用的清管器、清管操作的频率以及清管操作中清出的固体或液态水的量

续表

收集项目	基本数据信息
采用内检测或目视检查发现的内部腐蚀情况	通过内检测或目视检查发现的内部腐蚀位置及其严重性
其他记录的内部腐蚀情况	其他已知的内部腐蚀的位置和程度及其发生的可能原因
内部腐蚀泄漏/故障	发生与内部腐蚀有关的泄漏/故障的位置
腐蚀监测	腐蚀监测数据,以及所有无损检测的结果
内部涂层	有无内部涂层及其位置
其他化学试剂	各种化学处理剂的加注位置、类型及其施用方法
影响内腐蚀的其他数据	管理方了解到的一些与内腐蚀密切相关的信息,如固体,污泥及水合物的位置

其中的某项数据无法获取,可根据经验以及类似管道的信息进行保守假设,并记录假设的依据。应对数据进行有效性验证,所需的数据必须齐全才能进行后续评价工作。

对于管道测绘数据不满足内腐蚀直接评价精度要求的,应进行补充测量。测量管道准确位置数据时,应在每一个测量点采集管道的平面坐标、高程和埋深,测量间距不应超过10m,除非管道高程与埋深没有发生变化。在管道拐点、变坡点等位置和走向发生变化的管段应加密测量,准确反映管道位置变化情况。管道平面坐标、高程测量的精度应达到厘米级,管道位置探测和埋深检测应架设发射机后进行检测,不能使用感应法。

3.3.1.2 可行性判断

可行性判断的要求具体参见表 3.14。

表 3.14 ICDA 可行性判断条件

项目	判断条件
间接评价	通过间接评价法无法确定最有可能发生内部腐蚀的位置的情况时,不能开展 ICDA
连续水相	预测发现管道在正常运行时存在连续水相时无法进行 ICDA
内涂层	管道具有内涂层,无法开展 ICDA
详细检查	管道无法进行详细检查时,ICDA 不能得到验证
再评估时时间间隔	无法确定可靠的(或保守的)再评估时间间隔时,不能进行 ICDA

在确定 ICDA 可行后,依据支线进出点、化学试剂注入点和清管装置位置对管道进行 ICDA 区域划分。

3.3.2 间接评价

液体石油集输管道内腐蚀直接评价的间接评价旨在将各液体石油管道—内腐蚀直接

评价（Liquid Petroleum Pipelines-Internal Corrosion Direct Assessment, LP-ICDA）区域的内腐蚀可能性视为距离的函数，通过多相流模拟分析和固液集聚分析评价内腐蚀的可能性。具体步骤及方法参见 NACE SP0208—2008。间接评价的管道模型建立、网格划分、计算模型选择、边界条件设置应符合管道的真实状况。

3.3.3 直接检测

直接检测目的在于确定内腐蚀是否真实存在，并利用检测结果评价该 ICDA 区域的整体腐蚀情况。液体石油输送内腐蚀直接评价区域直接检测具体参见 NACE SP0208—2008。直接检测可根据现场情况选用超声波测厚、超声波 A 扫描、超声波 C 扫描、漏磁外检测等检测方法，也可采用行业认可的其他可以验证的检测方法，对同一处管道的检测方法一般不应少于两种，以避免因方法原因造成漏检和误判。每种检测方法的特点及适用范围见表 3.15。

表 3.15 开挖直接检测方法的特点及适用范围

方法	检测原理	特点	缺点	适用范围
超声波测厚	根据超声波脉冲反射原理来进行厚度测量	操作简单，测量准确	只针对单个点进行测量	需剥除外防腐层
超声波C扫描	超声波在被检测材料中传播时，通过对超声波受影响程度和状况的检测，来了解材料的性能和解耦的变化	检测灵敏度高、声束指向性好、采用斜探头可检测裂纹等危害性缺陷敏感、检出率高、检测厚度大，可确定缺陷深度，并能对检测到的缺陷采用图形直观展示，能定量缺陷的大小，适用广泛	都检测构件表面要求比较高，检测结果定性解释困难	适用于各类管线，但需完全去除涂层后才能检测
超声波A扫描	原理与超声波C扫描相同	连续扫查管道壁厚	对检测构件表面要求比较高，检测结果相对超声波C扫描不直观	同超声波C扫描
漏磁外检测	缺陷处磁力线发生弯曲且部分磁力线泄漏出钢管表面。利用传感器接收并分析缺陷处的漏磁场，从而判断缺陷有关的尺寸参数	适合铁磁性材料的检测，检测精度较高，检测效率高	受工件结合形状影响会降低检测灵敏度	铁磁性材料，需去除防腐层后才能检测

如果在直接检测中发现外腐蚀、机械损伤及 SCC 等缺陷，则应采用其他相应的方法评价这些缺陷的影响。评价后应明确评价 ICDA 的有效性、缺陷剩余强度结果，并确定评价时间间隔等。管道内腐蚀直接评价报告应包括如下内容：

（1）评价概述；
（2）预评价所收集的基本资料、区域识别依据等；

（3）间接评价中区间和子区间划分、评价点排序原则等；
（4）直接检测的检测数据、选择直接开挖检测点的原因和描述等；
（5）剩余强度计算结果、再评价时间间隔和有效性依据。

3.4 管道压力试验

Ⅰ类、Ⅱ类和Ⅲ类管道在无法开展直接评价时，可采用压力试验，压力试验应符合国家标准，如输油管道 GB 50369—2014《油气长输管道工程施工及验收规范》和 GB/T 16805—2017《输送石油天然气及高挥发性液体钢质管道压力试验》以及输气管道 GB 50251—2015《输气管道工程设计规范》和 SY/T 5922—2012《天然气管道运行规范》要求。

3.4.1 管道压力试验规范

3.4.1.1 水压试验

输油管道分段水压试验管段不宜超过 35km，应根据该段的纵断面图，计算管道低点的静水压力，核算管道低点试压时所承受的环向应力，其值不应大于管材最低屈服强度的 0.9 倍，对特殊地段经设计允许，其值最大不得大于管材最低屈服强度的 0.95 倍。试验压力值的测量应以管道最高点测出的压力值为准，管道最低点的压力值应为试验压力与管道液位高差静压之和。试压充水宜加入隔离球，并应在充水时采取背压措施，以防止空气存于管内，隔离球可在试压后取出。应避免在管线高点开孔排气。

输油管道分段水压试验时压力、稳压时间及合格标准应符合表 3.16 要求。

表 3.16　输油管道分段水压试验压力、稳压时间及合格标准

分类		强度试验
输油管道一般地段	压力值（MPa）	1.25 倍设计压力
	稳压时间（h）	4
输油管道大中型穿越、跨越及管道通过人口稠密区	压力值（MPa）	1.5 倍设计压力
	稳压时间（h）	4
合格标准		无变形、无泄漏

输气管道分段水压试验的管段不宜超过 35km，应根据该段的纵断面图，计算管道低点的静水压力，核算管道低点试压时所承受的环向应力，其值不应大于管材最低屈服强度的 0.9 倍，对特殊地段经设计允许，其值最大不得大于管材最低屈服强度的 0.95 倍。试验压力值的测量应以管道最高点测出的压力值为准，管道最低点的压力值应为试验压力与管道液位高差静压之和。试压充水宜加入隔离球，并应在充水时采取背压措施，以防止空气存于管内，隔离球可在试压后取出。应避免在管线高点开孔排气。

压力试验宜在 24h 后进行,以缩小温度差异。输气管道分段水压试验时的压力值、稳压时间及合格标准应符合表 3.17 要求。

表 3.17　输气管道分段水压试验压力、稳压时间及合格标准

分类		强度试验
一级地区输气管道	压力值（MPa）	1.1 倍设计压力
	稳压时间（h）	4
二级地区输气管道	压力值（MPa）	1.25 倍设计压力
	稳压时间（h）	4
三级地区输气管道	压力值（MPa）	1.4 倍设计压力
	稳压时间（h）	4
四级地区输气管道	压力值（MPa）	1.5 倍设计压力
	稳压时间（h）	4
合格标准		无变形、无泄漏

试压宜在环境温度 5℃ 以上进行,当不能满足时,应采取防冻措施。试压合格后,应将管段内积水清扫干净,山区环境清扫时应采取背压等措施,清扫应以不再排除游离水为合格。

3.4.1.2　气压试验

输油管道分段气压试验的管段长度不宜超过 18km。试压时的升压速度不宜过快,压力应缓慢上升,每小时升压不得超过 1MPa。当压力升至 0.3 倍和 0.6 倍强度试验压力时,应分别停止升压,稳压 30min,并应检查系统有无异常情况,如无异常情况可继续升压。

输油管道分段气压试验时压力、稳压时间及合格标准应符合表 3.18 要求。

表 3.18　输油管道分段气压试验压力、稳压时间及合格标准

分类	强度试验
压力值（MPa）	1.1 倍设计压力
稳压时间（h）	4
合格标准	无变形、无泄漏

分段气压试验的管段长度不宜超过 18km。试压时的升压速度不宜过快,压力应缓慢上升,每小时升压不得超过 1MPa。当压力升至 0.3 倍和 0.6 倍强度试验压力时,应分别停止升压,稳压 30min,并应检查系统有无异常情况,如无异常情况可继续升压。

输气管道分段水压试验时压力、稳压时间及合格标准应符合表 3.19 要求。

表 3.19　输气管道分段气压试验压力值、稳压时间及合格标准

分类		强度试验
一级地区输气管道	压力值（MPa）	1.1 倍设计压力
	稳压时间（h）	4
二级地区输气管道	压力值（MPa）	1.25 倍设计压力
	稳压时间（h）	4
合格标准		无变形、无泄漏

3.4.2　管道压力试验案例

管道压力试验在重庆气矿应用实践：黄草峡气田草渡线及内部集输管线的压力试验，黄草峡气田地理位置位于重庆市长寿区和涪陵区境内，属梓里场构造群北缘，东为苟家场构造，西为丰盛场构造，北邻新市、双龙构造，南靠蔺市盆地。嘉二^{1}亚段—嘉一段气藏1983年5月投入生产，历年投产4口井（草1井、草5井、草7井和草浅1井），日产气 $30 \times 10^4 m^3$，稳产至1995年，累计产气 $16.10 \times 10^8 m^3$、产水 $194 m^3$。嘉二^{2}亚段气藏2002年10月投产，历年投产3口井（草30井、草31井和草007-2井），初期日采气 $50 \times 10^4 m^3$，后期压力及产量下降快，累计产气 $3.52 \times 10^8 m^3$、产水 $7 m^3$。

原黄草峡内部集输流程（图3.18）如下：草007-2井生产天然气通过采气管线输送至草7井，在草7井集输站汇同草7井和草30井生产天然气分离后通过采气管线输送至草5井；草1井及草浅1井分别通过独立采气管线输送至草5井，草5井和草31井在草5井分离后汇同其他各井来气进入增压机组增压后通过草渡线输送至长寿天然气净化厂进行脱硫后外输。2016年9月由于长寿天然气净化厂停产，因此黄草峡气田暂停增压生产任务，黄草峡气田原料气管网全线放空停用。

黄草峡气田管线基本情况见表3.20。

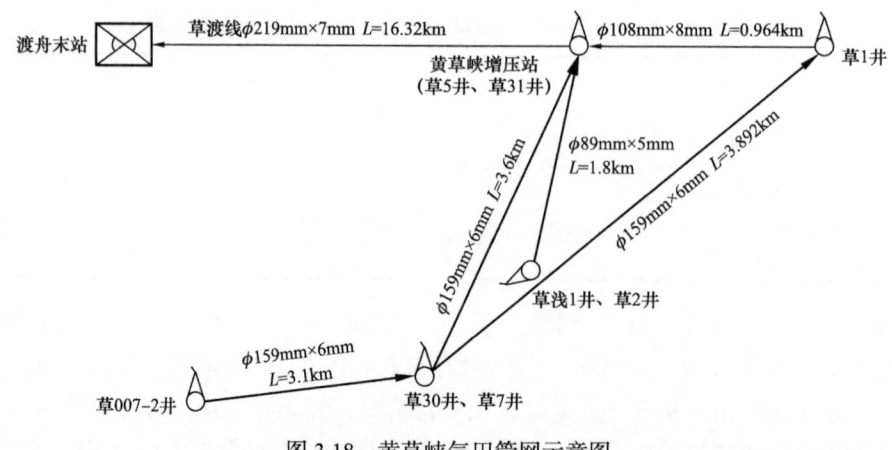

图 3.18　黄草峡气田管网示意图

第3章 气田管道本体完整性管理

表3.20 黄草峡气田管线基本情况表

序号	管段名称	起点	终点	管径（mm）	壁厚（mm）	长度（km）	管体材质	查阅外防腐层类型	阴保方式	投运时间	设计压力（MPa）	输送介质
1	草7井—草1井支线	草7井	草1井	57	4	4.51	20#	石油沥青	无	2002-10	2.5	燃料气
2	草2井—草5井支线（草浅1井T接）	草2井	草5井	89	5	1.80	20#	防腐：环氧树脂；外壁：聚氨酯泡沫保温；外套：聚乙烯	无	2003-01	9	原料气
3	草7井—草1井支线	草7井	草1井	159	6	3.892	20#	石油沥青	无	1987-02	6.27	原料气
4	草30井—草5井支线	草30井	草5井	159	6	3.609	20#	3层PE	无	2002-10	6.27	原料气
5	草1井—草5井	草1井	草5井	108	5	0.964	20#	石油沥青	无	1983-05	2.5	燃料气
6	草渡线	草5井	渡舟站	219	7	16.32	20#	石油沥青	强制电流牺牲阳极	2002-11	6.27	原料气

— 81 —

2018年开始,中国石油西南油气田公司先后对黄草峡气田改建储气库开展了预可行性研究和先导性试验论证工作,2020年7月中国石油勘探与生产分公司下达了黄草峡储气库先导试验工程初步设计批复。结合公司工作安排,黄草峡储气库先期需要利用现有老井和地面集输管网开展先导性注气。

为加快推进黄草峡储气库项目建设,重庆气矿开展了黄草峡气田老井再利用评估和地面集输管网恢复运行工作(表3.21)。依托渡舟末站净化气源通过草渡线反输,利用现有黄草峡气田内部集输管网,老井作为回注井,采用现有气井开展自流注气。

由于渡舟末站气源点运行压力较低,平均运行压力为2.28~3.79MPa,而草007-2井距离渡舟末站距离较远,本次管线恢复未考虑草007-2井至草7井管线。而草7井至草1井支线于1987年建成,距今已超过30年,恢复运行风险较高,本次同样未考虑恢复运行。结合以上两点,本次恢复运行管线为草渡线、草30井—草5井支线、草2井—草5井支线、草1井—草5井管线(本次不运行,后期增压循环采气运行)。

2020年4月重庆气矿委托四川科特检测技术有限公司对4条管线进行定期检验。根据检测单位提供的报告,草1井—草5井管线的最高运行压力为2.0MPa,草30井至草5井管线的最高运行压力4.8MPa,草2井—草5井的最高运行压力为6.0MPa,草渡线管线的最高允许使用压力4.0MPa。

表3.21 黄草峡气田恢复运行管线情况表

采气管道	起点	终点	规格型号	管道长度（km）	设计压力（MPa）	输送介质
草30井—黄草峡增压站	草30井	黄草峡增压站	D159mm×6mm	3.6	6.27	含硫湿气
草1井—黄草峡增压站	草1井	黄草峡增压站	D108mm×8mm	0.8	6.27	含硫湿气
草浅1井—黄草峡增压站	草浅1井	黄草峡增压站	D89mm×5mm	1.8	9.0	含硫湿气
草渡线	草5井	渡舟站	D219mm×7mm	16.32	6.27	含硫湿气

由于草30井—草5井支线、草2井—草5井支线、草1井—草5井管线等3条管线无收发球装置,而草渡线无渡舟站至草5井发球流程,因此无法对以上4条管线开展智能检测,重庆气矿结合现场实际,采取压力试验方式恢复管线运行。

2020年6—7月,重庆气矿组织对草渡线、草30井—草5井支线、草2井—草5井支线、草1井—草5井管线等4条管线进行压力试验。试验过程如下:

(1)草1井—草5井管道。

6月11日进行氮气试压,试压至2.5MPa,持续4h,然后降压至2MPa,保压24h,无压降。

结论:草1井—草5井管道可以使用,运行压力2MPa。

(2)草2井(草浅1井)—草5井管道。

6月11日进行氮气试压,试压至6.0MPa,持续4h,然后降压至4.8MPa,保压24h,

无压降。

结论：草浅 1 井—草 5 井管道可以使用，运行压力 4.8MPa。

（3）草 30 井—草 5 井管道。

6 月 11 日进行第一次试压，试压过程中当管线压力升高至 0.6MPa 时在距离草 30 井约 1.5km 处（草浅 1 井围墙外）发生泄漏，在泄漏处将管道切割开，对泄漏点—草 5 井之间管道试压至 6.0MPa，持续 4h，然后降压至 4.8MPa，保压 24h，无压降。7 月 16 日将草 30 井—草 5 井管线重新连通后进行第二次试压，试压过程中当管线压力升高至 1MPa 时在距离草 30 井约 1.45km 处（草浅 1 井围墙外原泄漏点往草 30 井方向 50m 处）发生泄漏，未进行泄漏点修复。

结论：草 30 井—草 5 井管道无法正常使用（草浅 1 井至草 5 井段可以使用，运行压力 4.8MPa，但草浅 1 井至草 30 井段无法使用）。

（4）草渡线。

7 月 16 日进行氮气试压，试压至 4MPa，持续 4h，然后降压至 3.2MPa，保压 24h，无压降。

结论：草渡线可以使用，运行压力 3.2MPa。

根据先导试验初设总体安排，黄草峡储气库地面集输管网恢复运行后，利用草 31 井和草浅 1 井注气。

2020 年 7 月 18 日，随着渡舟末站进气，黄草峡储气库先导试验注气正式拉开序幕，黄草峡储气库利用渡舟末站气源点压力成功实现了不增压自流注气，草 31 井和草浅 1 井合计注气量 $30 \times 10^4 m^3/d$。截至 2021 年 8 月 $D711mm$ 双向联络管线建成投用，黄草峡储气库累计利用草渡线合计注气 $6884.5538 \times 10^4 m^3$，运行 1 年有余，未发生一起泄漏穿孔事件。

结论：重庆气矿对草渡线、草 30 井—草 5 井支线、草 2 井—草 5 井支线、草 1 井—草 5 井管线等 4 条管线进行压力试验恢复运行后，不但实现了利用旧管线注气 $6884.5538 \times 10^4 m^3$ 的成就，而且 4 条管线在今后黄草峡储气库建成运行后仍将发挥巨大作用，其中草渡线作为黄草峡储气库注采气的备用管线，与新建的 $D711mm$ 双向联络管线形成双气源，而草 30 井—草 5 井支线（草浅 1 井至草 5 井段）和草 2 井—草 5 井支线在整个黄草峡储气库先导试验周期内仍将作为注气管线一直使用，直至达到管线运行压力 4.8MPa 时停运。而草 1 井—草 5 井管线将在 2021 年黄草峡储气库先导试验阶段循环采气测试阶段使用。

3.5 管道监测技术

3.5.1 光纤振动监测技术

油气管道线路周边环境复杂多样，常有耕种、挖渠、施工、塌陷、水冲，甚至打孔盗油等蓄意破坏事件发生，威胁管道安全，一旦发生事故，损失巨大。当前，管道线路巡检仍以人力巡护为主，每天 1~2 次的巡护频率远不能满足安全防护需求，特别是对人力不便靠近的管段或者洪涝灾害发生后的泥泞管段无法有效巡护，不能及时发现和控制管道裸漏、损伤风险。光纤振动监测是油气管道线路安全预警系统中有效的技防手段，利用管道同沟光缆实时感应沿线的振动情况，通过振动信号反演算法实时监测管道沿线的振动信号，及时发现管道沿线周边第三方破坏、自然灾害所引起的危害事件并通知巡线人员赶赴现场查看，制止破坏事件进一步恶化。

3.5.1.1 光纤振动预警原理

基于相位敏感 Φ-OTDR 分布式光纤振动传感器原理，采用超窄线宽激光器作为激光光源，将高相干光注入传感光纤，系统输出信号为后向瑞利散射光的相干干涉光强（图 3.19）。Φ-OTDR 分布式光纤振动传感器的传感原理主要是通过检测振动引起的光纤中后向瑞利散射信号的相干干涉光强来实现扰动定位的目的。与传统的 OTDR 技术相比，Φ-OTDR 技术最大的区别在于光源的改进，提高了预警效果。

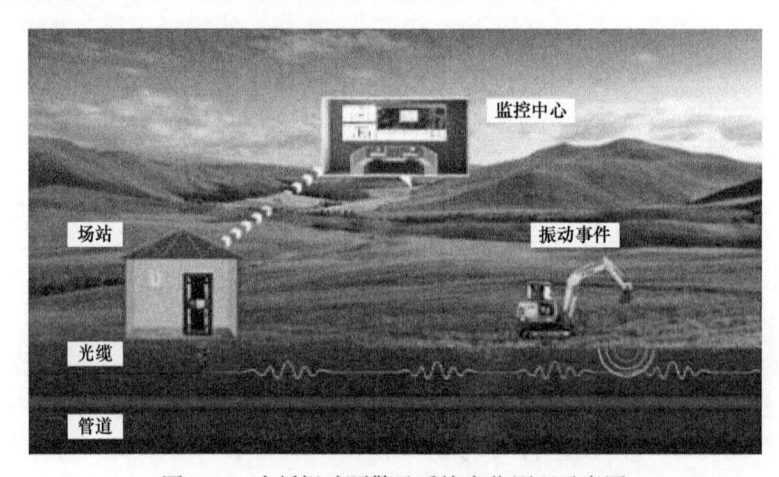

图 3.19 光纤振动预警及系统定位原理示意图

系统运行时收集管道沿线告警事件及告警数据，建立系统数据库模型特征并分析，系统通过模型对比分析，逐步提供系统告警识别准确率。

3.5.1.2 预警系统功能及特点

系统功能具有告警显示、断缆监测、故障报警、告警处理、辅助分析、运行分析、设备管理、报表统计、巡检管理、清管器跟踪及系统联动等功能，同时支持移动 APP 巡检任务和现场照相，支持视频监控系统、声光告警系统的接入及联动控制等。

预警系统特点：管道光纤振动预警智能识别不同振动模式（比如：人工挖掘、车辆穿越、机械挖掘等），如图 3.20（a）所示，通信光缆光纤芯布置分布式传感器，采集管道光缆沿线的振动信号，光纤资源占用少；预警系统可以多事件同时监测，互不影响，如图 3.20（b）所示。

探测定位精度高，管道探测精度可达 ±10m，并可进行光纤长距离检测，检测距离可达 60km，如图 3.21（a）所示。管道探测灵敏度高，探测过程中可准确探测 5m 范围内的人工挖掘信号，及横向 25m 范围内的机械施工，如图 3.21（b）所示。

(a) 光纤预警智能识别

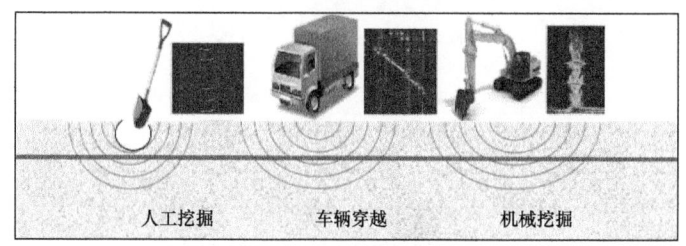

(b) 光纤振动预警多点同时监测

图 3.20　光纤振动预警监测

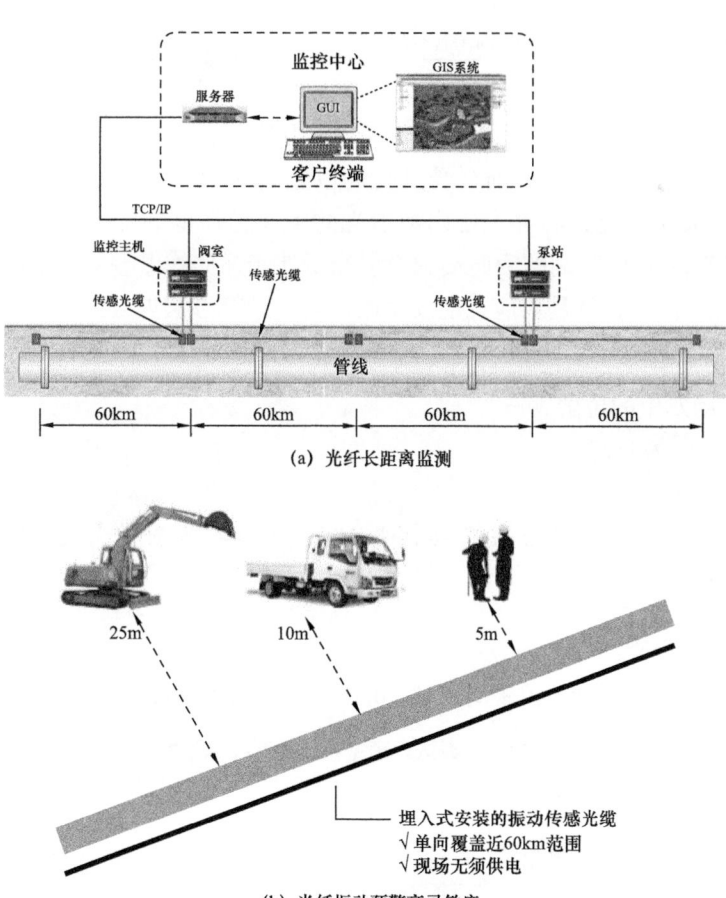

(a) 光纤长距离监测

埋入式安装的振动传感光缆
√ 单向覆盖近60km范围
√ 现场无须供电

(b) 光纤振动预警高灵敏度

图 3.21　光纤振动预警距离及灵敏度

3.5.1.3 光纤振动预警位置确定

Φ-OTDR 技术是利用超窄线宽激光光源来形成脉冲宽度范围内后向瑞利散射光波的干涉。当扰动作用在传感光纤上时引起光纤内部折射率的变化，导致从扰动位置开始沿着光纤向后传输的光波的相位受到调制。此时，探测器接收到的后向散射光强会发生变化，通过比较扰动发生与扰动未发生条件下光强的变化可以检测出扰动发生的位置。Φ-OTDR 分布式光纤振动传感器检测的是扰动引起的干涉光的相位变化导致的光强变化，可以用于检测多点同时扰动（时变）信号。

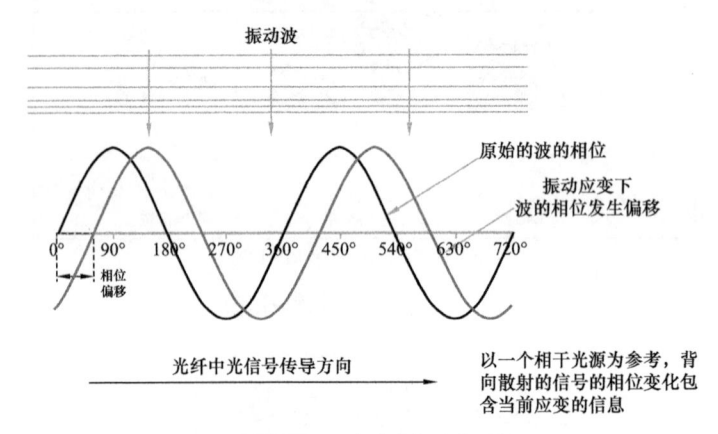

图 3.22　定位原理图

当有扰动作用在传感光纤上时，受到扰动位置的光相位产生变化，引起对应位置后向散射光的相位发生变化，脉冲宽度内散射光的干涉光强也会发生相应变化，如图 3.22 所示。将 Φ-OTDR 不同时刻的后向瑞利散射光干涉光强曲线做差，差值曲线上光干涉信号发生剧烈变化的位置，就是对应扰动发生的位置，计算方法如公式如下：

$$Z = c\Delta t / 2n$$

式中　Z——扰动发生的位置，m；
　　　c——真空中的光速；
　　　n——折射率；
　　　Δt——系统发出脉冲与探测器接收到后向瑞利散射信号之间的时间差，即 $\Delta t = t_1 - t_0$，s。

3.5.1.4 技术指标及特点

光纤振动预警系统有效监控距离可达 40km，主要技术指标见表 3.22。

表 3.22　光纤振动预警系统主要技术指标

序号	指标	性能
1	监控距离（km）	≥40
2	告警精度（m）	±10

续表

序号	指标	性能
3	灵敏度（m）	人工挖掘≤5，机械挖掘≤25（典型值）
4	响应时间（s）	≤3
5	漏报率	0
6	误报率（%）	≤10
7	事件并发	同时满足以上指标

3.5.1.5 光纤振动预警分析

由光纤振动测试原理可知，若没有外界因素对管道内光纤产生干扰则系统发出的脉冲信号是连续的，探测器接收到的后向瑞利散射信号也是连续的，若出现挖掘、敲击及车辆经过时反馈的曲线则出现连续或间歇的振动曲线，则可判断有外在因素对管道的地层发生振动的情况，并可由曲线的时域和距离判定敲击等振动出现的时间间隔及位置，由此对现场的检测进行预警，并通知相关人员现场查看和干预，有效地避免外界干扰对管道运行的进一步破坏，如图3.23和图3.24所示。

3.5.2 光纤振动预警案例

重庆气矿较早地应用光纤振动预警技术对管道管线进行沿线的保护，本案例以该气矿天高线B段光纤预警监测为例。

3.5.2.1 管线基本情况

天高线B段万州末站至云安方向管道长度总计22.7km，由于管道同沟敷设的光缆质量较差，原设想设计光缆维修后最少监控10km，在接通了6个断点后发现8.5km处故障点在一个20m高的堡坎下面，要修复该断点施工土方量较大、费用较高、安全风险较高，最终决定变更光纤预警系统设计，变更光纤预警系统设计监控至8.5km。利用与油气管道同沟敷设的通信光缆作为分布式土壤振动监控传感器，实时监测和分析脉冲光信号返回的时间延迟，在线监测管道周围土壤的振动情况，对可能威胁到管道安全的机械施工、人工挖掘和自然灾害等破坏性扰动进行预警和定位。

3.5.2.2 光纤振动预警测试

为验证光纤预警效果及准确性，模拟测试30次，其中人工开挖15次，机械振动10次，机械+人工同时开挖1次，人工+人工同时开挖2次，履带式挖掘机敲击1次，履带式挖掘机碾压1次。通过现场反复模拟试验，主要测试指标均达到要求，见表3.23。

(a) 人工挖掘

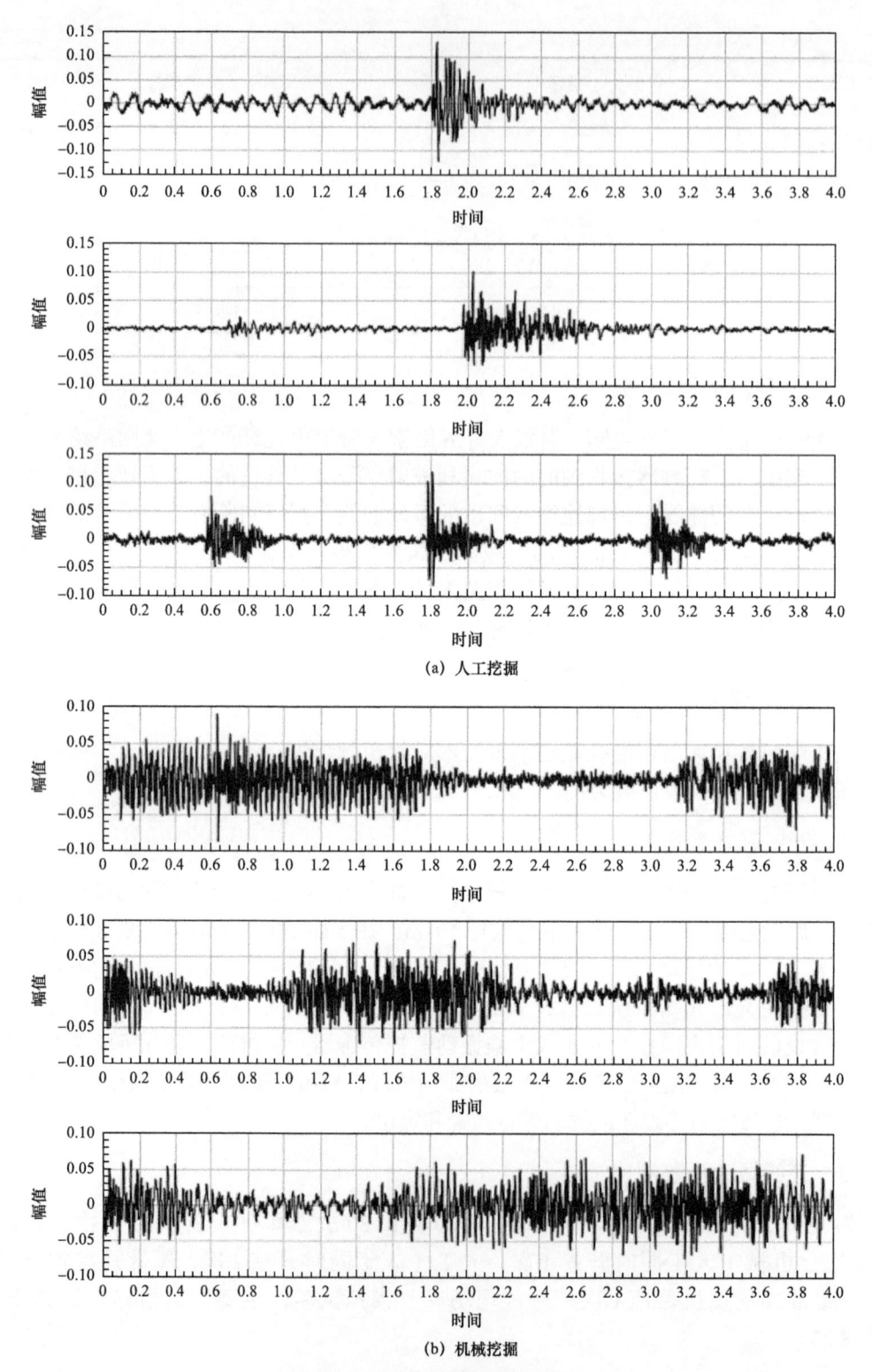

(b) 机械挖掘

图 3.23 光纤振动测试预警分析

(a) 人工与机械的动波形对比

(b) 不同机械振源振动波形对比

(c) 不同人工施工方式振动波形对比

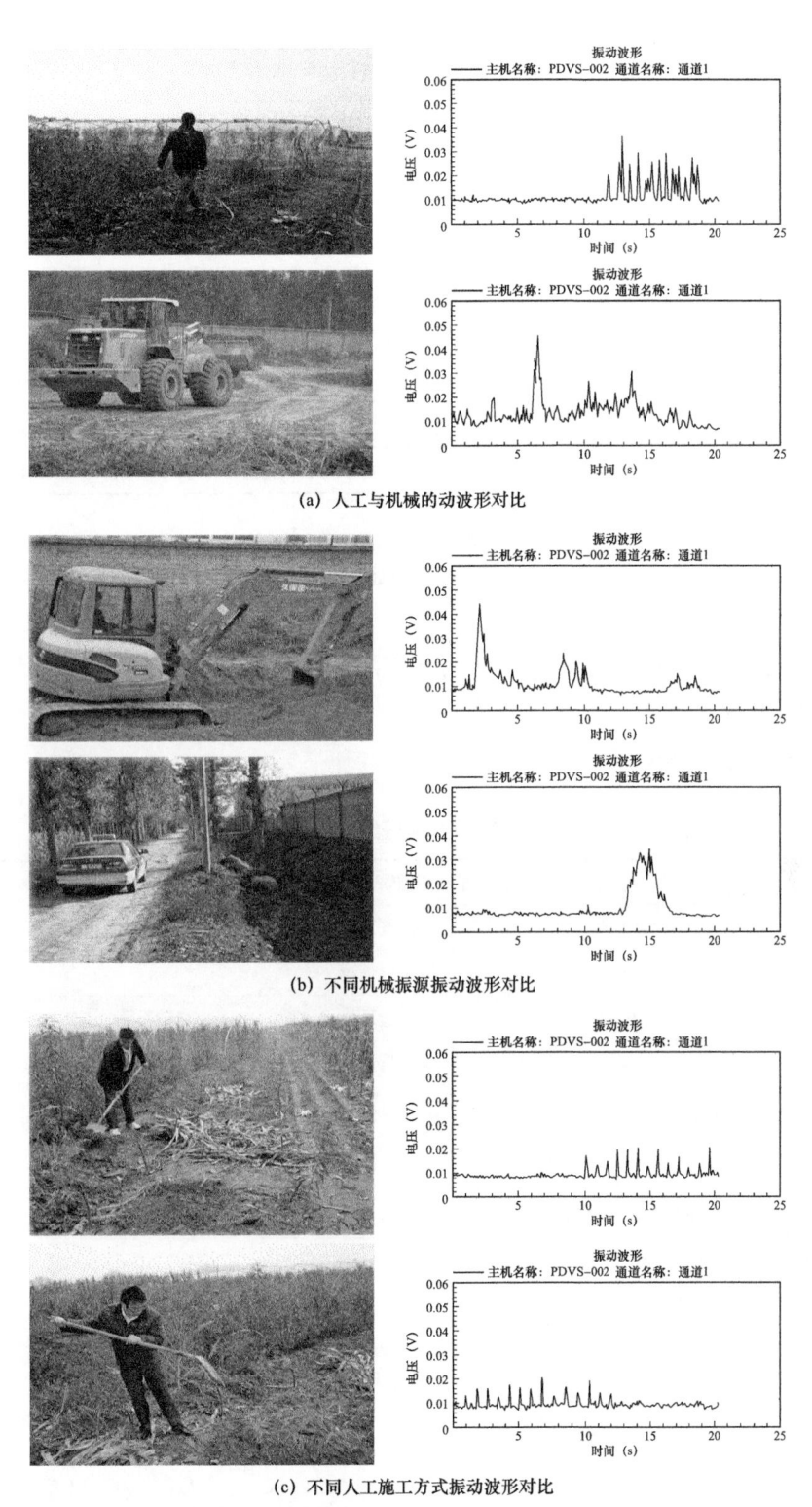

图 3.24 不同施工方式产生的振动波形对比

表 3.23　光纤振动预警系统关键指标测试结果

序号	指标	性能指标	实际测量指标	备注
1	监控距离（km）	≥40	≤8.5	8.5km 以后的光缆质量不符合系统指标要求。见表注（2）
2	告警精度（m）	±10	±10	合格
3	灵敏度	人工挖掘≤5，机械挖掘≤30	人工挖掘≤5，机械挖掘≤20	合格
4	响应时间（s）	≤3	≤3s	合格
5	漏报率	0	0	合格
6	误报率（%）	≤10	0	合格
7	事件并发	同时满足以上指标	同时满足以上指标	合格

注：（1）测试类型为模拟机械挖掘、人工挖掘。
（2）在符合光纤指标要求的情况下（单点损耗≤0.5dB，平均衰耗：≤0.25dB/km），单台监控主机可以实现 40km 监测。天高线 B 段万州末站至云安方向管道长度总计 22.7km，因管道同沟敷设的光缆质量较差，为保证效果变更光纤预警系统设计监控至 8.5km。

为保证光纤振动测试预警效果，进行多次测试并验证风险类型、定位精度等各项指标参数，具体测试结果见表 3.24 至表 3.26，以及图 3.25 至图 3.27。

3.5.2.3　光纤振动监测结果

表 3.24　天高线 B 段管线预警测试记录 1

天高线 B 段光纤安全预警系统模拟测试记录									
测试时间		2019-4-11			现场负责人				
测试桩号		270m +43m			土壤情况			砂石	
测试类型		人工、机械			周边环境			砂石路＋农田、土坡	
测试情况记录									
序号	管道中心距离（m）	告警位置（中控室）	挖掘位置（现场）	告警时间（中控室）（s）	开始时间（现场）	告警类型（中控室）	测试类型（现场）	定位精度（m）
1	0	270m+43m	270m+43m	50	2∶26∶45	人工	人工	0
2	3	270m+38m	270m+43m	55	1∶59∶30	人工	人工	5
3	5	270m+38m	270m+43m	55	2∶01∶00	人工	人工	5
4	3	270m+41m	270m+43m	21	2∶14∶52	机械	机械	2
5	3	270m+40m	270m+43m	42	2∶47∶43	机械	机械	3
6	3	270m+38m	270m+43m	25	3∶01∶00	人工	人工	5
7	5	270m+38m	270m+43m	50	3∶02∶30	人工	人工	5
8	事件并发	0	269m-20m	269m-25m	75	2∶33∶45	人工	人工	5
		0	270m-44m	270m-47m	75	2∶33∶45	人工	人工	3

(a) 现场模拟人工挖掘　　　　　　(b) 现场模拟机械挖掘测试

图 3.25　现场测试及对照（一）

表 3.25　天高线 B 段管线预警测试记录 2

	天高线 B 段光纤安全预警系统模拟测试记录
测试时间	colspan="3"	2019-4-11	现场负责人	colspan="5"	
测试桩号	colspan="3"	256	土壤情况	colspan="5"	泥质土
测试类型	colspan="3"	人工、机械	周边环境	colspan="5"	机耕道、荒坡
	测试情况记录
序号		距离管道中心距离（m）	告警位置（中控室）	挖掘位置（现场）	告警时间（中控室）（s）	开始时间（现场）	告警类型（中控室）	测试类型（现场）	定位精度（m）
1		0	256m+1m	256m+1m	35	3：33：15	人工	人工	0
2		3	256m+1m	256m+1m	20	3：34：15	人工	人工	0
3		3	256m+1m	256m+1m	45	3：35：40	人工	人工	0
4		5	256m+1m	256m+1m	34	3：36：50	人工	人工	0
5		5	256m+1m	256m+1m	17	3：37：50	人工	人工	0
6		6	256m+1m	256m+1m	42	5：06：45	人工	人工	0
7		7	256m+1m	256m+1m	50	3：40：45	人工	人工	0
8		20	256 m	256m+1m	20	3：49：00	人工	机械敲击	1
9		0	256m+1m	256m+1m	20	3：50：00	机械	挖掘机碾压	0
10		3	256m+2m	256m+1m	40	4：08：35	机械	机械	1
11		5	256m+2m	256m+2m	28	4：08：35	机械	机械	1
12		10	256m+2m	256m+2m	39	4：09：40	机械	机械	1
13	rowspan="2"	事件并发	0	259m+1m	259m+1m	50	3：55：10	人工	人工	0
	3	256m+1m	256m+1m	50	3：55：10	人工	人工	0

(a) 现场模拟位置测量　　　　　　　　(b) 现场模拟机械挖掘测试

图 3.26　现场测试及结果对照（二）

表 3.26　天高线 B 段管线预警测试记录 3

<table>
<tr><td colspan="7">天高线 B 段光纤安全预警系统模拟测试记录</td></tr>
<tr><td>测试时间</td><td colspan="2">2019-4-11</td><td colspan="2">现场负责人</td><td colspan="2"></td></tr>
<tr><td>测试桩号</td><td colspan="2">200</td><td colspan="2">土壤情况</td><td colspan="2">砂石</td></tr>
<tr><td>测试类型</td><td colspan="2">人工、机械</td><td colspan="2">周边环境</td><td colspan="2">砂石路＋农田、土坡</td></tr>
<tr><td colspan="7">测试情况记录</td></tr>
<tr><td>序号</td><td>距离管道中心距离（m）</td><td>告警位置（中控室）</td><td>挖掘位置（现场）</td><td>告警时间（中控室）（s）</td><td>开始时间（现场）</td><td>告警类型（中控室）</td><td>测试类型（现场）</td><td>定位精度（m）</td></tr>
<tr><td>1</td><td>0</td><td>200m</td><td>200m-3m</td><td>75</td><td>4:55:15</td><td>人工</td><td>人工</td><td>3</td></tr>
<tr><td>2</td><td>3</td><td>200 m</td><td>200m-3m</td><td>24</td><td>4:57:10</td><td>人工</td><td>人工</td><td>3</td></tr>
<tr><td>3</td><td>5</td><td>200 m</td><td>200m-3m</td><td>43</td><td>4:57:50</td><td>人工</td><td>人工</td><td>3</td></tr>
<tr><td>4</td><td>3</td><td>200m-1m</td><td>200m-3m</td><td>42</td><td>5:03:25</td><td>机械</td><td>机械</td><td>2</td></tr>
<tr><td>5</td><td>5</td><td>200m-1m</td><td>200m-3m</td><td>20</td><td>5:05:50</td><td>机械</td><td>机械</td><td>2</td></tr>
<tr><td>6</td><td>10</td><td>200m-1m</td><td>200m-3m</td><td>13</td><td>5:06:45</td><td>机械</td><td>机械</td><td>2</td></tr>
<tr><td>7</td><td>3</td><td>200m-1m</td><td>200m-3m</td><td>58</td><td>5:18:00</td><td>机械</td><td>机械</td><td>2</td></tr>
<tr><td>8</td><td>5</td><td>200m-1m</td><td>200m-3m</td><td>35</td><td>5:19:20</td><td>机械</td><td>机械</td><td>2</td></tr>
<tr><td rowspan="2">9</td><td colspan="2">事件并发</td><td>0</td><td>202m+1m</td><td>202m+1m</td><td>38</td><td>5:21:40</td><td>人工</td><td>人工</td><td>0</td></tr>
<tr><td>10</td><td>200m-1m</td><td>200m-1m</td><td>80</td><td>5:21:40</td><td>机械</td><td>机械</td><td>0</td></tr>
</table>

(a) 现场模拟人工挖掘　　　　　　　　　(b) 现场模拟机械挖掘测试

图 3.27　现场测试及结果对照（三）

3.5.2.4　结果分析

通过验证，光纤振动在监测管道遭到第三方破坏可能性预警方面具有较高的灵敏性，通过振动信号能够准确地预测到潜在威胁类型，同时能够预警发生的具体位置，为现场提供警示和依据。建立了预警监测的人工挖掘、机械振动、车辆通行等数据模型，经过数据运行分析，持续完善管道沿线可能的第三方破坏的数据模型，进过修正、优化系统运行参数，降低系统误报率，提高管道预警的精度。

3.5.3　次声波监测技术

石油天然气行业管道输送介质是目前油气集输的主要方式，而管道自身随着工况及自然环境的改变，随自身的服役年限的增加，安全隐患渐渐凸显出来，一旦出现管道泄漏，将带来一系列不可估计的严重后果，造成巨大的经济损失甚至人员伤亡。管道泄漏将会发出低频噪声信号，采用次声波原理对管道泄漏进行检测，是当前成功应用的成熟的管道泄漏检测技术。管道发生泄漏的瞬间，管道内介质在管道压力作用下迅速涌向泄漏处，从泄漏点喷射而出，喷射出的介质与破损的管壁高速摩擦，在泄漏处形成振动，该振动在泄漏处以次声波的形式向管道两端传播。由于次声波频率较低、传播衰减小、传播距离远、信号不失真的特点，采用在泄漏点两侧安装传感器采集到信号，通过信号分析判定管道运行的安全状态及泄漏情况。

3.5.3.1　次声波泄漏监测原理

管道两端分别安装次声波传感器，当管道发生泄漏时，泄漏点压力降低、密度减小，在压差的作用下，泄漏点邻近的区域内介质会向泄漏点处流动，形成次声波，次声波沿着管道向首站与末站传播。泄漏点距离管道两端次声波传感器的距离不同，同一波形到达管道两端存在时间差。数字化仪器将传感器采集的数据进行处理后上传中心站，结合声速及时间差进行泄漏位置判定，通过客户端软件发布报警并提供泄漏位置的 GIS 地图定位。根据声波传播特性，高频声波信号在管道和流体里传播衰减速率快，迅速淹没到环境噪声中而无法有效监测，而频率较低的声波信号随着管道和介质传播到很远的距离。

泄漏处振动信号以次声波的形式向管道两端传播，管道两端的次声波传感器捕获该信号，经主站系统计算泄漏信号到达相邻两个分站的时间差，准确计算泄漏位置。在管道介质理想、工况理想情况下，次声波检测技术最长可监测 50km 管道。泄漏点位置定位原理如图 3.28 所示。

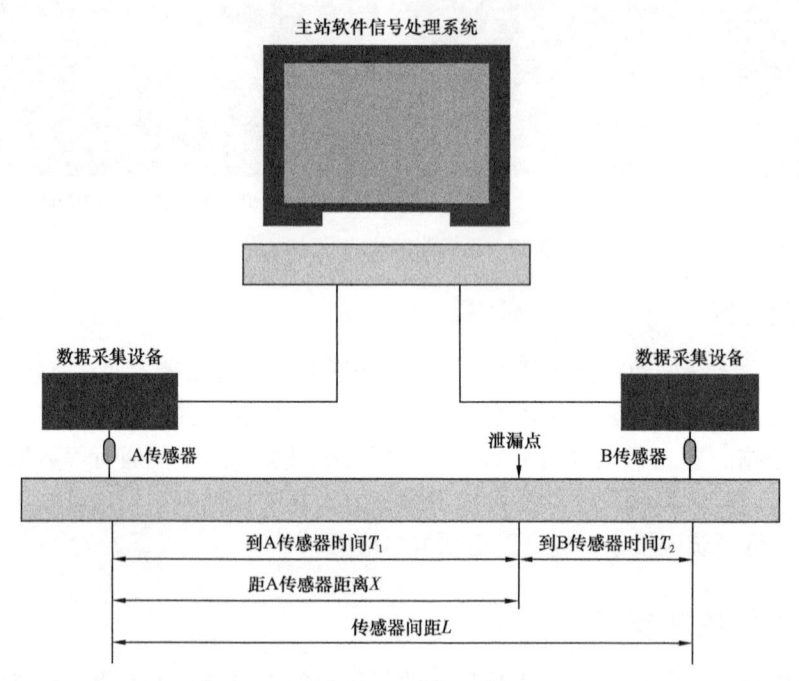

图 3.28　定位原理图

设泄漏点离上游传感器 A 的距离为 X，L 为传感器 A 至传感器 B 之间的距离，T_1 和 T_2 分别是传感器 A 和 B 收到泄漏信号的时间，C 为次声波在天然气中的传播速度，则泄漏点计算公式为：

$$X = \frac{L + (T_1 - T_2)C}{2} \quad (3.15)$$

式中　X——泄漏点到传感器的距离，m；
　　　L——传感器布控距离，m；
　　　T_1，T_2——泄漏点的声波到达传感器的时间，s；
　　　C——声速，m/s。

3.5.3.2　次声波监测功能特点

3.5.3.2.1　监测技术功能

次声波管道泄漏监测系统由主站主机、次声波泄漏监测软件、次声波传感器、数据采集处理设备及相关附件组成，并通过网络通信，系统如图 3.29 所示。该系统具有如下功能：接收 / 存储管道次声波数据，有效识别管道泄漏位置；分析接收的数据，声像图泄漏分析，管网实时监测；泄漏时自动弹出报警窗，显示泄漏位置及管线名称，并能通过声光、短信、APP等进行报警；系统对故障自动诊断、备份原始数据且支持历史数据回放；定时自检设备工作状态；信息储存在数据库，随时可以查询/筛选/打印；显示泄漏点坐标及泄漏点与首末站距离，用GIS地图直观精确提示泄漏点位置；外部端口与站控系统通信，数据与报警信号实时传输。

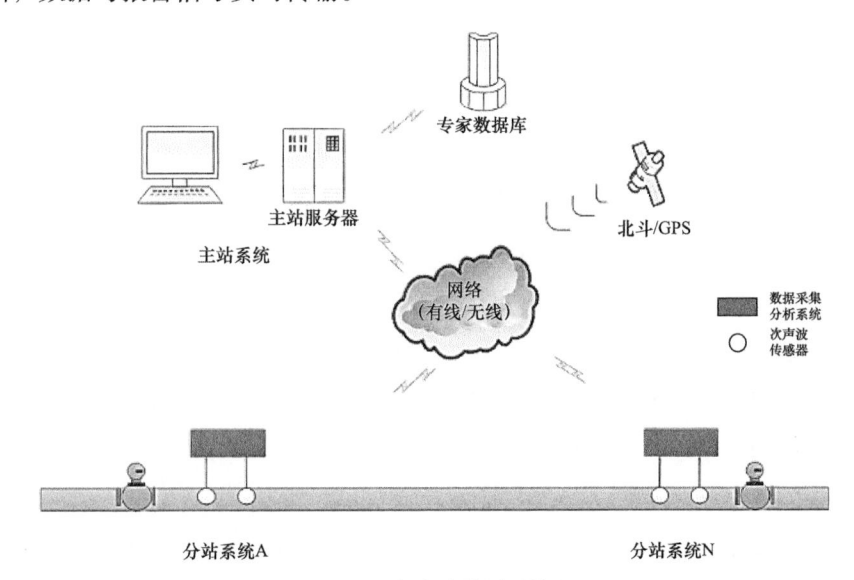

图3.29 次声波检测系统图

3.5.3.2.2 监测技术特点

（1）次声波传感器连续高精度数据采集。

正常运行过程中管道内次声波信号的低频性能及灵敏度尤为重要，保证采集到的信号精准可靠。次声波传感器根据工况情况具有广泛的适应性，如针对液相介质的面向次声波传感器、针对气相介质（可含少量液相介质）的多向次声波传感器、针对固相介质的外贴式次声波传感器，如图3.30所示。

（2）数据采集处理系统。

数据采集灵活方便，通过声场数据采集，可做到一条管线建立一套完备的动态声态模型，与专家数据库实时通信，保证数据精准。次声波检测目前基本可涵盖国内所有类型，包括天然气集输管道、长输管道等及复杂工况（多相介质、穿越架空、走向落差极大、河流冲刷埋藏等）管道的声学数据模型，广泛用于指导现场管道声学数据分析与后期系统自主学习。

图3.30 次声波传感器

（3）报警准确率。

泄漏定位采用通过两端传感器采集到泄漏信号的时间差，计算泄漏位置准确，系统采用高精度的北斗/GPS双模授时方式，校时精准，将系统定位误差控制在极小范围内，从而保障了泄漏定位的精准（图3.31）。

图3.31　高精度定位泄漏位置

（4）清管器跟踪定位。

次声波泄漏监测系统衍生清管器跟踪定位技术，次声波泄漏监测系统的管道上可实现清管器的跟踪和定位，精确反应清管器运行位置，以及精确发现卡堵定位，为下一步采取处理措施提供准确位置信息，以保障管道安全运行。

3.5.3.3　泄漏问题分析

次声波管道泄漏监测系统能够第一时间发现管道突发性泄漏问题，并准确定位泄漏位置，为事后抢险赢得宝贵时间，监测预警效率高。可准确监测以下类型：

（1）监测管道遭外力破坏，可通过次声波检测出具体泄漏类型及位置。例如施工破坏、地质沉降、自然灾害、焊缝开裂，如图3.32所示。

（2）监测管道遭受人为凿孔造成泄漏，以防遭受打孔偷盗，如图3.33所示。

（3）监测管道腐蚀穿孔（管道内腐蚀、管道外腐），以免对管道运行造成更大损失，如图3.34所示。

图3.32　管道外力破坏

图3.33　管道被凿孔

图3.34　管道腐蚀穿孔

次声波管道泄漏监测系统的应用，可实现自动管道泄漏监测，减轻管道的巡查工作压力，减少盲目巡查工作量，提高科学管理水平，有效地对管道运行状态实施监控，降低工人劳动强度，提高劳动生产率。

3.5.4 次声波泄漏监测案例

以重庆气矿天高线 B 段次声波泄漏监测结果为案例对次声波管道监测结果分析，以验证次声波管道监测在管道完整性管理中的有效应用。

3.5.4.1 监测系统安装

天高线 B 段次声波泄漏监测系统根据《2018 年油气田管道和站场完整性管理试点工程》设计要求完成甘宁阀室分站系统、万州末站分站系统和主站系统的安装调试（图 3.35 至图 3.37）。系统硬件安装调试符合国家及行业相关标准，设备防爆认证并进行防雷接地处理。

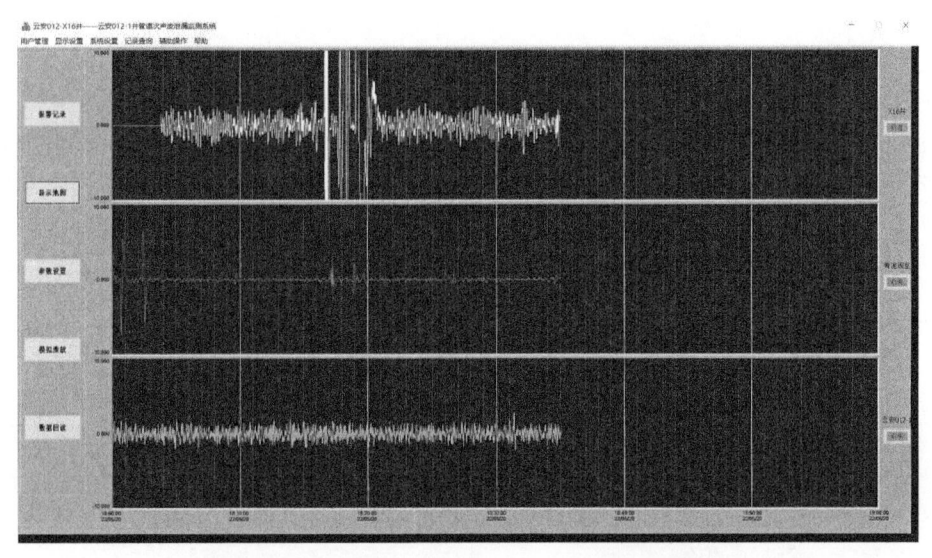

图 3.35　云安 012-1 井站外阀室主站系统安装调试

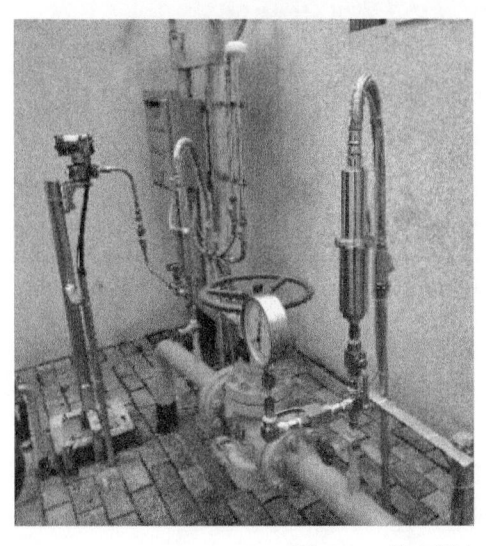

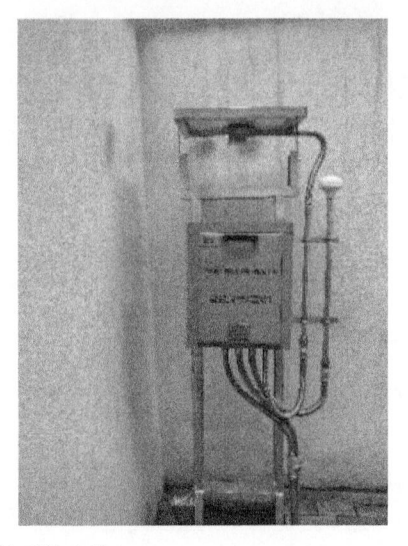

图 3.36　甘宁阀室分站系统安装

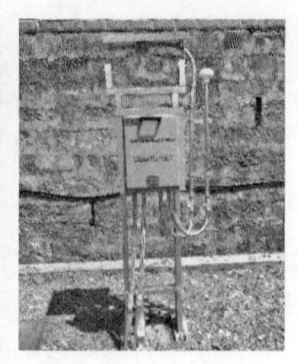

图 3.37　万州末站分站系统安装

3.5.4.2　测试要求

为验证重庆气矿天高线 B 段次声波泄漏监测系统准确性，设定相关测试项目并列定合格指标，可检泄漏孔径直径 2mm 以上，泄漏位置定位误差 50m 以内，报警准确率应保证 97% 以上，具体指标见表 3.27。

表 3.27　预定相关测试项及指标

测试项	合格指标
可检测灵敏度（mm）	泄漏孔径≥2
响应时间（s）	≤100
泄漏点定位的误差（m）	≤±50
报警准确率（%）	≥97
误报率（次/a）	≤3

3.5.4.3　未屏蔽中端传感器测试

根据油气田管道和站场完整性管理设计要求和测试方案，本次在甘宁阀室、万州末站模拟泄放共计 33 次，其中未屏蔽甘宁阀室传感器测试 21 次，万州末站测试 12 次，报警率达到 100%（表 3.28 和表 3.29）。

表 3.28　甘宁阀室模拟测试

序号	放气时间（时：分：秒）	报警时间（时：分：秒）	间隔时长（时：分：秒）	距离误差（m）	测试孔径（mm）	备注
1	11：14：50	11：15：37	0：00：47	14	2	
2	11：20：11	11：20：53	0：00：42	15	2	
3	11：25：12	11：26：02	0：00：50	2	2	报警率 100%
4	11：30：15	11：30：55	0：00：40	17	2	
5	11：35：05	11：35：44	0：00：39	14	2	

续表

序号	放气时间 （时：分：秒）	报警时间 （时：分：秒）	间隔时长 （时：分：秒）	距离误差 （m）	测试孔径 （mm）	备注
6	11：40：09	11：40：46	0：00：37	4	2	报警率100%
7	11：45：04	11：45：48	0：00：44	7	2	
8	11：51：02	11：51：37	0：00：35	12	2	
9	11：55：58	11：56：45	0：00：47	15	2	
10	12：00：37	12：01：19	0：00：42	16	2	
11	14：25：32	14：26：19	0：00：47	6	3	报警率100%
12	14：30：51	14：31：34	0：00：43	18	3	
13	14：35：11	14：35：58	0：00：47	17	3	
14	14：40：08	14：40：49	0：00：41	19	3	
15	14：45：05	14：45：40	0：00：35	2	3	
16	14：50：11	14：51：15	0：01：04	7	3	
17	14：54：56	14：55：50	0：00：54	2	3	
18	15：00：15	15：00：59	0：00：44	14	3	
19	15：05：18	15：06：15	0：00：57	3	3	
20	15：10：12	15：10：56	0：00：44	17	3	
21	15：50：43	15：51：25	0：00：42	2	5	报警率100%

表 3.29　万州末站模拟测试

序号	放气时间 （时：分：秒）	报警时间 （时：分：秒）	间隔时长 （时：分：秒）	距离误差 （m）	测试孔径 （mm）	备注
1	17：52：05	17：53：09	0：01：04	9	2	报警率100%
2	17：57：55	17：58：57	0：01：02	24	2	
3	18：02：58	18：03：59	0：01：01	20	2	
4	18：08：20	18：09：18	0：00：58	8	2	
5	18：13：40	18：14：45	0：01：05	1	2	
6	18：19：45	18：20：47	0：01：02	5	2	
7	18：24：37	18：25：38	0：01：01	5	2	
8	18：29：45	18：30：49	0：01：04	21	2	
9	18：34：36	18：35：36	0：01：00	11	2	
10	18：39：32	18：40：30	0：00：58	15	2	
11	19：29：10	19：30：09	0：00：59	15	4	报警率100%
12	19：34：07	19：35：11	0：01：04	11	4	

次声波测试过程中,调试放气孔径分别为 2mm,3mm 和 5mm,中端甘宁阀室模拟泄放测试结果见表 3.30。

末端万州站管道放气孔径 2mm 和 4mm,测试结果见表 3.31。

现场测试结果分析,测试结论满足测试要求及设定目标,结论见表 3.32。

表 3.30 甘宁阀室模拟泄放测试结果

孔径	放气次数	报警次数	报警率(%)
2mm	10	10	100
3mm	10	10	100
5mm	1	1	100

表 3.31 万州末站模拟泄放测试结果

孔径	放气次数	报警次数	报警率(%)
2mm	10	10	100
4mm	2	2	100

表 3.32 次声波测试结论

测试项	设计指标	测试结果	结论	备注
可检测泄漏孔径(mm)	≥2	2	合格	
报警准确率(%)	≥97	100	合格	
定位误差(m)	≤±50	≤24	合格	以模拟泄漏点为基准
系统响应时间(s)	≤100	≤65	合格	
误报率(次/a)	≤3	现场测试无误报	合格	需长期跟踪分析数据

在未屏蔽甘宁阀室传感器工况下,开展次声波监测天高线 B 段井站外阀室—万州末站总长 22.6km 管道泄漏预警,在孔径 2mm,3mm,4mm 及 5mm 泄漏时分别进行测试,报警率 100%,定位误差在 24m 内满足设定要求,平均出现泄漏响应时间 65s 以内,监测结果达到预期目标,能够很好地用在管道泄漏预警监测。

3.5.4.4 屏蔽中端传感器测试

为验证管线次声波预警测试中间存在阀室时是否需要增加分站系统,拟定中间阀室不安装分站系统前提下,是否能够有效监测管道泄漏,测定监测精准度及分站系统有效监测距离。通过屏蔽甘宁阀室(中间阀室)模拟中间阀室不安装分站系统的特殊工况下,该系统测试是否满足设计要求。

屏蔽甘宁阀室分站系统,万州末站、云安 012-1 井站外阀室分站系统及主站系统正常运行状态下在万州末站、甘宁阀室分别开展模拟泄漏测试。

屏蔽甘宁阀室分站系统，万州末站、甘宁阀室共计测试26次，结果见表3.33和表3.34。

表3.33　屏蔽甘宁阀室传感器模拟测试

序号	放气时间（时：分：秒）	报警时间（时：分：秒）	间隔时长（时：分：秒）	距离误差（m）	测试孔径（mm）	备注
1	12：06：25	—	—	—	2	报警率20%
2	12：36：21	—	—	—	2	
3	12：41：41	—	—	—	2	
4	12：47：32	12：48：24	0：00：52	13	2	
5	12：52：20	—	—	—	2	
6	13：01：53	—	—	—	3	报警率30%
7	13：06：45	13：07：34	0：00：49	14	3	
8	13：11：45	—	—	—	3	
9	13：16：52	—	—	—	3	
10	13：22：29	13：23：25	0：00：56	4	3	
11	13：28：11	—	—	—	3	
12	14：01：07	—	—	—	3	
13	14：06：20	—	—	—	3	
14	14：11：39	14：12：39	0：01：00	16	3	
15	14：18：32	—	—	—	3	
16	15：19：46	15：20：46	0：01：00	17	4	报警率80%
17	15：24：50	15：25：40	0：00：50	5	4	
18	15：29：52	15：30：47	0：00：55	19	4	
19	15：34：51	—	—	—	4	
20	15：39：43	15：40：42	0：00：59	10	4	

表3.34　屏蔽甘宁阀室传感器时万州末站测试情况

序号	放气时间（时：分：秒）	报警时间（时：分：秒）	间隔时长（时：分：秒）	测试孔径（mm）	距离误差（m）	备注
1	18：44：45	—	—	2	—	报警率0
2	18：51：36	—	—	2	—	
3	18：57：34	—	—	2	—	
4	19：07：04	19：08：08	0：01：04	4	21	报警率33.33%
5	19：12：02	—	—	4	—	
6	19：17：25	—	—	4	—	

由数据可看出，屏蔽中端甘宁阀室传感器后检测报警率明显存在较大误差，结果见表 3.35 和表 3.36。

表 3.35　屏蔽甘宁阀室传感器时甘宁阀室模拟泄放结果

孔径（mm）	放气次数	报警次数	报警率（%）
2	5	1	20
3	10	3	30
4	5	4	80

表 3.36　屏蔽甘宁阀室传感器时在万州末站模拟泄放

孔径（mm）	放气次数	报警次数	报警率（%）
2	3	0	0
3	3	1	33.33

由以上测试结果可知，管线中间有阀室时，不增加分站系统（即屏蔽阀室分站系统），该系统有一定概率监测到管道泄漏，且概率随泄漏点孔径的增大而增大，且不能保证 100% 实现报警。

3.5.4.5　次声波管道监测结论

（1）未屏蔽中端阀室传感器次声波监测在 2mm，3mm，4mm 及 5mm 孔径泄漏预警率 100%，定位误差小于 24m，泄漏响应时间间隔 65s 以内，能够很好地监测管道内泄露预警；

（2）屏蔽中端阀室传感器次声波监测在 2mm，3mm 及 4mm 孔径泄漏预警不理想，概率随泄漏点孔径的增大而增大，且预警不能保证 100% 预警；

（3）由此证明可知，在次声波进行管道泄漏测试过程中不可屏蔽中间阀室进行监测预警。

3.6　管道缺陷修复技术

3.6.1　防腐（保温）层修复

3.6.1.1　防腐（保温）层修复响应时间

当保温层出现损坏脱落等情况时，需要立即修复保温层，其余情况参照防腐层修复响应时间要求开展。

防腐层按缺陷的轻重缓急可将维修响应分为 3 类：（1）立即响应；（2）计划响应（在某时期内完成修复）；（3）进行监测。管道防腐层缺陷维修时间响应要求见表 3.37。

第3章 气田管道本体完整性管理

表3.37 管道防腐层缺陷维修时间响应表

管道类别	立即响应	计划响应	进行监测
Ⅱ类低风险级、Ⅲ类	破损程度为"严重"缺陷	破损程度为"中等"的缺陷	破损程度为"轻微""极轻微"的缺陷
Ⅰ类、Ⅱ类高风险级	破损程度为"严重"缺陷；未达到有效阴极保护、高后果区、高风险的管段中破损程度为"中等"缺陷	其余管段破损程度为"中度"的缺陷；	破损程度为"轻微""极轻微"的缺陷
响应时间及要求	在1年内进行防腐层缺陷维修	在1个检验周期内进行防腐层缺陷修复	可以选择代表性强的防腐层缺陷开挖确认缺陷发展情况

3.6.1.2 防腐层材料选择

不同的原防腐层需要选择不同的防腐层修复材料及方案，见表3.38。

表3.38 管道防腐层缺陷修复材料选取

原防腐层类型	局部修复			大修
	缺陷直径≤30mm	缺陷直径>30mm	补口修复	
石油沥青、煤焦油磁漆	石油沥青、冷缠胶带、黏弹体+外防护带①	冷缠胶带、黏弹体+外防护带	黏弹体+外防护带、冷缠胶带	无溶剂液态环氧、聚氨酯、无溶剂液态环氧玻璃、冷缠胶带
熔结环氧、液体环氧	无溶剂液态环氧	无溶剂液态环氧	无溶剂液态环氧/聚氨酯	
三层聚乙烯/聚丙烯	热熔胶+补伤片、压敏胶+补伤片、黏弹体+外防护带	黏弹体+外防护带、压敏胶热收缩带、冷缠胶带	黏弹体+外防护带、无溶剂液态环氧+外防护带	

① 外防护带包括冷缠胶带、压敏胶热收缩带等。

3.6.1.3 防腐层修复流程

管道防腐层修复分为防腐层局部修复和防腐层大修两类。

修复流程为：防腐材料验收、管道开挖、旧防腐层清除及表面处理、防腐层修复施工、防腐层质量检验。

防腐层局部修复和防腐层大修的操作应按照 SY/T 5918—2017《埋地钢质管道外防腐层保温层修复技术规范》要求进行。

3.6.1.4 保温层修复

保温层主要包括预制瓦块捆扎保温层、硬质聚氨酯发泡塑料保温层。当保护层和保温层出现损坏脱落等情况需与原保温层相同的方式进行修复。修复后的防腐保温层等级及质量应不低于原防腐保温层等级及质量，保温层修复应满足 GB/T 50538—2020《埋地钢质管道防腐保温层技术标准》中补口补伤要求。

3.6.2 本体缺陷永久性修复

3.6.2.1 管体缺陷修复响应时间

管道本体缺陷修复响应时间根据缺陷评价结果进行确定，见表3.39。

表3.39 不同评价方法所得各级缺陷对应维修响应措施

评价方法	立即响应	计划响应	进行监测
SY/T 0087.1—2018	V级、Ⅳ级	Ⅲ级	Ⅱ级、Ⅰ级
SY/T 6151—2009	1类	2类	3类
SY/T 6477，SY/T10048，ASME B31G、API 579、BS7910等	评价结论为不安全，且计算的最大允许操作压力低于运行压力	评价结论为不安全，且计算的最大允许操作压力低于设计压力	评价结论为安全的缺陷
内检测缺陷评价	结论为立即维修的缺陷	结论为计划维修的缺陷	结论为安全的缺陷
SY/T 6996—2014	凹陷深度>6%	6%>凹陷深度>2%	凹陷深度<2%
SY/T 6996—2014	凹陷应变>6%	6%>凹陷应变>2%	凹陷应变<2%
响应措施	5天内确认并评价，采取降压措施，根据评价结果修复	1年内进行确认，在1个检验周期内根据评价结果进行修复	可选择代表性强的缺陷定期开挖检测

3.6.2.2 本体缺陷修复方式选择

不同的管道本体缺陷需要选择不同的修复方式。根据本体缺陷类型和尺寸修复的技术包括：打磨修复、A型套筒修复、B型套筒修复、环氧钢套筒修复、复合材料修复、机械夹具修复（临时修复）及换管。对于管体打孔盗气泄漏，也可采用管帽或补板修复。宜根据缺陷的不同类型和尺寸按表3.40选择相应的修复方法。

表3.40 管道缺陷修复方法选择

缺陷分类		缺陷尺寸	修复方法
腐蚀	外腐蚀	泄漏	B型套筒修复、环氧钢套筒修复或换管
		缺陷深度≥80%壁厚	B型套筒修复、环氧钢套筒修复或换管
		超过允许尺寸的	复合材料补强修复、A型套筒修复、B型套筒修复、环氧钢套筒修复或换管
		未超过允许尺寸的	修复防腐层（发现防腐层破损），其余暂不修复
	内腐蚀	缺陷深度≥80%壁厚	B型套筒修复或换管
		超过允许尺寸的	B型套筒修复或换管
		当前或计划修复时间内未超过允许尺寸的	暂不修复（加强监控）

续表

缺陷分类		缺陷尺寸	修复方法
制造缺陷	内外制造缺陷	缺陷深度≥80%壁厚	B型套筒修复、环氧钢套筒修复或换管
		超过允许尺寸的	复合材料补强修复、A型套筒修复、B型套筒修复、环氧钢套筒修复或换管
		未超过允许尺寸的	不修复
凹陷	普通凹陷、腐蚀相关凹陷（移除压迫体后的尺寸）	深度≥6%外径	B型套筒修复或换管
		2%外径≤深度<6%外径	进行磁粉探伤，无裂纹则采用A型套筒修复、B型套筒修复、环氧套筒修复或者换管，有裂纹的采用B型套筒修复或者换管
		深度<2%外径	巡线监控
	焊缝相关凹陷（移除压迫体后的尺寸）	深度≥6%外径	换管
		2%外径≤深度<6%外径	进行表面磁粉探伤，焊缝进行射线或者超声探伤，无裂纹则采用A型套管修复、B型套管修复或环氧套筒修复或者换管，有裂纹的采用B型套筒修复或者换管
		深度<2%外径	进行表面磁粉探伤，焊缝进行射线或者超声，无裂纹则不修复，有裂纹的采用B型套筒修复或者换管
焊缝缺陷	开挖检测，采用射线和超声探伤得到焊接缺陷的长度、深度，进行缺陷强度评价	不安全（有裂纹）	换管
		安全（有裂纹）	打磨修复（表面裂纹）、B型套筒修复和换管
		经评价缺陷处于安全状态	不修复
	开挖检测，采用射线和超声探伤得到焊接缺陷尺寸，未进行缺陷强度评价	焊缝超过标准允许级别	打磨修复（表面裂纹）、B型套筒修复和换管
		焊缝在标准允许级别内	不修复

3.6.2.3 本体缺陷修复流程

管道本体缺陷修复流程为：修复及防腐材料验收、管道开挖、旧防腐层清除及表面处理、缺陷定位、缺陷修复、缺陷修复现场检测、防腐层修复及回填施工、防腐层质量检验。修复的操作应按照Q/SY 1592—2013《油气管道管体修复技术规范》要求进行。

3.6.3 本体缺陷临时性修复

临时性修复是暂时性保证近期管道强度足够不发生泄漏事件，但不能消除该缺陷的潜在危害性，因此必须在一年内更换为永久修复。临时性修复的操作应按照Q/SY1592—2013《油气管道管体修复技术规范》要求进行。

用于气管道发生腐蚀穿孔型泄漏的临时性修复有：机械夹具修复、带压封堵带修复。用于管道裂纹、内腐蚀缺陷的临时性修复有：复合材料补强修复、A型套筒修复、环氧钢套筒修复。

3.6.4 管道缺陷修复案例

1998年以来，重庆气矿对重要集输干线和部分气田内部集气支线进行了智能清管检测，检测发现了大量的缺陷，如腐蚀缺陷、机械损伤缺陷、焊缝缺陷及内部沟槽等。这严重威胁到管道的安全运行，影响正常生产。为此，重庆气矿对智能检测结果中的严重缺陷进行了换管整改，并对腐蚀程度不小于20%，压力系数ERF不小于0.95的腐蚀缺陷和少数焊缝缺陷（凹陷除外）采用加强复合材料修复。按照复合材料厂家的技术指标和修复方案进行补强修复是否有效，通过对现场补强修复缺陷部位进行开挖，然后割管取样，对复合材料部分关键技术指标如抗阴极剥离、抗酸碱性和吸水性等进行试验，然后作出综合评价，并对采用的加强复合材料补强修复工艺提出可行性措施。

3.6.4.1 管道修复内容分析

（1）空鼓和有效粘接面积检测情况：采用CLOCKSPRING的5个样品除2号为96.3%，其余4个样品有效粘接面积在80.6%~92.7%，均小于95%，而采用APPW的样品均无空鼓现象，有效粘接面积为100%。由此可见预成型CLOCKSPRING补强材料层间粘接存在一定的空鼓现象。

（2）抗冲击性检测情况：CLOCKSPRING抗冲击性检测值大于24J，APPW补强材料为大于8J，两种补强材料均达到补强标准，但CLOCKSPRING抗冲击性更强。

（3）粘接强度检测情况：CLOCKSPRING与管材间的粘接强度为6MPa，层间粘接强度为5MPa，APPW与管材的粘接强度为5.9~7.2MPa，平均值6.46MPa。

（4）剪切强度检测情况：补强层与管材的剪切强度为3.3MPa，而APPW补强层与管材的剪切强度为7.7~8.7MPa，平均值8.1MPa。

（5）阴极剥离实验检测情况：CLOCKSPRING抗阴极剥离值为10.3~23.3mm，平均16.46mm，均超过不得大于8mm的技术指标，而APPW抗阴极剥离指标均在2.0mm以内。

（6）抗酸碱性试验情况：CLOCKSPING和APPW补强材料均有较强的抗酸碱性。

（7）吸水性检测情况：CLOCKSPRING的吸水性为0.1%，APPW的吸水性为0.12%~0.13%，均达到不大于0.2%的要求。

两种补强材料的抗冲击性、粘接能力、抗酸碱性和吸水性均能在工况条件下性能稳定，但严重影响管道补强材料修复效果的几个指标，如空鼓、抗阴极剥离、剪切强度等指标看，APPW补强材料性能比较稳定，而预成型的CLOCKSPRING抗阴极剥离能力较差，空鼓现象较为严重。随着时间推移，容易导致补强材料与管体脱落，降低补强效果，仅仅起到绝缘防腐的效果。由此可见，APPW补强材料更适合用于管道缺陷补强，不宜采用预成型的CLOCKSPRING复合材料。

3.6.4.2 管道修复结果

重庆气矿依据智能清管检测结果，根据管道补强修复原理，完善了施工工艺及标准；通过调研常用 APPW 和 CLOCKSPRING 两种补强材料技术性能、施工工艺；编制了补强修复材料效果研究及评价方案，形成了一套复合材料修复施工验收的检测评价方法。在重庆气矿竹渠线、讲渡线卧渡段两线开挖检测 10 处，其中，CLOCKSPRING 材料补强 5 处，APPW 补强修复 5 处。通过取样进行室内试验，研究不同施工工艺、环境条件对修复效果的影响，提出了现场施工及现场验收检验方法和指标；并对现场修复存在的问题、修复和防腐效果进行分析评价。

考虑阴极保护电流对加强复合材料修复部位的影响程度，如抗阴极剥离、或与管道搭剪强度变化；考虑复合材料修复部位在土壤中的吸水性、抗腐蚀性变化等。通过 10 处不同修复方式管道缺陷修复点取样分析，明确重庆气矿现有各类智能检测缺陷补强修复工艺修复效果，对智能检测缺陷补强修复工作提供指导。

第 4 章　气田管道外腐蚀防护完整性管理

气田管道外腐蚀防护完整性管理是指根据不断变化的管道因素，通过防腐层检测、阴极保护系统有效性检测等各种方式获取管道外防腐层的信息，对影响气田管道防腐层的风险因素进行识别和适应性评价，制订相应的风险控制对策，不断改善识别到的不利影响因素，从而将气田管道运行的风险水平控制在合理的、可接受的范围内，最终达到减少和预防管道事故发生、经济合理地保证管道安全运行的目的。

4.1　防腐层检测评价技术

重庆气矿管道外腐蚀直接评价按照 ZY–0502《气田管道外腐蚀直接评价作业规程》文件执行，在开展外腐蚀直接评价时主要依托于管道定期检验。本节主要介绍重庆气矿在防腐层检测评价方面的管理实践。

4.1.1　技术简介

目前，国内外在实际工作中应用较为广泛的外防腐层检测技术主要是地面音频检漏法、直流电位梯度法+密间距电位测量法、交流电流法 3 种方法。3 种检测方法各有侧重，也各有利弊。地面音频检漏法和直流电位梯度法+密间距电位测量法偏重于确定防腐层漏点的位置，而交流电流法是一种"评价防腐层管段的整体质量和确定防腐层漏点位置的检测技术"，不仅能够确定防腐层漏点的位置，还能够评价防腐层管段的整体质量。

重庆气矿防腐层检测主要采用交流电流法，包含交流电流衰减法（ACAS）和交流电位梯度法（ACVG）两种检测技术。其中防腐层整体状况检测采用交流电流衰减法（ACAS），局部破损点检测采用交流电位梯度法（ACVG）。

4.1.2　检测规程

4.1.2.1　评价指标

依据 GB/T 19285—2014《埋地钢质管道腐蚀防护工程检验》，防腐层检测主要采用不开挖检测评价技术，常用不开挖检测指标有外防腐层电阻率（R_g）、破损点密度（ρ）。在开展防腐层检测评价时，两个指标配合使用，最终选择防腐层评价结果严重的作为分级评价结果。评价指标见表 4.1 和表 4.2。

第4章 气田管道外腐蚀防护完整性管理

表 4.1 外防腐层电阻率 R_g 值分级评价　　　　　　　　　　单位：$k\Omega \cdot m^2$

防腐类型	不同级别对应的电阻率			
	1级	2级	3级	4级
3层PE	$R_g \geq 100$	$20 \leq R_g < 100$	$5 \leq R_g < 20$	$R_g < 5$
硬质聚氨酯泡沫防腐保温层、沥青防腐层	$R_g \geq 10$	$5 \leq R_g < 10$	$2 \leq R_g < 5$	$R_g < 2$

注：此标准中 R_g 值是基于线传输理论计算所得；电阻率是基于标准土壤电阻率4730$\Omega \cdot$cm。

表 4.2 外防腐层破损点密度 ρ 值分级评价　　　　　　　　　单位：处/100m

外防腐层类型	不同级别对应的破损点密度			
	1级	2级	3级	4级
3层PE	$\rho \leq 0.1$	$0.1 < \rho < 0.5$	$0.5 \leq \rho \leq 1$	$\rho > 1$
硬质聚氨酯泡沫防腐保温层、沥青防腐层	$\rho \leq 0.2$	$0.2 < \rho < 1$	$1 \leq \rho \leq 2$	$\rho > 2$

注：相邻最小距离不超过2倍管道中心埋深的两个破损点可当作一处。

4.1.2.2 检测步骤

检测开始应记录检测时间、发射机架设位置、输出电流和天气状况等基本信息。检测并记录感应电流大小，感应电流不得低于60mA，否则视为不可靠测试。2个检测位置最大间距不超过30m，电流异常管段应加密检测。发射机信号输入位置起的管道两侧各50~100m范围内为检测盲区，应对检测盲区进行补充检测。在防腐层绝缘电阻率检测时，需沿管道正上方平行测试，测量管道的感应电流，并根据感应电流计算电阻率 R_g，定性评价防腐层整体状况。在防腐层破损点定位时，为了准确定位破损点，应在破损点前后、左右进行地表电位梯度测试。A字架插入地表后必须等待仪器显示稳定，记录所有指示箭头、管道防腐破损信号值（dB）稳定的防腐层漏损点，dB值应为检测时读取到的最大值。防腐层漏损点相邻检测位置间的间距应根据防腐层类型的不同确定，石油沥青防腐层最大间距不超过3m，聚乙烯防腐层最大间距不超过5m。

检测到防腐层漏损点时，在"管道外检测及敷设环境调查记录表"中记录防腐层漏损点处的绝对距离（相对于管道起点）、相对距离（相对于标识桩、电位测试桩、永久性标识物等）、RTK坐标位置、dB值、管道深度、地形地貌、土壤干湿程度、感应电流、辐射距离（指有发现稳定箭头显示至破损点中心的距离）等信息，且做好简易与重点标识。条件允许时须问明土地所属的行政区域及名称，以便于修复时的现场找点。

4.1.2.3 破损点修正

对于防腐层漏损点，对现场检测到的漏损点dB值不能直接使用，需根据土壤含水状况、地形地貌、天气状况等条件（三者选其一）进行修正，修正方法见表4.3。同时，在检测报告中应注明防腐层漏损点所处的管道区域类型，包括但不限于漏损点是否处于未达到有效阴极保护（或未施加阴极保护）管段、高后果区管段，漏损点所处的管段风险等级等。

表4.3 防腐层漏损点修正系数及修正方法

修正系数 F	0.8	1.0	1.2
土壤含水状况	特干土	一般土	湿润土
地形地貌	山坡	旱地	水田
天气状况	连续晴天	普通晴天或阴天	雨天
修正公式	$\Delta' = \Delta/F$		

注：Δ'为修正后的漏损点dB值；Δ为现场检测记录的漏损点dB值；F为修正系数。

4.1.2.4 破损点分级

对于防腐层漏损点，编写报告时需对现场检测到的漏损点进行分级，分级应根据土壤腐蚀性检测、风险评价、高后果区、阴极保护效果、杂散电流测试结果，结合防腐层的绝缘性能以及漏损点的电压电平dB值等检测评价结果综合判断，评价等级分为4级（表4.4）。按分级指标对防腐层缺陷进行分级后，确定需要修复的防腐层缺陷。

表4.4 防腐层漏损点分级标准（使用A字架）

防腐层类型	一级（极轻微）	二级（轻微）	三级（中等）	四级（严重）
3层PE	dB<40	40≤dB<50	50≤dB<65	dB≥65
硬质聚氨酯泡沫保温防腐层，沥青防腐层等	dB<30	30≤dB<40	40≤dB<55	dB≥55

4.1.2.5 漏损点定位

RTK定位技术能够在野外实现厘米级的定位精度。因此，在确定防腐层漏损点GPS坐标点位置时均采用RTK定位。采用的平面坐标系统为2000国家大地坐标系（CGCS2000）。具体步骤如下：首先，确定管道中心位置，并在管道正上方采集位置坐标；其次，在漏损点前后、左右进行地表电位梯度测试；最后，在管道漏损点中心位置进行坐标采集以及位置标记，并对漏损点的位置进行描述，在检测结束后提交相应的成果资料。

4.1.3 检测实践

自2001年以来，按照3~5年的定期检验周期，共完成管道防腐层检测7901.847km，实现了管道防腐层检测100%全覆盖。部分管道已经完成第二轮检测修复，共检测出防腐层破损点53774处，对防腐层破损点累计修复21237处，整体提升了管道防腐层质量，有效控制管道外腐蚀。

4.2 阴极保护系统有效性检测技术

重庆气矿集输管网复杂,具有建成时间跨度大、支线多、管线短、绝缘层不统一、管线交叉敷设、阴保设备老化等特点,加之集输管网阴极保护覆盖率和有效率未达到100%。且川东气田土壤湿度大、腐蚀性强,致使腐蚀成为影响管道安全的重要因素。目前,重庆气矿集输管网外防腐大多采用阴极保护与防腐层联合保护方式。

4.2.1 技术简介

管道阴极保护技术较多,典型的主要有强制电流阴极保护以及牺牲阳极阴极保护。强制电流阴极保护,又称外加电流阴极保护。通过直流电源以及辅助阳极,迫使电流从土壤等介质流向被保护金属,使金属表面阴极电位降低到阳极电位。此时,金属表面没有阴极或阳极,使被保护金属结构电位低于周围环境,整个金属结构成为新的电路中的阴极。牺牲阳极是另一种防止金属腐蚀的方法,即将还原性较强的金属作为保护极,与被保护金属相连构成原电池。还原性较强的金属将作为负极发生氧化反应而消耗,被保护的金属作为正极就可以避免腐蚀。下面针对不同的阴极保护方法,介绍有效性检测的要求。

4.2.1.1 强制电流阴极保护系统

强制电流阴极保护系统测试项目包括:管道(含通电点)通/断电位、管/地交流电位、恒电位仪参数、阳极地床、绝缘接头性能等,测试方法依据标准 GB/T 21246—2020《埋地钢制管道阴极保护参数测量方法》,测试相关要求见表 4.5。

表 4.5 强制电流阴极保护系统测试项目及要求

测试项目	测量方法及仪器	相关要求
管道通/断电位测试	(1)万用表或数据记录仪(如 UDL-2); (2)硫酸铜参比电极; (3)GPS 同步断电器。 (4)极化探头	(1)在测量之前,应确认阴极保护正常运行,管道已充分极化; (2)测量时,在所有电流能流入测量区间的阴极保护电源处安装电流同步断电器; (3)为了避免管道明显的去极化,断电期宜不大于 3s,典型的通/断电周期设置为:通电 12s,断电 3s; (4)将硫酸铜电极放置在管顶正上方地表的潮湿土壤上,应保证硫酸铜电极底部与土壤接触良好; (5)将电压表调至直流挡适宜的量程上,读取数据,读数应在通/断电 0.5s 之后进行; (6)记录管道对电解质的通电电位和断电电位; (7)管道受杂散电流干扰影响、保护电流无法同步中断、强制电流和牺牲阳极联合保护时,应采用极化探头断电测量法进行测试

续表

测试项目	测量方法及仪器	相关要求
管/地交流电位测试	（1）万用表； （2）硫酸铜参比电极	（1）将硫酸铜电极放置在管顶正上方地表的潮湿土壤上，应保证硫酸铜电极底部与土壤接触良好； （2）将电压表调至交流挡适宜的量程上，读取数据
恒电位仪检查	（1）万用表； （2）硫酸铜参比电极	（1）恒电位仪的基本情况调查（型号、功率等）； （2）恒电位仪输出数据（输出电压、输出电流、输出电位）统计分析； （3）站场通电点处通电位测试，与恒电位仪输出电位进行对比，是否需要标校
绝缘接头性能检测	（1）万用表； （2）硫酸铜参比电极； （3）基于交流漏电感应法的绝缘接头检测设备（如PCM或DM）	（1）电位法：在对被保护管道通电之前，用万用表测试绝缘接头非保护侧a的管地电位 U_{a1}；保持硫酸铜电极位置不变，对保护管道通电，并调节阴极保护电源，使保护侧b点的管地电位 U_b 达到 $-1.50 \sim -0.85V$ 之间；测试a点的管地电位 U_{a2}； （2）数据分析：若 U_{a1} 和 U_{a2} 基本相等，则认为绝缘接头的绝缘性能良好；若 $|U_{a2}|>|U_{a1}|$ 且 U_{a2} 接近 U_b 值，则认为绝缘接头的绝缘性能可疑，必须进一步采用PCM交流漏电感应法进行测量验证，并综合阳极地床与绝缘装置的距离和相对位置、保护端与非保护端管道接近或交叉等情况进行判断
阳极地床电阻测试	接地电阻仪、地针	（1）阳极地床测试前需先调查阳极地床类型（深井阳极、浅埋式阳极），并做好记录； （2）阳极地床测试，根据现场阳极地床的情况，选择长接地体接地电阻测试方法（接地体对角线长度大于8m时）或短接地体接地电阻测试方法

4.2.1.2 牺牲阳极阴极保护系统

牺牲阳极阴极保护测试包括牺牲阳极接入点管地电位、开路电位、牺牲阳极输出电流测试，测试具体执行GB/T 21246—2020《埋地钢质管道阴极保护参数测量方法》。测试时主要注意以下几点：

（1）牺牲阳极接入点管地电位。

牺牲阳极通电电位测试与外加电流测试方式相同，测试时确保牺牲阳极与管道连接良好，待极化充分后，使用万用表连接硫酸铜参比电极（负极）和管道线缆（正极）即可。

（2）牺牲阳极开路电位。

断开牺牲阳极与管道的连线，使用万用表连接硫酸铜参比（负极）和牺牲阳极线缆（正极），以测试牺牲阳极的对地电位。不同阳极类型有其特定的开路电位指，锌阳极：-1.1V（CSE）；镁合金：-1.55V（CSE）；纯镁：-1.75V（CSE）。达到标准数值可以表征阳极的良好。

（3）牺牲阳极输出电流。

使用万用表串联在牺牲阳极（负极）和管道连线（正极）之间，将万用表调到"电流"测试挡,测量牺牲阳极的输出电流。注意输出电流读数的正负号,判断其电流方向是否存在异常。其数值大小无标准值,需结合周围环境的防腐层破损点大小和密度,及土壤环境等综合分析。

4.2.2 阴极保护有效性检测规程

按 GB/T 21246—2020《埋地钢质管道阴极保护参数测量方法》要求进行测试。

4.2.2.1 强制电流保护管道通电电位和断电电位测试

(1)通电电位测试。

通电电位的测试主要适用于施加阴极保护电流时,管道对电解质(土壤、水)电位的测量。本方法测得的电位是极化电位与回路中所有电压降的和,即含有除管道金属/电解质界面以外的所有电压降。

(2)断电电位测试。

断电电位测定适用于管道对电解质极化电位的测量。该方法测得的断电电位是消除了由保护电流所引起的 IR 降后的管道保护电位。对有直流杂散电流或保护电流不能同步中断(多组牺牲阳极或其与管道直接相接,或存在不能被中断的外部强制电流设备)的管道本方法不适用。

4.2.2.2 牺牲阳极管道输出电流、开路电位和闭路电位测试

牺牲阳极输出电流测试:标准电阻法、直测法。

牺牲阳极开路电位测试:适用于牺牲阳极在埋设环境中未与管道相连时开路电位的测量。

牺牲阳极闭路电位:采用远参比法。远参比法主要用于在牺牲阳极埋设点附近的管段,测量管道对远方大地的电位,用于计算该点的负偏移电位值。

4.2.2.3 管地电位测试

需对所有管道的每个探坑开挖处管道进行管地电位测试,测试时采用近参比法,将参比电极尽可能靠近管道。

4.2.2.4 密间隔(CIPS)电位测试

密间隔电位测试(CIPS)适用于对管道阴极保护系统的有效性进行全面评价的测试。该方法可测得管道沿线的通电电位(U_{on})和断电电位(U_{off}),结合直流电位梯度法(DCVG)可以全面评价管道阴极保护系统的状况和查找防腐层破损点及识别腐蚀活跃点。对保护电流不能同步中断(多组牺牲阳极或其与管道直接相接,或存在不能被中断的外部强制电流设备),以及套管内的破损点未被电解质淹没的管道本方法不适用。

4.2.2.5 阳极地床测试

阳极地床测试主要有长接地体接地电阻测试和短接地电阻测试两种方式,本次测试阳极地床主要根据现场阳极地床的情况来选择。

（1）长接地电阻测试。

适用于强制电流辅助阳极地床（浅埋式或深井式阳极地床）、对角线长度大于8m的棒状牺牲阳极组或长度大于8m的锌带，可采用该方法测量接地电阻。

（2）短接地电阻测试。

当对角线长度小于8m的棒状牺牲阳极组或长度小于8m的锌带，可采用该方法测量接地电阻。

4.2.2.6 电绝缘性测试

目前绝缘接头（法兰）绝缘性能测量有兆欧表法、电位法、PCM漏电率测量法和漏电电阻法。兆欧表法用于制造检验和产品验收，即制成但尚未安装到管道上的绝缘接头（法兰），可用该方法测量其绝缘电阻值。而电位法用于已建成的管道上的绝缘接头（法兰），当阴极保护可以运行时，可用电位法判断其绝缘性能，其中非埋地绝缘接头（法兰）采取电位法测量，埋地绝缘接头采用PCM漏电率测量法。

4.2.2.7 恒电位仪运行情况调查

恒电位调查内容包括恒电位仪的基本情况调查以及恒电位仪输出数据统计。进行阳极电缆线、阴极输出线、零位接阴线通断测试，判断其完好情况。万用表选择通断测试挡，直接连接阴极输出线与零位接阴线之间的通断性。接通良好情况下，如果恒电位仪只有输出电压，没有输出电流，则可判断阳极电缆线故障；如果恒电位仪输出电压与电流均显示正常，则可判断阳极电缆线正常；如果输出电压与电流过大，需结合阳极地床电阻进行判断。

4.2.2.8 故障排查

对于未能达到正常阴极保护的管道，将进行阴极保护系统故障排查，找出故障原因，具体故障类型排查见表4.6。

表4.6 阴极保护系统故障排排查简表

故障类型	故障现象	故障排查
恒电位仪故障	（1）恒电位仪/恒电位法开机； （2）恒电位仪表头显示异常； （3）输出电压、电流、电位异常	（1）机内输出保险管是否熔断； （2）恒电位仪自检； （3）依据厂家提供的操作规程对恒电位仪实施系统重启； （4）更换数字式或指针式表头； （5）恒电位仪连接部位检查； （6）确定线缆连接方式是否正确； （7）检查参比电极是否失效或参比井土壤干燥
阳极地床故障	（1）有输出电压，输出电流，声光报警； （2）恒电位仪输出电压变大，输出电流变小，恒电位仪正常； （3）管道保护距离缩短	（1）检查阳极电缆是否开路； （2）测试接地电阻是否过大，超过标准要求； （3）现场踏勘阳极地床埋设位置距离管道是否过近； （4）检查附近是否存在第三方杂散电流干扰或金属物屏蔽

续表

故障类型	故障现象	故障排查
电绝缘系统故障排查	（1）恒电位仪输出电流增大； （2）未保护端电位升高； （3）管道保护电位不能达到标准要求	（1）确定绝缘接头（法兰）两端/金属物搭接以及线缆连接完好； （2）测试绝缘接头（法兰）两端电位； （3）测试管道保护段和未保端电流大小以及流动方向； （4）测试绝缘接头（法兰）接地电阻； （5）对绝缘接头（法兰）开挖验证
防腐层故障	（1）恒电位仪输出电流过大； （2）管道保护电位不能达到标准要求； （3）管道某处电位衰减较大	（1）对管道实施通断电位测试，分析防腐层的基本状况； （2）对电位异常点附近进行现场踏勘，确定第三方电流干扰； （3）应用PCM等仪器对管道防腐层进行综合评价，确定管道与其他金属物/搭接，找出防腐层破损点位置； （4）对破损点开挖验证
交流与直流干扰	（1）管道某处保护电位异常； （2）管道某处腐蚀情况较严重； （3）PCM电流起伏较大甚至/法准确确定管道位置或埋深	（1）对管道实施通断电位测试，找出电位异常点； （2）现场踏勘，结合杂散电流测试仪对电位异常点进行长时间检测（24h以上），确定干扰源类型［测试电压等级、负荷电流及最大短路电流、运行（负荷变化）状况、杆塔高度、塔（杆）头几何形状及尺寸等］，干扰源与被干扰体相互关系（相对位置距离、平行长度、交叉角度等并给出简图表示）； （3）测量管地交流电压及其分布，确定最大干扰电位以及电流的流入、流出点位置； （4）根据检测结果，依据相关行业标准确定是否需要实施排流，确定排流点位置以及排流方式（调整阴极保护参数、极性排流、隔直排流等）
牺牲阳极故障	管道保护电位过低。	（1）测试保护电位、牺牲阳极输出电流以及开路电位是否满足要求； （2）测试附近是否存在第三方杂散电流干扰
埋地管道与其他金属搭接	（1）恒电位仪输出电流过大； （2）管道某些位置电位衰减较快； （3）管道某些位置腐蚀情况较严重	（1）检查恒电位仪输出是否正常； （2）对电位异常点附近进行现场踏勘，确定第三方杂散电流干扰； （3）在管道异常点附近金属物上测试电位是否异常； （4）在管道上架设PCM，检测管道内电流变化梯度，同时附近金属物上是否有电流以及电流流向； （5）对异常点开挖验证

4.2.3 阴极保护系统有效性检测实践

通过多年的实践及总结，重庆气矿形成了高效可行的阴极保护系统有效性检测管理理念。其中，阴极保护检测评价原则为结合管道定期检验和阴极保护专项评价按照3年滚动周期开展阴极保护有效性评价。阴极保护杂散电流评价原则为根据阴极保护有效性评价结果，对受杂散电流干扰管道开展杂散电流专项检测，查找干扰源，排查出杂散电流流入和流出区域。通过对重庆气矿阴极保护系统整改和杂散电流检测评价形成了一系列经验做法，制订一套科学、闭环的阴极保护系统整改思路：以前期阴极保护系统调研评价结果为基础，有针对性地制订整改方案，分批分步实施整改，后开展有效性评价。在此基础上，进一步总结凝练，形成了《复杂天然气管网阴极保护技术规定》。

同时，重庆气矿将恒电位仪运行数据和管道电位接入阴极保护数据管理平台，实现阴极保护数据的实时监测和历史查询，提高阴极保护系统异常的处置效率。开展了"动态杂散电流对管道的干扰排查与治理技术攻关"，创新提出了"用于牺牲阳极排流保护范围的测试装置及方法"，该方法已申请国家发明专利。将成果应用于铜相线、相旱线、碳大线等重要管道，有效抑制了杂散电流干扰，获得西南油气田公司科技进步一等奖。

4.3 外腐蚀防护修复技术

4.3.1 技术简介

防腐涂层作为埋地管道腐蚀防护的重要手段，可以建立有效屏障，隔绝管道与腐蚀介质的接触，从而对管道管体形成有效保护。影响防腐涂层寿命的因素很多，不仅与涂层自身的物理性质及化学性质有关，而且与涂层在管道管体的预处理、涂层与管体的附着性能、涂层对水和离子的抗渗透能力及其服役环境等密切相关，因此，掌握管道防腐层的修复技术对保证管道的运行安全具有重要意义。

目前，国内油气管道防腐层的修复集中表现为3PE防腐层的局部修复及保温管道防腐保温的局部修复。中国石油形成了3PE防腐层的局部修复技术和硬质聚氨酯泡沫防腐保温层的局部修复技术，并已形成行业标准SY/T 5918—2017《埋地钢质管道外防腐层保温层修复技术规范》。3PE防腐层局部修复是指对油气管道3PE防腐层的局部破损点进行修补或对失效的热收缩带补口防腐层进行更换。其修复材料应根据原防腐层类型、修复规模、现场施工条件及管道运行工况等条件选择，也可采用经过试验验证且满足技术要求的其他防腐材料。同时，为确保防腐层修复质量，SY/T 5918—2017《埋地钢质管道外防腐层保温层修复技术规范》中详细规定了管道开挖悬空、热力及应力保障、管沟回填要求，管道旧防腐层清除、防腐层施工、管体表面处理及施工质量等施工工艺控制措施。跟踪测试结果表明，防腐层修复质量良好，未出现再次失效的现象。

阴保系统是管道涂层保护的一种补充，对管道外腐蚀防腐至关重要，由于埋地敷设的钢质天然气管道大都处于复杂的土壤环境中，且防腐涂层由于老化、施工等原因存在不同程度的破损，在防腐涂层破损区域，管道本体将与土壤中含有的水和易电离的盐类等物质构成原电池，导致金属管道发生不同程度的电化学腐蚀，甚至造成管道失效，阴极保护能有效地抑制金属管道的电化学反应，减少管道的腐蚀。阴极保护系统的修复整改主要依据GB/T 21448—2017《埋地钢质管道阴极保护技术规范》、GB/T 21447—2018《钢质管道外腐蚀控制规范》等，并结合重庆气矿气田管道分布情况和特征进行分批次整改，整体控制了管道的外腐蚀。

4.3.2 外腐蚀防护修复规程

重庆气矿管道外腐蚀防护主要依靠管道防腐涂层以及外加阴极保护系统保护，管道的外防腐修复主要为阴极保护系统涂层修复和阴极保护系统整改完善。为规范和指导气田管道防腐层缺陷点的修复和防腐层大修工作，重庆气矿制订了详细外腐蚀防护修复规程。

4.3.2.1 外腐蚀防护修复原则

外腐蚀防护修复原则为：

（1）阴极保护有效的石油沥青管道 dB≥55 的防腐层漏损点进行修复；

（2）阴极保护有效的 PE 防腐层管道 dB≥65 的防腐层漏损点进行修复；

（3）阴极保护无效或未设置阴极保护的石油沥青管道 dB≥40 的防腐层漏损点进行修复；

（4）阴极保护无效或未设置阴极保护的 PE 防腐层管道 dB≥50 的防腐层漏损点进行修复；

（5）杂散电流主干扰流入区域的防腐层漏损点全部修复；

（6）即将开展智能检测缺陷修复项目的管道，管道有阴极保护，阴保正常且外腐蚀不严重，由后续智能检测缺陷修复项目进行修复。

4.3.2.2 防腐层修复施工技术要求

（1）3 层 PE 防腐管道防腐层修复。

对埋地 3 层 PE 防腐管，当开挖后防腐层局部破损缺陷直径不大于 30mm 时，黏弹体采用贴补方式施工，黏弹体大小应根据打磨好的宽度裁剪黏弹体防腐带。将裁剪好的黏弹体防腐带直接覆盖至打磨好的钢管本体上，周边覆盖完好防腐层 20mm 以上。当开挖后防腐层局部破损缺陷直径大于 30mm 时，黏弹体采用缠绕方式施工，胶带搭接宽度不应小于 10mm，胶带始端与末端搭接长度应大于 1/4 管周长，且不小于 100mm，接口应向下，其与缺陷四周管体原防腐层的搭接宽度应大于 100mm。

黏弹体胶带粘贴或缠绕完成后，外防护带聚丙烯增强纤维胶带沿圆周方向缠绕，人工／机械施工缠绕施工时，应保证足够的拉紧力，搭接宽度为胶带宽度的 50%～55%（一次缠绕两层）。缠绕时边缝应平整，不得出现扭曲、褶皱。对管体表面的防腐层缺陷，当管体表面存在腐蚀坑或者位于表面不平的焊缝位置处，在管体表面处理后应先采用黏弹体膏将管体表面填平，然后再进行黏弹体防腐胶带和聚丙烯胶黏带的施工。

（2）石油沥青、聚乙烯胶黏带防腐管道防腐层修复。

对石油沥青、聚乙烯胶黏带防腐管道防腐层修复采用黏弹体整体缠绕＋聚丙烯增强纤维胶带周向缠绕搭接保护的方式。黏弹体胶带和聚丙烯增强纤维胶带的缠绕施工方式与 3 层 PE 防腐管道缺陷直径大于 30mm 时防腐层修复的施工方式相同。

4.3.2.3 防腐层修复后质量检查

（1）外观检查。

对每个缺陷修复点部位进行目测，表面应平整，无气泡、麻面、皱纹、凸瘤等缺陷。外包保护层应压边均匀、无褶皱，粘接紧密。外观检查比例100%。

（2）防腐层的连续完整性检查。

检查按SY/T 0063—1999《管道防腐层检漏试验方法》中方法B的规定采用高压电火花检漏仪对每一个破损修复部位进行检查。其检漏电压在16~18kV之间为合格。

（3）粘接力测试。

剥离强度不低于50N/cm，测试应在胶带缠绕完毕的24h后，检验方法执行SY/T 0414—2017《钢质管道聚烯烃胶粘带防腐层技术标准》。

4.3.2.4 阴极保护整改

（1）对于阴极保护设备老化、运行超年限、维修频繁、无法稳定运行的的设备，优选合适的恒电位仪进行更换。

（2）对保护管线过多，设备超负荷的阴极保护站，采用更换多通路恒电位仪对各管线分别进行保护的方式进行整改。

（3）对不同防腐层类型的管线、支线和干线进行分开保护。

（4）对失效的长效参比电极等阴极保护附属设施进行更换，整改阳极地床接地电阻超高的地床。

（5）对缺少参比电极测试井的位置补充设置测试井。

（6）对各阴极保护站站内阴极保护电缆设置地面标识。

（7）对部分未实施阴极保护的集输管线新建阴极保护站进行强制电流阴极保护。

（8）将各阴极保护站恒电位仪数据纳入SCADA系统，通过电缆将恒电位仪数据传入各站自控系统，系统数据通过已建通信信道远传至相关作业区微机集散控制系统（RCC），再经相关作业区RCC上传到重庆气矿数据中心应用性能分析决策系统（DCC），实现恒电位仪数据实时远传。

4.3.3 外腐蚀防护修复实践

4.3.3.1 管道防腐层修复及防腐层质量提升

防腐层是埋地管道防腐的第一道屏障，防腐层的质量不仅直接影响防腐层的防腐效果，同时也制约着阴极保护的效果。重庆气矿按照5年一滚动规划，对管道绝缘层进行检测修复，逐步提升了管道防腐层质量，提升阴极保护效果。迄今，已经累计修复21237处，整体提升了管道防腐层质量，有效控制了管道外腐蚀。

4.3.3.2 阴极保护系统整改完善

在阴极保护系统整改方面，以制订一套科学、闭环的阴极保护系统为整改思路。以前期阴极保护系统调研评价结果为基础,有针对性地制订整改方案,分批分步实施整改,最后开展有效性评价为总体方针。在此方针的指导下,重庆气矿正稳步推进阴极保护系统整改工作。

(1)优选恒电位仪,逐一恢复阴极保护。

2010年以前,重庆气矿使用的恒电位仪多为PS-1型,该恒电位仪无法对进站的多条管线进行单独调节和保护,影响阴极保护效果。针对城区管道和老气田电流需求量大的阴极保护站,考虑抗干扰能力强的多通路阴极保护设备,通过大修逐一对老化和不满足现场使用工况的恒电位仪进行更换,确保阴极保护站稳定输出,阴极保护有效率从75%提升至90%。

(2)阴极保护系统优化调整,逐步提升阴保覆盖率。

重庆气矿管道建设年限跨度大,投运年限长,大多为气田内部管线在建设初期无阴极保护,2016年后重庆气矿开展阴极保护系统优化调整,对无阴极保护的管道优先考虑从最近相同防腐层管线进行跨接保护,或分区域建立阴极保护站对片区管线进行保护,已建成兴隆站、罐6井、来1井和花浅5井等处10座阴极保护站,恢复了近300km管道阴极保护,阴极保护覆盖率从69%提升至85%。下步还将新建开州(增压东站)、忠县(池39井)、垫江(三号站、卧14井)、邻水(板东3井)等处阴极保护站,对附近内部集输管线施加阴极保护,整体提高阴极保护覆盖率。

(3)建立阴极保护系统管理平台,实现电位远传。

针对管线智能测试桩覆盖率低,不能对所有实施阴极保护的管道进行电位数据查询,特别是受杂散电流干扰的管道,无法实现24h连续不断的监控数据,为杂散电流干扰和治理提供依据的问题。重庆气矿完成搭建阴极保护数据管理平台,把现场恒电位仪数据接入大SCADA系统,并对重点区域设置智能监测桩,实现电位远传,实时对阴极保护数据进行监控,数据分析(图4.1)。

(4)杂散电流排查治理与推广。

随着城市的快速发展,轨道交通和高铁对管道的影响日益明显,目前重庆气矿受杂散电流干扰影响严重的有4条管道,卧渝线(碳窑弯—大石坝—九宫庙)、巴渝线、新峡渝线、来凤站只华龙站受直流杂散电流干扰。由于受认识的限制,目前投运的人和、九宫庙、走马羊、来凤站等阴极保护站都采用的是可控硅恒电位仪,其调节频率和范围均无法达到抑制地铁、轻轨产生的动态直流杂散电流干扰影响,且恒电位仪安装位置和保护距离采用与非干扰地区相同的设计理念,未考虑杂散电流的流入流出区间和城市地下金属构筑物的屏蔽影响,导致恒电位仪开机运行波动大,恒电位仪输出不平稳,恒电位无法长期运行,埋地管道阴极保护距离短等问题。

重庆气矿基于多年的管理实践,通过开展科研攻关,提出了动态直流杂散电流干扰防护及效果评价方案。以重庆气矿在卧渝线B段开展检测排流实验为例(表4.7,图4.2)。第一步确定干扰源及排流区的位置:通过多次检测实验,确定干扰区域位置并将干扰段的距离缩短在卧渝线B段的绿梦阀室和旱土阀室之间,该区段管线由旱土站提供阴极保护。第二步调整恒电位最佳运行工况:找到干扰区域后,通过多次调整恒电位

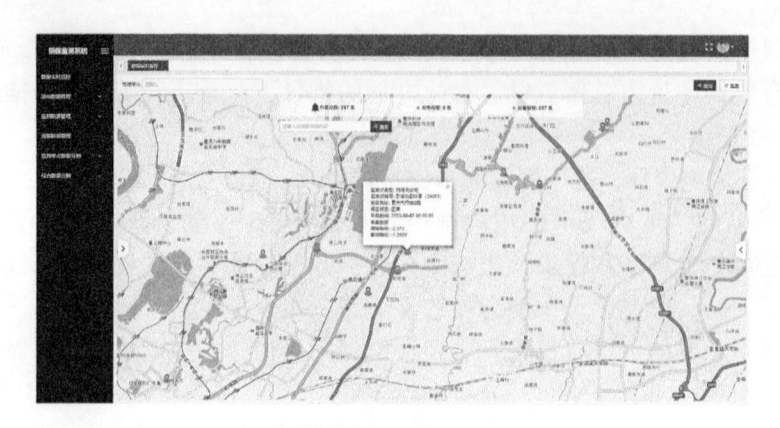

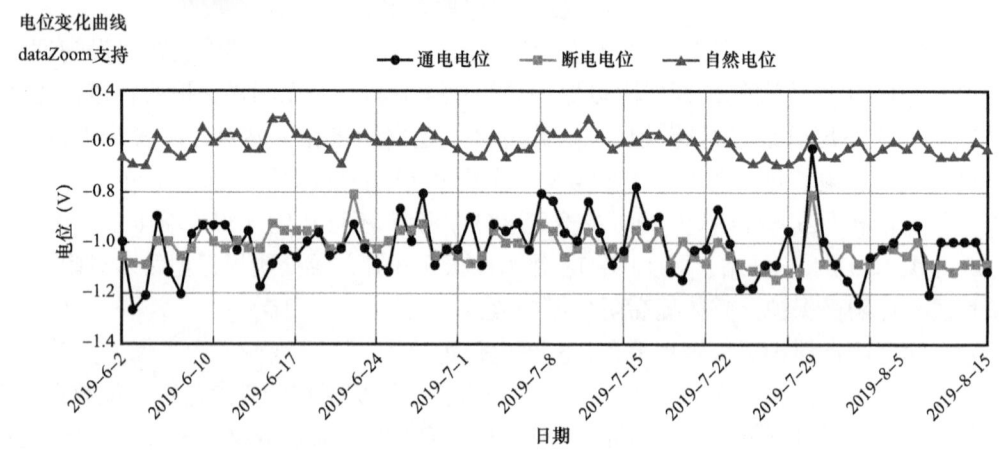

图 4.1 在轨道交通干扰区域设置智能监测点示例

仪的输出，确定旱土站对该区段管线最佳保护电位值，有效缓解了管线不受保护的时间占比，但根据标准依旧属于欠保护状态；第三步开展排流实验数据测试：确定恒电位仪最佳保护电位后，对干扰区域开展排流实验发现，恒电位仪恒位运行能减弱杂散电流干扰幅度，减弱幅度为34%；恒电位仪恒位运行与极性排流共同作用下减弱幅度为65.5%；恒电位仪恒位运行与直接排流共同作用下减弱幅度为67.2%。

表 4.7 重庆气矿卧渝线 B 段检测排流实验检测结果

序号	测试状态	24h监测/现场检测数据 通电电位（V）(CSE)	24h监测/现场检测数据 断电电位（V）(CSE)	夜间电位 断电电位（V）(CSE)	比 −0.85V 更正时间占比（%）	比 −1.2V 更负时间占比（%）	管地电位波动幅度（V）
1	恒电位仪关机 排流器未连接	−10.699～8.264	−1.179～−0.414	−0.739～−0.721	76.3	0	18.96
2	排流器未连接	−6.799～5.706	−1.240～−0.455	−1.025～−1.018	18.9	0.9	12.51
3	排流器连接	−4.231～2.324	−1.197～−0.377	−1.116～−1.104	16.0	0	6.55
4	直接连接地网	−3.711～2.515	−1.197～−0.405	−1.028～−0.908	19.7	0	6.22

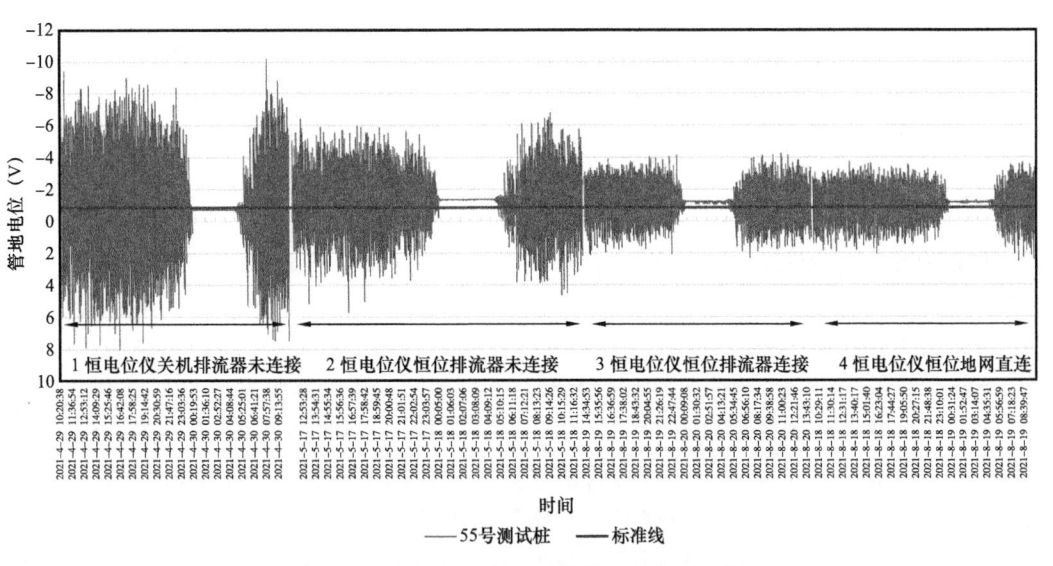

图 4.2　卧渝线 55 号测试桩管地电位对比图

第 5 章　气田管道环境影响及防治

川东气田管道站场覆盖川渝地区 41 个区县，而川渝地区丘陵众多、水系发达、人多地少，地面活动频繁。气田集输管道 70% 以上位于山地，伴行省道及乡村道路较多，穿越大量城镇规划区及市区，普遍沿山谷及槽谷地带铺设，沿线人类工程与经济活动较频繁，地质灾害频发。由于管道具有埋深浅、薄壳、内含高压易燃易爆有毒介质的性质，决定了沿线地质灾害对管道的危害有其特殊性，规模较小的地质灾害也可能造成对管道的重大危害。而任何在高后果区内的管道泄漏事故，都可能引发严重的事故后果，难以被公众或社会所接受。为了有效规避或减缓气田管道地质灾害、第三方破坏风险及泄漏危害后果，重庆气矿采用管道高后果区分析、地质灾害评价技术及河流穿跨越专项检测技术，识别出管道高后果区、地质灾害风险点及其主要影响因素，并通过实施一系列监测、治理等管控措施，使管道环境安全得以保障。

5.1　气田管道高后果区识别与管理

川东气田集输管道输送介质具有易燃、易爆、有毒等特点，再加上管道周边人口密度大，管道一旦发生失效泄漏，将会严重危及公众安全和（或）造成较大的环境破坏。重庆气矿要求每年各作业区（运销部）组织开展管道高后果区域的识别工作，并根据每年管道周边环境变化情况进行修订更新，针对每条管线形成高后果区识别报告并及时上报。集输管道高后果区识别按照《西南油气田公司管道和站场完整性管理手册——气田管道高后果区识别和风险评价程序文件》开展。针对常规气管道的高后果区识别，具体执行西南油气田公司管道完整性管理作业文件《气田管道高后果区常规识别作业规程》；针对硫化氢含量不小于 $75g/m^3$（体积分数 5%）的气田管道的高后果区识别，具体执行西南油气田公司管道完整性管理作业文件《气田高含硫管道高后果区识别作业规程》；针对气田水管道的高后果区识别，则根据 Q/SY XN 0553—2020《气田水输送管道风险评价规范》以及 Q/SY 1180.2—2014《管道完整性管理规范 第 2 部分：管道高后果区识别》中的规定执行。

5.1.1　管道高后果区（HCAs）识别方法

5.1.1.1　常规气管道 HCAs 识别

5.1.1.1.1　识别流程

气田管道高后果区识别工作流程如图 5.1 所示。

5.1.1.1.2 资料收集

需收集的资料包括管道名称、管道规格、管道设计压力（单位：MPa）、管道最大允许操作压力（MAOP）（表压）（单位：MPa）及能反映管道走向的资料（如：管道测绘图、管道带状图等）。

5.1.1.1.3 地区等级划分及特定场所

按管道沿线居民户数和（或）建筑物的密集程度等划分等级，分为4个地区等级，相关规定如下：

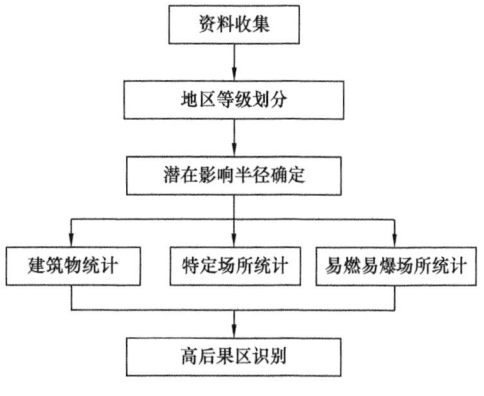

图 5.1 管道高后果区识别工作流程图

（1）沿管线中心线两侧各200m范围内，任意划分成长度为2km并能包括最大聚居户数的若干地段，按划定地段内的户数应划分为4个等级。在农村人口聚集的村庄、大院及住宅楼，应以每一独立户作为一个供人居住的建筑物计算。地区等级应按下列原则划分：

一级一类地区——不经常有人活动及无永久性人员居住的区段。

一级二类地区——户数在15户或以下的区段。

二级地区——户数在15户以上100户以下的区段。

三级地区——户数在100户或以上的区段，包括市郊居住区、商业区、工业区、规划发展区以及不够4级地区条件的人口稠密区。

四级地区——4层及4层以上楼房（不计地下室层数）普遍集中、交通频繁、地下设施多的区段。

（2）当划分地区等级边界线时，边界线距最近一户建筑物外边缘应大于或等于200m。

（3）在一级和二级地区内的学校、医院以及其他公共场所等人群聚集的地方，应按三级地区选取。

（4）当一个地区的发展规划足以改变该地区的现有等级时，应按发展规划划分地区等级。

特定场所是指除三级和四级地区外，由于管道泄漏可能造成严重人员伤亡的潜在区域。包括以下地区：

特定场所Ⅰ，指医院、学校、托儿所、幼儿园、养老院、监狱、商场等人群难以疏散的建筑区域。

特定场所Ⅱ，指在一年之内至少有50天（时间计算不需连贯）聚集30人或更多人的区域，例如集贸市场、寺庙、运动场、广场、娱乐休闲地、剧院、露营地等。

5.1.1.1.4 潜在影响半径确定

气田管道的潜在影响区域是依据潜在影响半径计算的可能影响区域。气田管道潜在影响半径可按式（5.1）计算：

$$r = 0.099\sqrt{d^2 p} \tag{5.1}$$

式中　d——管道外径，mm；

　　　p——管段最大允许操作压力（MAOP），MPa；

　　　r——受影响区域的半径，m。

集输气管道常见管道外径、压力与潜在半径关系见表5.1。

表5.1　气田管道常见管径、压力与潜在半径关系

序号	管道外径（mm）	压力（MPa）	潜在影响半径（m）
1	1219	12	417.9
2	1016	10	318.0
3	711	10	222.5
4	711	7	186.2
5	660	6.4	165.2
6	610	6.3	151.5
7	508	4	100.5
8	457	3.4	83.4
9	426	4	84.3
10	108	1.6	13.5

5.1.1.1.5　识别准则

管道经过区域符合如下任何一条的为高后果区：

（1）管道经过的三级和四级地区；

（2）管径大于762mm且最大允许操作压力大于6.9MPa或管径小于273mm且最大允许操作压力小于1.6MPa，其天然气管道潜在影响半径内有特定场所的区域，潜在影响半径计算见式（5.1）；

（3）其他管道两侧各200m内有特定场所的区域；

（4）除三级和四级地区外，管道两侧各200m内有加油站、油库或第三方油气站场等易燃易爆场所。

对于输气管道，在识别高后果区的基础上，应按照GB 32167—2015《油气输送管道完整性管理规范》的规定进行高后果区分级。

对于同沟敷设的天然气管道，分别计算沟内所有管道的潜在影响半径，较大者范围内有特定场所的区域即为高后果区，程度严重者为最终等级。同沟敷设管道中有高含硫管道的，应计算硫化氢中毒暴露半径，根据硫化氢中毒暴露半径、潜在影响半径中较大者进行识别。

5.1.1.2 高含硫气管道 HCAs 识别

5.1.1.2.1 识别准则

硫化氢含量大于或等于 5%（体积分数）的气田管道高后果区识别准则除了按常规气管道识别方法外，管道经过区域符合如下任何一条的区域也列为高后果区：

（1）硫化氢在空气中浓度达到 0.01%（体积分数）（144mg/m³）时暴露半径范围内有 50 人及以上人员居住的区域，硫化氢暴露半径计算见式（5.1）；

（2）硫化氢在空气中浓度达到 0.05%（体积分数）（720mg/m³）时暴露半径内有 10 人及以上人员居住的区域，硫化氢暴露半径计算见式（5.1）；

（3）硫化氢在空气中浓度达到 0.05%（体积分数）（720mg/m³）时暴露半径内有高速公路、国道、省道、铁路以及航道等的区域，硫化氢暴露半径计算见式（5.1）。

注：对于同沟敷设的天然气集输管道，分别计算沟内所有管道硫化氢中毒暴露半径，根据硫化氢中毒暴露半径较大者进行识别。

5.1.1.2.2 暴露半径计算

按照 ASME B31.8—2010 的要求，暴露半径（ROE）是指根据分散计算确定的在硫化氢浓度达到规定水平（常为 0.01% 或 0.05%）释放点的距离，计算公式如下：

扩散后，硫化氢（H₂S）浓度为 0.01%（体积分数）（144mg/m³）时的情况

$$X_m = (8.404nQ_m)^{0.6258} \tag{5.2}$$

扩散后，硫化氢（H₂S）浓度为 0.05%（体积分数）（720mg/m³）时的情况

$$X_m = (2.404nQ_m)^{0.6258} \tag{5.3}$$

式中　X_m——暴露半径（ROE），m；

　　　n——混合气体中硫化氢（H₂S）的摩尔分数，%；

　　　Q_m——在标准大气压下（0.101MPa）和 15.6℃条件下每天泄放的最大容积 m³，Q_m 按照式（5.5）进行计算。

5.1.1.2.3 泄漏量估算

（1）介质泄漏速度计算。

对于气体介质，泄漏速度计算按照 ASME B31.8—2010 中相关公式计算：

$$u_g = 0.0063 S_k p \sqrt{\frac{M}{T}} \tag{5.4}$$

式中　u_g——介质泄漏速度；

　　　S_k——泄漏面积，可保守地取为计算管道的横截面积，mm²；

　　　M——介质相对分子质量；

　　　p——介质运行压力，MPa；

　　　T——介质运行温度，K。

（2）管道泄漏时间估算。

按所评估管道的实际情况，确定泄漏持续时间，如果不能实际确定，则按表 5.2 和表 5.3 确定监测系统和切断系统的等级，并按表 5.4 估算泄漏持续时间 t。

表 5.2 监测系统等级

监测系统类型	等级
监测关键参数的变化从而间接监测介质流失的专用设备	A
直接监测介质实际流失的灵敏的探测器	B
目测，摄像头等	C

表 5.3 切断系统等级

切断系统类型	等级
由监测设备或探测器激活的自动切断装置	A
由操作员在操作室或其他远离泄漏点的位置人为切断装置	B
人工操作的切断阀	C

表 5.4 泄漏时间估算

监测系统等级	切断系统等级	泄漏时间估算
A	A	小规模泄漏时间为1200s；中等规模泄漏时间为600s；较大规模泄漏时间为300s
A	B	小规模泄漏时间为1800s；中等规模泄漏时间为1800s；较大规模泄漏时间为600s
A	C	小规模泄漏时间为2400s；中等规模泄漏时间为1800s；较大规模泄漏时间为1200s
B	A 或 B	小规模泄漏时间为2400s；中等规模泄漏时间为1800s；较大规模泄漏时间为1200s
B	C	小规模泄漏时间为3600s；中等规模泄漏时间为1800s；较大规模泄漏时间为1200s
C	A、B 或 C	小规模泄漏时间为3600s；中等规模泄漏时间为2400s；较大规模泄漏时间为1200s

注：小规模指泄漏面积小于 15mm^2，中等规模指泄漏面积小于 500mm^2，较大规模泄漏指泄漏面积大于 500mm^2。

（3）估算泄漏量。

泄漏量 Q_m 估算：

$$Q_m = \min(u_g t, q) \tag{5.5}$$

式中 t——泄漏时间，s；

q——泄漏管段管容，m^3。

5.1.1.3 气田水管道 HCAs 识别准则

气田水管道经过区域符合如下任何一条的即为高后果区：

（1）管道经过的三级、四级地区；

（2）管道两侧各 50m 内有高速公路、国道、省道、铁路等；

（3）管道两侧各200m内有湿地、森林、河口等国家自然保护地区；

（4）管道两侧各200m内有水源、河流、大中型水库。

注：当气田水管道附近地形起伏较大时，可依据地形地貌条件判断泄漏气田水可能的流动方向，只识别气田水泄漏后可能流向的区域。

5.1.2 管道高后果区识别案例

5.1.2.1 案例1：独立敷设的高含硫气管道

（1）管道基本情况。

重庆气矿万州作业区两条高含硫气集输管道的基本数据见表5.5。

表5.5 独立敷设的两条高含硫气集输管道基本情况

序号	管段名称	管径（mm）	长度（km）	管材	外防腐材料	阴极保护方式	含硫量（g）	管道压力（MPa）
1	天高线B段	273.0	22.70	L245N 无缝钢管	3层PE	强制电流	72	8.6
2	云安012-X7井—云安012-1井管段	168.3	3.58	L245N 无缝钢管	3层PE	强制电流	95	8.0

天高线B段管道起于分水镇云安12-1井，途径柱山乡、甘宁镇，止于高峰镇万州末站，管道沿途存在零星住户，多为二级地区，间或存在一级地区和少量三级地区。管道走向如图5.2所示。

图5.2 天高线B段管道走向图

云安012-X7井—云安012-1井管道走向如图5.3所示。

（2）暴露半径计算

取管道运行温度 T=15.6℃，泄漏时间 t=1200s，由式（2.1）至式（2.4）计算得到两条管道硫化氢在空气中浓度达到0.01%（体积分数）及0.05%（体积分数）时的暴露半径 X_m，见表5.6。

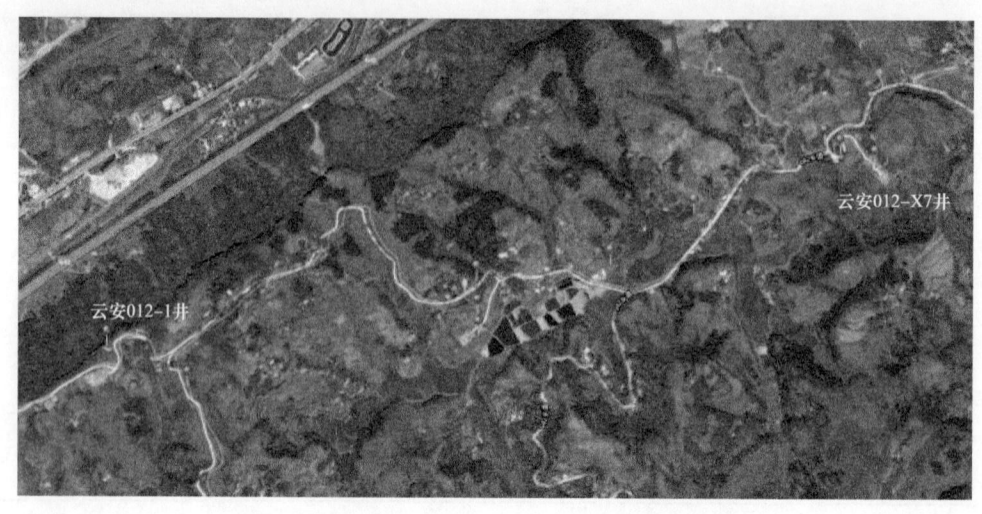

图 5.3　云安 012-X7 井—云安 012-1 井管道走向图

表 5.6　独立敷设的两条高含硫气集输管道暴露半径 X_m

序号	管段名称	H₂S 浓度 0.01%（体积分数）暴露半径 X_m（m）	H₂S 浓度 0.05%（体积分数）暴露半径 X_m（m）
1	天高线 B 段	278	217
2	云安 012-X7 井—云安 012-1 井管段	122	56

（3）识别结果。

经现场调查，按照高含硫气管道高后果区识别准则，天高线 B 段管道识别出 3 段共计 15.25km 的高后果区，云安 012-X7 井—云安 012-1 井管道识别出 2 段共计 1.805m 的高后果区。若按照常规气管道高后果区识别准则，前者识别出 3 段共计 3.255km 的高后果区，而后者全线无符合高后果区判据管段。

表 5.7　两条独立敷设的管道高后果区信息（按照高含硫气管道高后果区识别准则）

管段名称	HCAs 编号	HCAs 起点（m）	HCAs 终点（m）	HCAs 长度（m）	地名	高后果区特征描述
天高线 B 段	HCA-T1	0	5277	5277	大猫坪中心站至双城村	途径分水镇双红村、枣园村、双城村管道沿线有住户分布，多数区域 H₂S 浓度 0.05%（体积分数）暴露半径 217m 内常住人员超过 10 人，部分区域 0.01%（体积分数）暴露半径 278m 内常住人员超过 50 人
	HCA-T2	11768	14845	3077	重庆市万州区甘宁镇庙沟村	甘宁镇庙沟村管道沿线有住户分布，H₂S 浓度 0.05%（体积分数）暴露半径内 217m 常住人员超过 10 人

续表

管段名称	HCAs编号	HCAs起点（m）	HCAs终点（m）	HCAs长度（m）	地名	高后果区特征描述
天高线B段	HCA-T3	15805	22700	6895	江林沟村至万州末站	重庆市万州区柱山乡草盘村，甘宁镇石庙村、兴国村，高峰镇红安村、相思村，多数区域H_2S浓度0.05%（体积分数）暴露半径217m内常住人员超过10人，部分区域H_2S浓度0.01%（体积分数）暴露半径278m内常住人员超过50人，此段3次穿越省道
云安012-X7井—云安012-1井管段	HCA-Y1	320	1752	1432	重庆市万州区分水镇红椿村	沿线有住户分布，H_2S浓度0.05%（体积分数）暴露半径内57m常住人员超过10人
	HCA-Y2	3207	3580	373	大猫坪中心站外	大猫坪中心站外H_2S浓度0.05%（体积分数）暴露半径内57m常住人员超过10人

表5.8 管道高后果区信息（按照常规气管道高后果区识别准则）

管段名称	HCAs编号	HCAs起点（m）	HCAs终点（m）	HCAs长度（m）	地名	高后果区特征描述
天高线B段	HCA-T1	0	880	880	大猫坪中心站出站处	三级地区：双红村居民超过100户
	HCA-T2	18535	20580	2045	重庆市万州区甘宁镇兴国村、桐坪村	管道周边200m范围内有特定场所：桐坪村敬老院与桐坪村便民服务中心。穿S103旁有果园作农家乐经营
	HCA-T3	22470	22700	330	万州末站进站处	管道周边200m范围内有特定场所：万州区驾驶考试中心
云安012-X7井—云安012-1井管段	—	—	—	—	—	—

合并两种识别方法的识别结果，共有5段合计17.055km高后果区。

5.1.2.2 案例2：同沟敷设的高含硫气和净化气管道

（1）管道基本概况。

4条同沟敷设管道的基本数据见表5.9。

表 5.9　4 条同沟敷设天然气管道基本情况

序号	管段名称	管输介质	管径（mm）	长度（km）	管材	外防腐材料	阴保方式	含硫量（g）	管道压力（MPa）
1	峰 21 井—高峰站管段	原料气	168.3	1.77	L245 无缝钢管	3 层 PE	强制电流	72	8.3
2	高峰站—峰 21 井管段	净化气	76	1.77	L245 无缝钢管	其他	无	0	4
3	峰 003-X3—凉风站管段	原料气	219	2.48	L245 无缝钢管	3 层 PE	强制电流	120	8.5
4	凉风站—峰 003-X3 井管段	净化气	76	2	L245 无缝钢管	3 层 PE	无	0	4

同沟敷设的峰 21 井—高峰镇与高峰站—峰 21 井管道走向如图 5.4 所示。

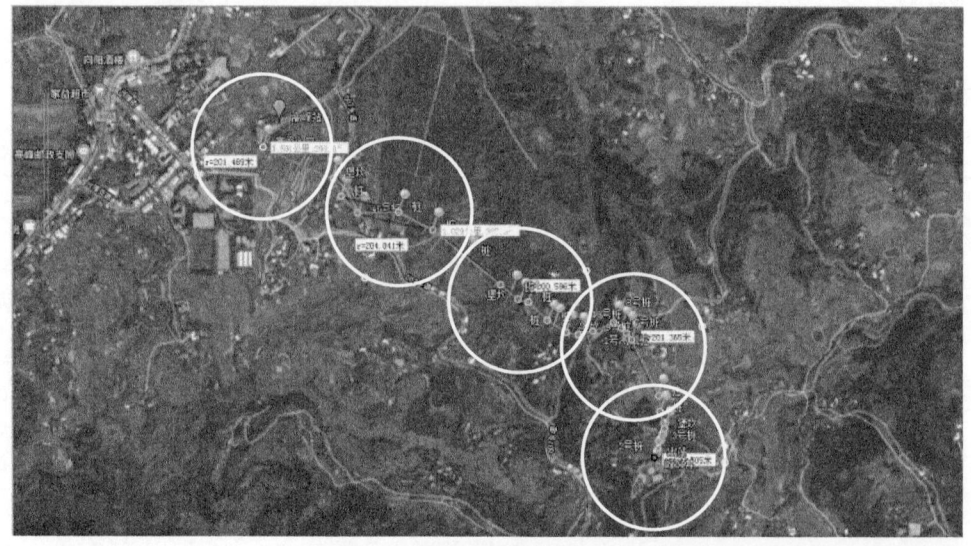

图 5.4　峰 21 井—高峰镇与高峰站—峰 21 井管道走向图

同沟敷设的峰 003-X3 井—凉风站与凉风站—峰 003-X3 井管道走向如图 5.5 所示。

（2）暴露半径计算。

取管道运行温度 $t=15.6℃$，泄漏时间 300s，得到 4 条管道硫化氢在空气中浓度达到 0.01%（体积分数）及 0.05%（体积分数）时暴露半径 X_m，见表 5.10。

（3）识别结果。

① 同沟敷设的峰 21 井—高峰站与高峰站—峰 21 井管道。

按照常规气管道高后果区识别准则第 5 条（含硫气与常规气管道同沟），需根据峰 21 井—高峰站管道硫化氢中毒暴露半径和高峰站—峰 21 井管道潜在影响半径二者中较大者进行识别。经现场调查，前者在硫化氢在空气中浓度达到 0.01%（体积分数）（144mg/m³）

时暴露半径 81m 范围内无 50 人及以上人员居住的区域，在硫化氢在空气中浓度达到 0.05%（体积分数）（720mg/m³）时暴露半径 37m 范围内无 10 人及以上人员居住的区域、高速公路、国道、省道、铁路以及航道等，按高含硫管道高后果区识别准则判断该管道无高后果区。而后者按照常规高后果区识别准则来判断，识别出 1 处高后果区长度为 470m，其具体情况见表 5.11。

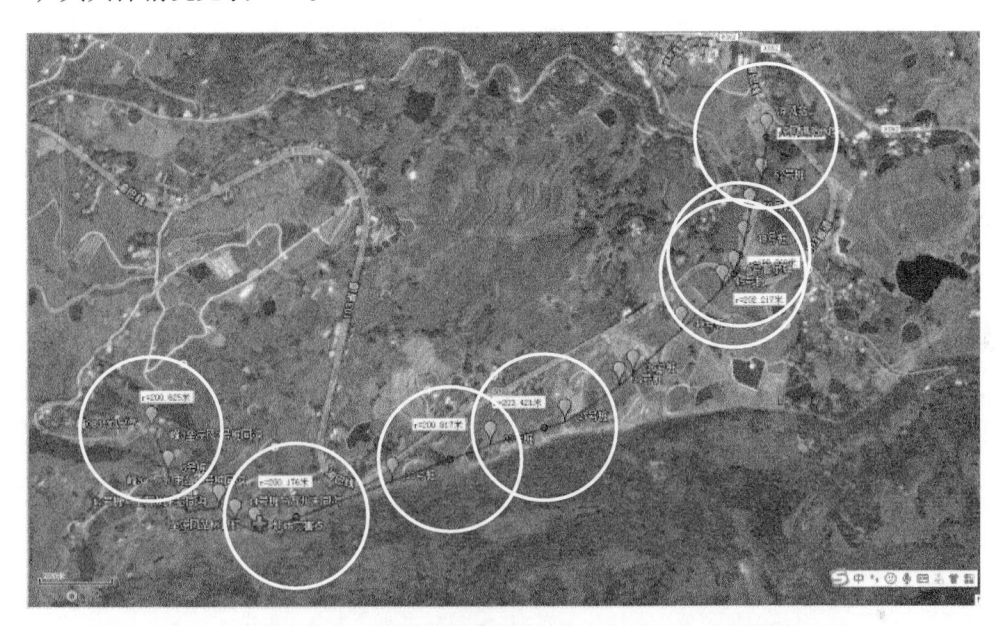

图 5.5 峰 003-X3 井—凉风站与凉风站—峰 003-X3 井管道走向图

表 5.10 4 条同沟敷设天然气管道暴露半径 X_m

序号	管段名称	H₂S 浓度 0.01%（体积分数）暴露半径 X_m（m）	H₂S 浓度 0.05%（体积分数）暴露半径 X_m（m）	备注
1	峰 21 井—高峰站管段	81	37	两管线同沟敷设
2	高峰站—峰 21 井管段	0	0	
3	峰 003-X3—凉风站管段	171	78	两管线同沟敷设
4	凉风站—峰 003-X3 井管段	0	0	

表 5.11 峰 21 井—高峰站与高峰站—峰 21 井管道高后果区信息

HCAs 编号	HCAs 起点（m）	HCAs 终点（m）	HCAs 长度（m）	地名	高后果区特征描述
HCA-FG1	1300	1770	470	重庆市万州区凉风镇黑马村	管道 200m 范围内有特定场所：纯阳中学
	0	470	470	重庆市万州区凉风镇黑马村	管道 200m 范围内有特定场所：纯阳中学

② 同沟敷设的峰003-X3井—凉风站与凉风站—峰003-X3井管道。

按照常规气管道高后果区识别准则第5条（含硫气与常规气管道同沟），需根据峰003-X3井—凉风站管道硫化氢中毒暴露半径和凉风站—峰003-X3井管道潜在影响半径二者中较大者进行识别。后者按照常规高后果区识别准则来判断，由于管道经过区域为一级和二级地区，其管道两侧200m范围内，无特定场所，因此判断其无高后果区。前者按照高含硫管道高后果区识别准则，识别出2处高后果区长度共计620m。该高后果区具体情况见表5.12。

表5.12 峰003-X3井—凉风站与凉风站—峰003-X3井管道高后果区信息

HCAs编号	HCAs起点（m）	HCAs终点（m）	HCAs长度（m）	地名	高后果区特征描述
HCA-FL1	650	1000	350	重庆市万州区凉风镇黑马村	凉风镇黑马村管道沿线有住户分布，H_2S浓度0.05%（体积分数）暴露半径内78m常住人员超过10人且有省道S103
	1830	1480	350	重庆市万州区凉风镇黑马村	同沟敷设峰003-X3井—凉风站管道有高后果区
HCA-FL2	1920	2190	270	重庆市万州区凉风镇黑马村	凉风镇黑马村，H_2S浓度0.05%（体积分数）暴露半径内78m内有省道S103
	560	290	270	重庆市万州区凉风镇黑马村	同沟敷设峰003-X3井—凉风站管道有高后果区

综上，4条同沟敷设管道识别出高后果区3段共计1090m，其中峰21井—高峰站管道与高峰站—峰21井管道有1段高后果区长度为470m；峰003-X3—凉风站与凉风站～峰003-X3井管道共有2段高后果区长度为620m。

5.1.2.3 案例3：气田水管道

重庆气矿万州作业区12条气田水管道的基本数据见表5.13。

表5.13 重庆气矿万州作业区12条气田水管道基本情况

序号	管段名称	输送介质	管道规格（mm）	管道长度（km）	设计压力（MPa）	管道材质
1	峰7井—峰浅1井管段	气田水	$D80$	1.51	3.50	玻璃钢管
2	峰18井—峰2井管段	气田水	$D80$	8.65	5.50	玻璃钢管
3	峰15井—峰2井管段	含硫气田水	$D80$	11.9	5.50	玻璃钢管
4	寨沟3井—寨沟4井管段	气田水	$D80$	5.82	10.0	玻璃钢管
5	寨沟4井—寨沟2井管段	气田水	$D80$	3.68	10.0	玻璃钢管

续表

序号	管段名称	输送介质	管道规格（mm）	管道长度（km）	设计压力（MPa）	管道材质
6	峰3井—T接（峰18井至峰2井）管段	气田水	D80	0.05	5.50	玻璃钢管
7	峰13井—T接（峰18井至峰2井）管段	气田水	D80	0.03	5.50	玻璃钢管
8	峰12井—T接（峰15井至峰2井）管段	气田水	D80	0.13	5.50	玻璃钢管
9	峰6井—T接（峰15井至峰2井）管段	气田水	D80	0.76	5.50	玻璃钢管
10	峰21井—T接（峰15井至峰2井）管段	气田水	D80	0.015	5.50	玻璃钢管
11	凉风站—峰2井管段	含硫气田水	D50	3.567	5.50	玻璃钢管
12	峰8井—T接（凉风站至峰2井）管段	气田水	D50	0.015	5.50	玻璃钢管

对上述气田水管道35.14km进行高后果区识别，发现3段管线为高后果区共计1.544km，具体信息见表5.14。

表5.14 重庆气矿万州作业区12条气田水管道高后果区信息

管段名称	HCAs编号	HCAs起点（m）	HCAs终点（m）	HCAs长度（m）	地名	高后果区特征描述
峰18井—峰2井管段	HCA-S1	1650	2150	500	重庆市万州区	蹬子河水库
峰18井—峰2井管段	HCA-S2	4380	5000	620	重庆市万州区	穿长江支流
凉风站—峰2井管段	HCA-S3	3143	3567	424	重庆市万州区	50m范围内省道103

其中峰18井—峰2井管道走向如图5.6所示，经实地踏勘，管道经过区域为一级和二级地区，管道两侧200m范围有水源、河流、大中型水库，识别出2段高后果区共计1.120km。凉风站—峰2井接管道走向如图5.7所示，管道经过区域为一级和二级地区，管道进凉风站附近管段50m范围内有省道，识别出1段高后果区0.424km。

5.1.3 HCAs管理措施

针对识别出的管道高后果区，重庆气矿主要采取以下措施来管控风险：

（1）加密高后果区段的巡线周期，实行一日两巡制度，巡线采用GPS等手段，靠近管道中心线进行巡检，以保证巡线质量；难以实施人工巡线和长距离管道可采用无人机巡线。此外，还聘请管道周边信息员随时汇报情况。

（2）在管道高后果区设置视频监控、安全预警系统、泄漏监测系统等技防设施，完善高后果区风险管控体系。

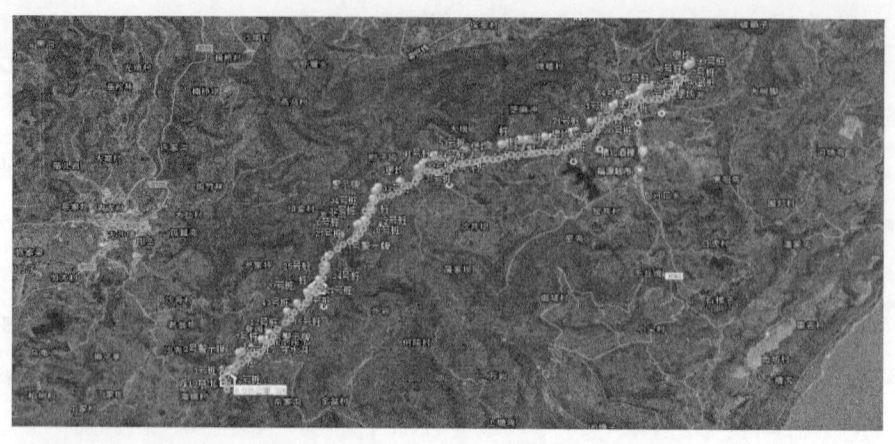

图 5.6　峰 18 井—峰 2 井管道走向图

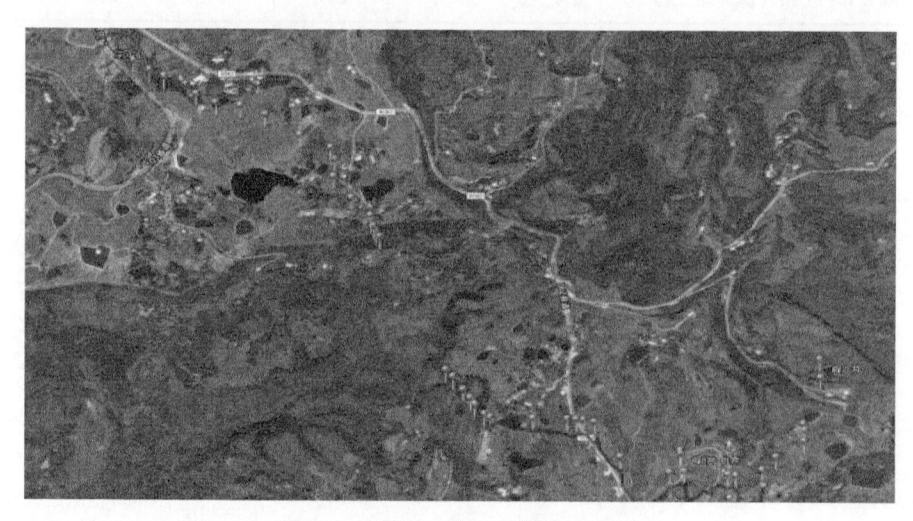

图 5.7　凉风站—峰 2 井管道走向图

（3）充分利用"酸性气田完整性管理平台"，将高后果区识别算法植入，由作业区巡线人员将巡线过程中记录的管道周边人居情况录入，或利用无人机巡检的影像资料进行建构筑物识别，由系统自动进行高后果区管道的识别划分；对识别结果有异议的地方，采取人工复核的方式进行校正。

（4）对已确定的高后果区，每年复核一次，最长不超过 18 个月。

（5）当管道出现以下情况时，应及时进行高后果区识别更新：

① 管道最大允许操作压力改变；

② 输送介质改变；

③ 高后果区影响区域土地用途改变或现有建筑物使用用途改变；

④ 管道改线、改造；

⑤ 地区等级改变；

⑥ 纠正了错误的管道数据，且该数据对高后果区识别结果产生影响。

（6）每年对管道高后果区的变化情况进行统计和对比，并分析变化原因，根据情况提出建议措施。

（7）对高后果区管道开展定量风险评价或地质灾害、第三方破坏等专项风险评价。

5.2　地质灾害评价与防治技术

重庆气矿隶属于中国石油天然气股份有限公司西南油气田公司，位于四川盆地东部地区，是集天然气开采、集输和销售等生产经营活动为一体的专业化天然气生产单位。下辖8个天然气采输气作业区、3个天然气运销部。管辖的川东气田地跨川渝两省市24个县（区、市），勘探开发面积 $2.87 \times 10^4 km^2$。重庆气矿整体降水较为丰沛，且高山峡谷不乏短时强降雨及连绵阴雨异常天气，易发浅表层崩塌、滑坡、泥石流等表生地质灾害；尤其是近年来矿区资源开发、道路基础设施建设等工程活动日益增多，进一步加剧了重庆气矿地质灾害的发育形势。

5.2.1　矿区地质灾害特征

为全面做好输气管道地质灾害风险防控工作，重庆气矿组织开展了特殊地段输气管道地质灾害调查工作，共调查云万线等61条管线（段），共计819km，发现沿线发育地质灾害及水毁（隐患）点167处。

5.2.1.1　地质灾害类型

根据野外调查，管道沿线发育地质灾害及水毁（隐患）点167处，不同类型地质灾害（隐患）点数量及其所占比例如表5.15和图5.8所示。

表5.15　重庆气矿特殊地段输气管道沿线地质灾害及水毁（隐患）点类型统计表

类型	滑坡	崩塌	不稳定斜坡	地面塌陷	水毁	合计
数量（处）	15	32	48	5	67	167
比例（%）	9.0	19.2	28.7	3.0	40.1	100

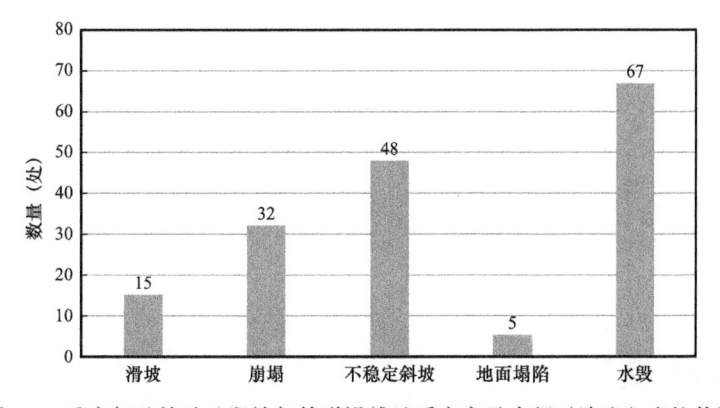

图5.8　重庆气矿特殊地段输气管道沿线地质灾害及水毁（隐患）点柱状图

可以看出，沿线地质灾害以水毁最多，共有 67 处，占到了 34 灾害总数的 40.1%；其次为不稳定斜坡和崩塌，沿线共发育不稳定斜坡 48 处，占灾害总数的 28.7%，沿线共发育崩塌 32 处，占灾害点总数的 19.2%；再次为滑坡，沿线共发育 15 处，占灾害点总数的 9.0%；零星分布有 5 处地面塌陷，占地质灾害总数的 3.0%。

同时，经过统计，管道沿线发育小型地质灾害 162 处，占总数的 97.6%，中型地质灾害 5 处，占总数的 2.4%，以小型地质灾害为主（表 5.16）。

表 5.16　重庆气矿特殊地段输气管道沿线地质灾害按规模统计表

规模	数量（个）	占比（%）
中型	5	3.0
小型	162	97.0

5.2.1.2　地质灾害分布特征

5.2.1.2.1　地质灾害按作业区管辖段分布特征

据统计，管道沿线江北运销部作业区发育地质灾害隐患点 51 处，占总数的 30.5%；万州作业区发育地质灾害隐患点 31 处，占总数的 18.6%；垫江运销部作业区发育地质灾害隐患点 26 处，占总数的 15.6%；大竹作业区发育地质灾害隐患点 40 处，占总数的 24.0%；开江作业区发育地质灾害隐患点 2 处，占总数的 1.2%；梁平作业区发育地质灾害隐患点 6 处，占总数的 3.6%；忠县作业区发育地质灾害隐患点 11 处，占总数的 6.6%（表 5.17，图 5.9）。各作业区线路地质灾害隐患点按线路排列及发育密度，其中万州作业区、忠县作业区地质灾害发育最强烈，平均分布密度 0.39~0.58 处/km；大竹作业区、江北运销部地质灾害发育较强烈，平均分布密度 0.15~0.26 处/km；而垫江运销部作业区、梁平作业区和开江作业区地质灾害发育相对较弱，平均分布密度 0.12~0.14 处/km。

表 5.17　重庆气矿特殊地段输气管道沿线地质灾害按作业区分布一览表

作业区	灾害点数量（处）	占比（%）
江北运销部作业区	51	30.5
万州作业区	31	18.6
垫江运销部作业区	26	15.6
大竹作业区	40	24.0
开江作业区	2	1.2
梁平作业区	6	3.6
忠县作业区	11	6.6

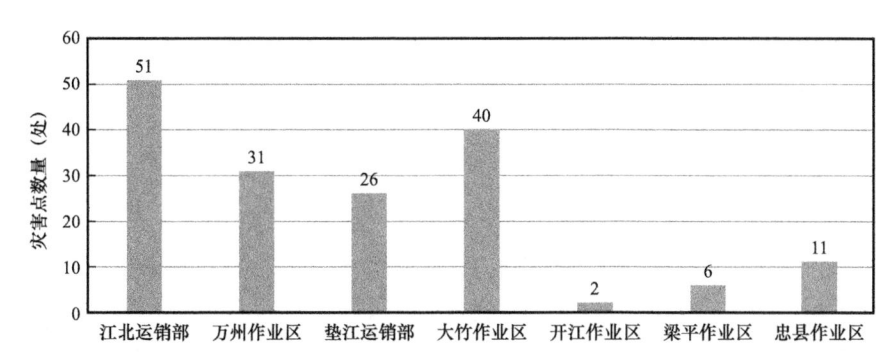

图 5.9　重庆气矿特殊地段输气管道沿线地质灾害及水毁（隐患）点地域分布柱状图

5.2.1.2.2　地质灾害按地质环境条件分布特征

根据地质灾害易发分段图，重庆气矿特殊地段地质灾害风险项目地质灾害点的分布差异明显：

（1）地质灾害点在地形地貌的分布特征。

管道沿线属中山、低山斜坡与沟谷地貌，经过调查分析，管道经过山体斜坡时，对原有山体进行切割、开槽，破坏原有山体的应力平衡，易诱发滑坡、不稳定斜坡、崩塌、地貌塌陷、水毁，经过统计，地质灾害及水毁（隐患）点发育在斜坡地貌的有 125 处，占总数的 74.8%。而经过沟谷地段，由于地面相对平缓，起伏较小，地质灾害相对发育较少，易诱发不稳定斜坡、地面塌陷及沟道水毁等，沿线发育在沟谷地貌的隐患点有 42 处，占总数的 25.2%，具体统计见表 5.18 和图 5.10。

表 5.18　重庆气矿特殊地段各地貌特征段地质灾害分布统计表　　单位：处

类型	滑坡	崩塌	不稳定斜坡	地面塌陷	水毁	合计
斜坡地貌	15	32	34	2	42	125
沟谷地貌	0	0	14	3	25	42

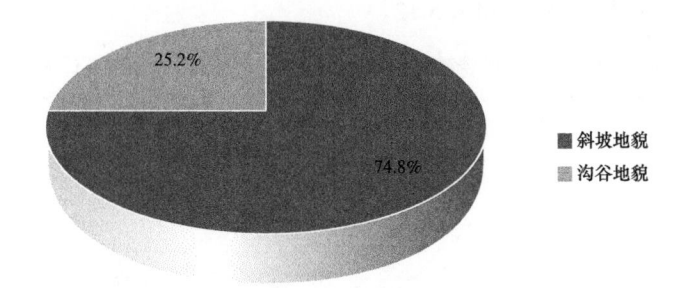

图 5.10　重庆气矿特殊地段地质灾害点在地形地貌的分布饼状图

（2）地质灾害点在岩性的分布特征。

管道沿线发育地质灾害及水毁（隐患）点 167 处，其中滑坡 15 处、崩塌 32 处、地面塌陷 4 处、水毁 67 处、不稳定斜坡 48 处。经过调查分析，滑坡、崩塌、不稳定斜坡、地面塌陷的形成与前第四系岩性关系密切；而水毁发育于松散土体中，主要由于管沟开挖后植被遭破坏、管沟回填土密实度不够、后期地表降水冲刷形成。

管道沿线地质灾害发育的前第四系岩性主要有石灰岩、砂岩、泥岩和砂岩夹泥岩等，石灰岩属硬质岩类，砂岩、砂岩夹泥岩属较硬岩类，泥岩属软质岩石。经过统计，沿线167处地质灾害隐患点发育在岩质类的有38处，占总数的22.8%；发育在土质类的有129处，占总数的77.2%。详见表5.19和图5.11。

表5.19 重庆气矿特殊地段地质灾害在工程地质岩组的分布统计表　　　　单位：处

类型	滑坡	崩塌	不稳定斜坡	地面塌陷	水毁	合计
岩质类	0	32	5	1	0	38
土质类	15	0	43	4	67	129

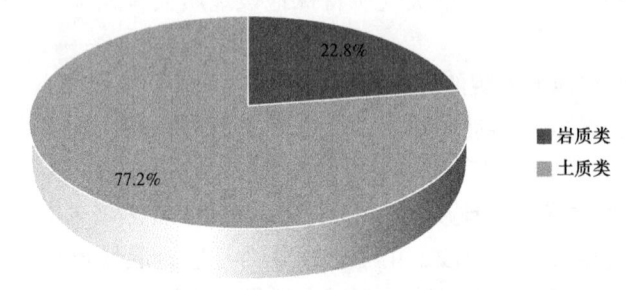

图5.11 重庆气矿特殊地段地质灾害在工程地质岩组的分布饼状图

经过统计分析，岩质类发育的地质灾害较少，以崩塌和地面塌陷为主；土质类以人工填土、碎石土、粉质黏土为主，土体松散，在人类工程活动切坡、强降雨等因素影响下，就可能诱发斜坡失稳易形成滑坡、不稳定斜坡及水毁等。因此，地层岩性与地质灾害形成的关系密切。

（3）地质灾害点在斜坡结构的分布特征。

根据调查统计，管道沿线地质灾害发育在顺向坡的有36处，斜向坡的有37处，39逆向坡的有22处，详见表5.20和图5.12。

表5.20 重庆气矿特殊地段地质灾害在斜坡结构的分布统计表　　　　单位：处

斜坡类型	滑坡	崩塌	不稳定斜坡	合计
顺向坡	4	6	26	36
斜向坡	7	16	14	37
逆向坡	4	10	8	22

5.2.1.2.3 地质灾害年内时间分布特征

在野外调查的地质灾害及水毁（隐患）点中，均与水的作用密切相关，而根据沿线气象资料，一年当中雨季一般集中在5月到9月。因此，通常情况下在这个阶段内地质灾害的爆发频率是一年当中最高的。这一点也可以从对地质灾害点发生时间按照月份统计的结果中得到证实：沿线近年来地质灾害多发生在 6 月、7 月、8 月和 9 月，这说明沿线地质灾害的发生与雨季中大量的降雨有直接的关系，在暴雨过后，通常是地质灾害大量爆发的时候。管道沿线地质灾害发生的月份统计见表 5.21 和图 5.13。

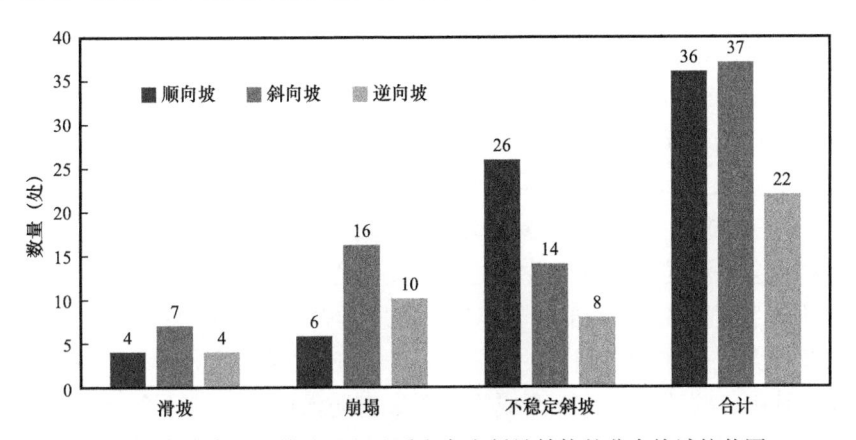

图 5.12　重庆气矿特殊地段地质灾害在斜坡结构的分布统计柱状图

表 5.21　重庆气矿特殊地段地质灾害年内分布统计表

月份	1月	2月	3月	4月	5月	6月	7月	8月	9月	11月	12月
灾害点数量（处）	1	2	2	10	13	34	38	36	22	8	1
占比（％）	0.60	1.20	1.20	5.99	7.78	20.36	22.75	21.56	13.17	4.79	0.60

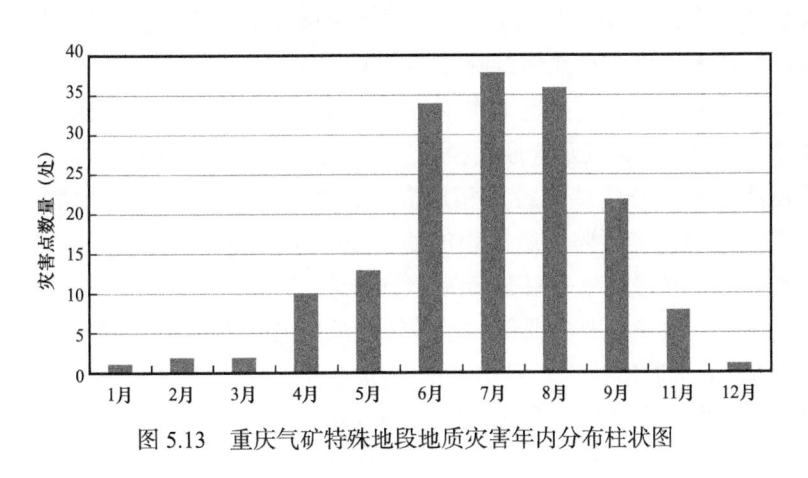

图 5.13　重庆气矿特殊地段地质灾害年内分布柱状图

5.2.1.2.4　灾害点的分布与人类工程活动密切相关

建设开发、道路开挖和人工堆填等附属设施的修建，在斜坡形成临空面造成原有应力平衡破坏形成滑坡、不稳定斜坡，根据调查沿线由管沟开挖形成的滑坡、不稳定斜坡、崩塌共 30 处。管沟回填的土石松散导致水土流失形成水毁，沿线发育的 67 处水毁均与管道建设有关；沿线部分区域公（铁）路修建、开发建设、矿业活动等人类活动强度相对较大，对原有地质环境条件进行改造，形成滑坡、不稳定斜坡等地质灾害。

5.2.2 地质灾害监测技术

油气管道地质灾害监测预警，是指借助于专业仪器设备和专业技术，对管道地质灾害的时空演变、诱发因素及管道受力变形等信息进行的智能化、数字化和自动化采集、传输、接收、存储、处理、分析及预警预报。

人类历史上很早就对地质灾害有过记载，但是直到19世纪中叶，由于滑坡崩塌和泥石流等地质灾害已经直接影响到人类生产活动，才开始对地质灾害展开系统的研究。早期主要是对滑坡现象进行观测，如美国曾坚持观测两处滑坡长达22年和23年之久。20世纪20—50年代，随着土力学与工程地质学的发展，滑坡等问题引起了越来越多的学者重视。随着社会经济的不断发展，大量由人类工程活动诱发的地质灾害均须进行治理，因此对于地质灾害的研究就不再局限于工程地质学范围，已扩展至国土、矿山、水利、城镇建设以及铁路、公路、电网、油气管道等线性工程及各个行业，形成了多学科交叉的发展趋势，其中，监测技术正逐渐成为地质灾害防治研究中的一个新的热点研究课题。通过监测不仅可以了解和掌握地质灾害演变过程，及时获取变形信息，为地质灾害正确分析、预警及防治工程设计等提供可靠的数据与科学的依据，同时监测也是检验与反馈地质灾害防治效果的最佳方法。

5.2.2.1 地质灾害监测技术现状

地质灾害监测技术方面，美国和日本等发达国家已经做了很多研究，特别是单体滑坡已经达到真正实时监测的阶段，监测内容包括地面位移、地裂缝、地下位移、地下水位和水温以及地声等。采用的监测技术手段包括常规人工监测、自动监测以及GPS和卫星通信等结合的技术手段，在地面沉降监测方面，美国、荷兰和日本等发达国家做了许多相关的研究。监测的内容包括地下水水位、基岩标和分层标等，监测手段包括常规的分层标监测系统、GPS测量以及合成孔径雷达干涉测量（InSAR）等。

欧美等发达国家，通信基础设施相对完善，大部分地质灾害监测都采用了通信技术手段，实现了自动化实时监测。采用的通信技术主要包括电话网、GPRS、CDMA和GSM，甚至有些地质灾害监测采用Internet传输视频信息，在某些常规通信不能覆盖的地方或者紧急情况下，则采用卫星通信技术传输地质灾害监测数据，如Inmarsat移动卫星通信技术、VAST卫星通信技术。日本的Kizuna卫星，一个很重要的应用就是地质灾害监测以及地质灾害发生后的紧急救援。欧美等发达国家目前利用太阳能和无线电通信技术实现并较为广泛地应用了全自动监测系统。如美国利用太阳能无线电监测系统对加州50号公路进行自动化实时监测。

国内地质灾害监测技术研究与应用起步较晚，但发展速度较快，特别是在铁路和高速公路地质灾害监测方面应用十分广泛。按照监测对象可分为4大类：位移监测、物理场监测、地下水监测和外部诱发因素监测。这4大类监测又可分为若干小类，每类监测采取的方法手段不同，使用的仪器不同（表5.22）。

表 5.22 地质灾害监测预警方法及仪器

监测内容	主要监测方法		主要监测仪器
地表变形监测（外观法）	大地测量法		经纬仪、水准仪、测距仪
			全站仪、电子经纬仪、光电测距仪
	近景摄影测量法		陆摄经纬仪等
	GPS 法		GPS 接收机
	INSAR 干涉雷达测量法		雷达天线
	表面倾斜监测法		一体化岩土体倾斜仪、表面倾角仪
	地表裂缝观测法		卷尺、游标卡尺、伸缩自记仪、测缝计、位移计等
环境因素	地下水位、江河水位观测法		水位自动记录仪、水位标尺
	渗压观测法		一体化孔隙水压力计、渗压计
	渗流观测法		量水堰
	气象感测法		全自动雨量计、雨量报警器、温度计
	测地应力法		水压致裂法、Kaiser 效应
	震动监测法		地震监测仪
	地音监测法		声发射仪、地音监测仪
内部变形监测（内观法）	深部倾斜监测法		一体化深部位移监测仪、滑动式钻孔测斜仪、固定式钻孔倾斜仪
	内部相对位移监测法		钻孔多点位移计
	沉降观测法		沉降仪、收效仪、静力水准仪、水管倾斜仪等
	支护结构监测	支挡结构与坡体接触压力监测法	土压力计
		锚索锚固力监测法	锚索测力计
		钢筋应力、应变监测法	钢筋应力计、应变计
		锚杆应力、应变监测法	锚杆应力计、应变计
		支护结构变形监测法	大地测量法、深部位移监测法
其他监测	泥位（物位）监测法		一体化泥位计
	视频监测法		一体化视频监测站
巡视监测	宏观地质调查法、简易人工观测及施工进度记录		

5.2.2.1.1 位移监测法

（1）地表位移监测法。

地表位移监测法是最基本的常规监测方法，应用大地测量法来测得崩滑体测点在不同时刻的三维坐标，从而得出测点的位移量、位移方向与位移速率。主要使用经纬仪、水准仪、红外测距仪、激光仪、全站仪和高精度 GPS 等。

① 数字近景摄影测量法。该法起源于摄影测量技术，原理是通过对不同画面同一地点的位置进行比较以确定其位移值。其优点是：画面上所有点的位移变化都可以监测到；不受地形限制，数据存储、交换、携带、处理方便；观测点设置简单、无须全天值守，可自动监测；无须固定检测站，精度、安全性、可行性高。缺点是受天气影响较大。

② 全球定位系统监测法。全球定位系统由卫星、地面监控系统和信号接收机 3 部分组成。优点是可以进行全方位实时定位，具有全天候、高精度、自动化、高效益。缺点是需要连续观测值作为参数，监测成本高。目前在工程中主要用来监测地表变形。

③ 地理信息系统监测法。系统由计算机、处理软件、地理数据库和用户终端部分组成。系统可以将各类实体的空间数据统一到一个地理坐标系之中，从而将这些属性数据和空间数据结合起来。其优势在于把各类实体的空间数据都投影到同一地理坐标系下，把属性数据和空间数据联系起来，这种信息处理方式更加接近监测体的自然状态，其强大的信息处理分析能力使得在处理复杂因素上效果良好，目前多利用于研究区域性的滑坡形成与该区域各种地质影响因素之间的关系与预测。系统地震对滑坡体影响中有着广泛应用并取得了令人瞩目的成果。

④ 遥感遥测法。遥感是利用传感器，对待测边坡进行空间分析提取特征信息，并进行处理的技术。遥感技术的特点是虽然其分辨率略有提高，但要求天气晴好无云。由于地质灾害的发生，一般都在恶劣的气候条件下，因此，目前遥感技术还有待进一步提高。

⑤ 3S 技术的综合运用。3S 技术在地质灾害的监测与防治中的优秀表现和大量工程实例的成功应用，使得在今后一段时期内综合应用这种技术来监测边坡稳定越来越成熟。边坡监测中如何实现利用遥感影像进行特征分析、辨别滑坡形成的影响条件，利用进行空间分析并且接受监测到的数据实现滑位移的跟踪和持续性预报还是一个待深入研究的重点技术。

⑥ 利用多期遥感数据或 DEM 数据也可对滑坡、泥石流等灾害体进行监测。

⑦ 利用合成孔径雷达干涉测量技术（InSAR）进行大面积的滑坡监测。2006 年以来，中国地质调查局与加拿大地质调查局合作，在四川盆地西部的甲居寨滑坡进行了 InSAR 和 GPS 的联合监测，GPS 提供连续的水平位移监测，InSAR 提供每月一次的垂直位移监测，取得了良好的监测效果，通过实践还证明 InSAR 技术在川西高陡山区判定新滑坡时具备良好的功效。尤其是近年来，时序 InSAR 技术克服了传统 InSAR 技术受时间失相关、空间失相关和大气延迟的影响，明显提高了 InSAR 结果的实用性，精度可达到毫米级。

国网电力科学研究院采用 InSAR 技术进行了地面沉降和滑坡监测。通过湖北盘龙一线 200# 滑坡监测、太原采空区监测、陕西 750kV 彬乾线采空区监测 3 个工作案例，对

InSAR 技术在输电线路地质灾害监测中的应用进行了详细分析和总结，指出利用小基线集方法（SBAS）突破了 InSAR 观测周期以及空间和时间基线的限制，可将 DInSAR 单次离散的观测连接起来，获取形变信息及沉降序列图，发现矿区沉降漏斗。

根据兰州大学马金辉教授利用哨兵 1 号［Sentinel-1，欧洲航天局哥白尼计划（GMES）中的地球观测卫星］卫星数据，对红古区海石湾矿区地表变形监测与潜在滑坡识别监测分析，并成功预警滑坡灾害的发生（图 5.14）。

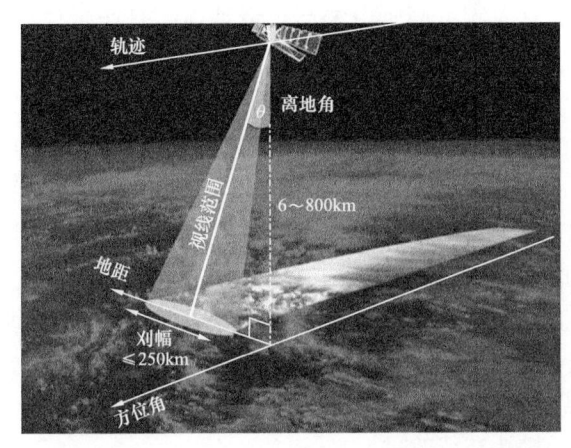

图 5.14　InSAR 地形测量获取地面目标的形变信息

与传统观测手段相比，卫星观测对于大范围配置、远距离输电的电网等线状工程具有显著的优势，合成孔径雷达干涉测量技术（InSAR）可以实现对地表形变毫米级的几何测量，一次成像范围达数百平方千米，且不受云雨天气的影响，可全天时、全天候进行持续监测。

⑧视频监测法。视频监测法是近期发展的一种滑坡监测技术。

可以通过定点照相或录像，监测滑坡、崩塌、泥石流的整体或局部变化情况，其原理是通过数字图像处理方法识别标志点，从而实现视频数据中灾害体的自动识别，并判断规模大小。

⑨对于地质体的位移，还有接触类监测技术。

李朝安等（2011）提出极点式泥位监测技术。通过测量竖向测量极点间电阻率的变化来监测过水断面中沟槽泥位，以此判断泥石流爆发及规模等。另外还有金属感知线方法。在泥石流冲沟或者崩塌体可能运动路线上布置金属感知线，泥石流或崩塌发生后，金属线受到冲击断裂，可以据此监测泥石流或者崩塌是否发生。

（2）相对位移监测法。

地面相对位移监测法是量测崩滑体变形部位点与点之间相对位移变化的一种监测方法。主要对裂缝等重点部位的张开、闭合、下沉、抬升和错动等进行监测，是位移监测的重要内容之一。目前常用的监测仪器有振弦位移计、电阻式位移计、裂缝计、变位计、收敛计和大量程位移计等。使用 BOTDR 分布式光纤传感技术也可进行监测。近来有人使用三维激光扫描仪进行滑坡体表面监测，与 GPS、全站仪等数据相结合，能达到很好的精度。特别是在滑坡急剧变形阶段，过大的变形会破坏各种监测设施，在这种情况下采用三维激光扫描测量来快速建立滑坡监测系统，可以满足临滑预报要求。

（3）以深部位移和滑动面为主的监测方法。

该方法是先在滑坡等变形体上钻孔并穿过滑带以下至稳定段，定向下入专用测斜管，以孔底为零位移点，向上按一定间隔测量钻孔内各深度点相对于孔底的位移量。常用的监测仪器有钻孔倾斜仪、钻孔多点位移计等。近年来，国内有学者将时域反射技术（TDR）应用到滑坡监测中。在滑坡体深部放入测试同轴电缆后，滑坡体一旦产生位移，就会引起同轴电缆的变形，导致电缆阻抗特性的变化，这样就可以对滑坡体深部位移进行实时监测。

① 测斜仪技术。钻孔测斜仪是一种由测斜管、传感器和数字式测读仪三部分组成的，用来测定钻孔水平位移的原位监测仪器。其工作原理是通过测定传感器与铅垂线之间的夹角，通过计算获得钻孔在深度范围内产生的水平位移，从而确定其变形大小、方向和深度。此技术的优点是测量准确，缺点是成本高、远程监测难。

② 应变管监测技术。此法最初用以监测滑坡的地下位移和滑面位置。其原理是：埋入滑坡体中的应变管可以随着滑坡的形变而变形，从而其上的电阻片的电阻值相应变化，从而分析、计算滑坡体的相关数据。其优点是准确性可靠，缺点是监测过程需要通电，难以长期使用，且应变管的抗腐蚀性和抗干扰性有待改进。

③ 时域反射技术。时域反射技术（Time Domain Reflectometry，TDR）起源于20世纪60年代，是由电脉冲信号发生器、同轴电缆和信号接收器组成的监测系统。该技术基本原理是当同轴电缆受到剪切或拉伸作用时将引起该部分的同轴电缆特性阻抗产生变化，而在期间传播的电磁波会发生相应的反射、透射。该技术可用来测定土壤的含水量，以监测边坡稳定性。该技术的优点是检测耗时短，数据传输快，可以遥测，安全性高；缺点是不能确定滑坡移动方向和位移量，在无剪切力时敏感性差。

5.2.2.1.2 物理场监测法。

（1）应力监测法。

因为在地质体变形的过程中必定伴随着地质体内部应力的变化和调整，所以监测应力的变化是十分必要的。常用的仪器有锚杆应力计、锚索应力计、振弦式土压力计等。还有冲击力测量法，它是在泥石流冲沟或者崩塌体的位移路线上布设冲击力传感器，一旦泥石流流过或者崩塌体崩塌，其冲击力信号随即被捕捉并发回而实现报警。

（2）应变监测法。

埋设于钻孔、平酮、竖井内，监测滑坡、崩塌体内不同深度的应变情况。可采用埋入式混凝土应变计，是一种钢弦式传感器，或管式应变计。

（3）声发射监测法。

声发射监测是对声信号的监测。泥石流次声报警器就是通过捕捉泥石流源地的次声信号而实现预警的，次声信号以空气为介质传播，速度约344m/s，其信号极小衰减并可通过极小缝隙传播。据观测，其警报提前量至少10min以上，最多可达0.5h以上。此外，还有地声法、超声法等。地声法使用地声传感器监测泥石流在发生和运动过程碰撞沟床岩壁产生的声发射信号中的地声部分，目前是泥石流监测中的主流方法。超声泥石流警报器是用于悬挂于沟床上方的超声传感器来监测沟床水位（或泥位）的变化，超过一定的阈值，即可报警。

① 声波扫描成像技术。此法是通过发射超声波，然后利用换能器收集声波，对声波进行分析获得被测体的信息。可以被利用在探寻地下水位或者钻孔壁岩石岩性和物理性质方面，利用回波的幅度和时间来确定孔壁情况。此法的缺点是需要保持监测电源，主要用于非连续检测中。

② 声发射技术。利用此法可以对岩质边坡稳定性进行分析评价为边坡监测提供信息。利用两个距离较近的声发射探头或连续两次监测接受可推测声发射源的大致方位，并根据声发射强度预测成灾时间。此法在甘肃省黄茨滑坡和三峡链子崖危岩体中应用都比较成功。由于环境噪音能使仪器对声发射信号判别失真，此法对使用环境要求比较高，仪器性能易受环境影响而不稳定。

（4）放射性测量方法。

由于不同地质体中放射性元素的含量不同，可以利用监测滑坡体中含有的天然放射性元素如铀、镭、钍等的放射性进行监测。放射性测量的方法是通过测量滑坡体及周围地质体中氡的和射线的放射性活度来确定滑坡体地质状态，如滑坡体边界和厚度的变化以及滑坡体的运动方向；利用液闪法和能谱法还可确定滑坡体中地下水的流向；通过对数据和信号的分析，还可以计算出滑坡体的强化带厚度。这种方法的优点是有效、简捷和经济，可以做定性、半定量的滑坡预报，确定是易受其他因素影响，如气温的变化，取样深度的不同，含水量的变化都会使得预报发生偏差。

（5）地震勘探法。

地震勘探法是基于弹性波传播理论的物探方法，起源于19世纪中期。不同介质对于地震波的反射和折射率不同，利用检波器接收的地震波信号来分析推断地下岩层的性质和形态，预测深度可以从十几米到上千米。广泛应用于工程实践中，如对宝鸡凝箕山滑坡稳定性预测中利用次人工浅层地震进行地震勘探，为滑坡的治理提供了有参考价值的地质背景性资料，又如对于秦裕滑坡勘探，利用瞬态瑞利波法基本查明滑坡的剖面结构，为国道线路的选址及滑坡的防治提供地质背景性资料。

（6）探地雷达法。

此法是利用电磁波传播理论的方法进行勘探，与地震勘探法相似，向地下发射不同频率的电磁波脉冲，接收反射波，利用不同介质不同的反射和折射率确定滑动面情况。工程实例中如杨云芳等对某港口堆场竣工后不久发生的滑坡利用探地雷达法进行勘探，从而推断出滑坡区域和滑坡深度，帮助滑坡的有效整治。

5.2.2.1.3 基于光纤传感的技术

随着光学技术的全面化，基于光纤传感的监测技术也被应用于滑坡监测之中。根据监测体的范围的广度可以将光纤传感技术分为点式、准分布式、分布式。根据传感原件可以分为光纤光栅和纯光纤。在实际应用中多为光纤光栅采用点式或者准分布式。缺点是对于环境要求高，易受环境影响，光纤存活率较低，难以实现分布式。

5.2.2.1.4 水文监测法

（1）地下水监测法。

地下水是对滑坡的稳定状态起直接作用的最主要因素，所以对地下水位、孔隙水压力和土体含水量等进行监测十分重要。常用的监测仪器有水位计、渗压计、孔隙水压力计、TDR 土壤水分仪等。

（2）地表水监测法。

地表水体对于泥石流爆发来说是主要形成因素。针对大气降水，主要监测其降雨量、降雨强度和降雨历时，监测内容包括流域点雨量监测（自计雨量计观测）、气象雨量监测和雷达雨量监测。现阶段一般采用遥测自动雨量计进行监测，技术已较成熟。对冰雪融水主要监测其消融水量和历时。

5.2.2.1.5 外部触发因素监测法

（1）地震监测法。

地震一般由专业台网监测。当地质灾害位于地震高发区时，应经常及时收集附近地震台站资料，评价地震作用对区内崩滑体稳定性的影响。

（2）人类活动监测法。

人类活动如掘洞采矿、削坡取土、爆破采石、坡顶加载、斩坡建窑、灌溉等往往诱发地质灾害，应监测人类活动的范围、强度、速度等。

5.2.2.1.6 数据传输方式

在监测数据远程传输、预警方面，传统的做法需人工定时施测并采集资料。近年来自动化监测系统逐渐受到重视。目前常用的远程无线数据传输方法有：

（1）卫星通信。卫星通信能覆盖全球任何角落，但其终端设备和数据接入传输费用昂贵，对于管道地质灾害监测不能承受其高昂的成本。

（2）GSM 短信息。GSM 短信息覆盖范围仅次于卫星通信，但传输实时性差，平均为几秒至十几秒，有时一条信息会堵几个小时。由于数据是通过基站信令信道寄存器排队发送的，这个技术问题不会解决。

（3）GPRS 技术。目前该技术覆盖范围仅次于 GSM，按流量计费或包月计费，运行费不高。可以实现适时在线，实时性应该在毫秒级，但实际上"在线"是逻辑上的、虚拟的、动态的，所以目前实时性只能保证到秒级。在大范围通信、实时性要求不太高、数据流量不太大的应用将是较佳的平台。

（4）3G（WCDMA、CDMA2000、TD-CDMA）数据传输技术。

CDMA 模块基于 CDMA 平台的通信模块，它将通信芯片、存储芯片等集成在一块电路板上，使其具有发送通过 CDMA 平台收发短消息、数据传输等功能。电脑、单片机、ARM 可以通过 RS232 串口与 CDMA 模块相连，通过 AT 指令控制模块实现数据通信功能。CDMA 技术相对于 GSM 是一种更先进的移动通信技术，在传输速率上几乎是 GPRS

速度的 3~4 倍。

（5）数据传输电台。数传电台一直是实时遥控遥测类无线数据传输应用的主要通信方式之一，具有如下特点：①建网灵活方便/实时性高/费用较低：花 3000~5000 元架设一个主站电台配给上位机，申请一个专用频点，就拥有一个能覆盖到 30~50km 的，属于单位自己的，专用的无线数据传输网络。②国家专门给各地各部门各单位划分了无线数据传输的遥控遥测专用频道，这几个频率在一个地区就有几百上千个频点可选用（25kHz 间隔），频率资源非常丰富，任何单位都可以申请（填写一个表）使用，费用较低。

根据目前的技术状况，利用网络通信，研究和开发灾害远程实时遥控、遥测与数据双向传输已成为可能。这项新技术会使灾害监测的管理者、决策者与专家随时观察灾害现场监测参数变化，通过监测网络将处理意见反馈到监测站点。这将对实时观测灾害现场动态提供重要的技术支持。因此，利用现代通信技术，实现远程实时监控，将会提高监测精度，减少数据撷取费用。

在地质灾害监测体系方面，我国目前正逐步利用 GPRS/CDMA、GSM 短信、4G、Internet、卫星通信等现代通信技术对现有地质灾害监测系统进行自动化改革。

张鹏飞等（2011）基于 51 单片机开发出一套低功耗、可以在野外稳定运行的地质灾害监测系统。基于 51 单片机的数据采集系统采集不同传感器的数据，反映输气管道受地质灾害威胁情况。采集的数据通过基于手机网络的无线传输模块上传到服务器。该监测系统结合了数据无线传输技术和多种低功耗设计措施，实现了对长距离输气管道受地址灾害影响情况的监控，并且具备了无人值守情况下在野外长期稳定运行的能力。

李跃鹏和雷霖等（2013）应用 ZigBee/GSM 无线通信网，结合地理信息系统（GIS）、无线传感器网络技术 WSN 等，建立了一套监测系统。

朱永辉等（2010）基于北斗卫星通信技术研究与设计了一个地质灾害实时监测系统，解决了地质灾害监测的信息管理与系统监控的问题，实现了地质灾害监测数据在北斗卫星通信链路上有效、可靠的传输。

我国针对地质灾害监测已编制的技术规范主要有：
GB/T 51040—2014《地下水监测工程技术规范》；
DZ/T 0221—2006《崩塌、滑坡、泥石流监测规范》；
DZ/T 0227—2004《滑坡、崩塌监测测量规范》；
DZ/T 0283—2015《地面沉降调查与监测规范》；
DD2014—11《地面沉降干涉雷达数据处理技术规程》；
DZ/T 0133—1994《地下水动态监测规程》；
T/CAGHP 007—2018《崩塌监测规范》；
T/CAGHP 008—2018《地裂缝地质灾害监测规范》；
T/CAGHP 009—2018《地质灾害应力应变监测技术规程》；
T/CAGHP 013—2018《地质灾害 InSAR 监测技术指南》；
T/CAGHP 014—2018《地质灾害地表变形监测技术规程》；

T/CAGHP 018—2018《地质灾害地基三维激光扫描监测技术规程》；

T/CAGHP 019—2018《滑坡推力光纤监测技术指南》；

T/CAGHP 023—2018《突发地质灾害应急监测预警技术指南》；

T/CAGHP 029—2018《地质灾害地声监测技术指南》；

T/CAGHP 096—2018《地质灾害地下变形监测技术规程》；

SL 183—2005《地下水监测规范》；

SZDB/Z 127—2015《突发事件预警信息发布管理规范》；

Q/SYXQ 213—2018《西气东输管道地质灾害监测技术规范》；

Q/SY 1419《油气管道应变监测规范》；

Q/SY 1673《油气管道滑坡灾害监测规范》；

Q/SY 1672《油气管道沉降监测与评价技术规范》。

现有的地质灾害监测技术规范，尚缺乏国家级标准，多是行业标准、协会标准以及企业标准，而且已有的监测技术标准更多地倾向于单一灾种、单一监测技术手段、单一监测要素的监测技术规程，智能化程度不高，涵盖范围不够全面，没有形成完整的地质灾害监测预警技术体系标准。

5.2.2.2 地质灾害监测典型案例

前文调研了国内外油气管道地质灾害监测预警的技术方法或技术要求，对各种不同方法的适用条件、优缺点和难易程度等进行总结、分析、借鉴，本节以重庆气矿地面集输系统地质灾害敏感点监测与风险评价为基础，结合地质灾害类型、易发性、后果，选取三峡库区巴灯线和天高线B段作为典型地质风险点监测示范区，结合不同灾害类型的监测方法及工程实践经验，有针对性地对监测示范区开展诱发因素监测、地质灾害点监测以及管道本体监测情况进行介绍，形成可复制可推广的重庆气矿地质灾害预警技术模式。

5.2.2.2.1 巴灯线滑坡监测案例

（1）灾害点现状。

三峡库区巴灯线滑坡地质灾害位于重庆市忠县忠州镇南溪村1组，经纬度为E：108°01′11.99″,N：30°20′11″。该处管道为巴灯线，属于万州作业区，管道位于滑坡中部，管道敷设方式为横坡敷设。该点在地貌上属于丘陵地貌。斜坡整体坡向为330°，总体地形为东高西低，斜坡前缘为沟道。斜坡后缘最高程260m，前缘最低高程226m，相对高差34m，斜坡整体地形坡度15°～35°。滑坡总体地形为东高西低，坡体较陡（15°～35°）；在横向上，滑坡起伏较小；滑坡横向长210～240m，纵向长198～208m，坡面均为旱地，种植玉米。

该滑坡平面形态较规则，斜坡轴向长198～208m，平均约202m；横向宽210～240m，平均约220m，变化特征为上部相对较狭窄，下部较宽。斜坡总面积约44440m²。滑坡主要滑体为基覆界面以上的粉质黏土，厚度分布为前缘厚、后缘薄，滑坡体后部1.2～1.6m，滑坡前部厚2.2～3.4m，滑坡总体积约115544m³，属中型滑坡。表层为残坡积粉质黏土（Q_4^{el+dl}），层厚 1.5～3.5m，下伏侏罗系上统蓬莱镇组（J_3p）泥质粉砂岩，曾发生 H1，L1 和 L2 三处滑塌，综合分析该滑坡失稳的滑动面可能位于基覆界面或基岩内部，滑坡为中型土质推移式滑坡。由于降雨与山洪影响均不可避免，未来滑坡仍会蠕动，存在整体滑动的可能，该滑坡体详细发育特征及相关图片见表 5.23 和图 5.15 至图 5.17。

表 5.23　三峡库区巴灯线滑坡特征表

特征	描述
规模	滑坡平面形态较规则，斜坡轴向长 198～208m，平均约 202m；横向宽 210～240m，平均约 220m，变化特征为上部相对较狭窄，下部较宽。斜坡总面积约 44440m²。滑坡主要滑体为基覆界面以上的粉质黏土，厚度分布为前缘厚、后缘薄，滑坡体后部 1.2～1.6m，滑坡前部厚 2.2～3.4m，滑坡总体积约 115544m³，属中型滑坡
地貌形态	滑坡地貌单元属丘陵区。斜坡整体坡向为 330°，斜坡前缘为沟道。斜坡后缘最高程 260m，前缘最低高程 226m，相对高差 34m，斜坡整体地形坡度 15°～35°。 滑坡总体地形为东高西低，坡体较陡（15°～35°）；在横向上，滑坡起伏较小；滑坡横向长 210～240m，纵向长 198～208m，坡面均为旱地，种植玉米
边界特征	滑坡平面形态较规则，边界主要受地形地貌控制，划分时兼顾了坡体变形迹像。 后缘（东侧）以坡体后缘高陡的基岩山体为界。 前缘（西侧）以斜坡前缘常年流水的沟道为界。 右侧（北侧）以坡体下挫处为界，据调查，下挫高度 1～2m。 左侧（南侧）以坡体微地貌起伏处为界，分界处南侧较高北侧较低，暴雨后雨水汇流
物质结构特征	根据现场槽探，滑坡坡体的土层组成由以下地层组成： 粉质黏土（Q_4^{el+dl}）：主要为黄褐色，稍密、稍湿，呈硬塑—可塑状态，略有光泽反应，摇震反应不明显，干强度中等。 侏罗系上统蓬莱镇组（J_3p）泥质粉砂岩 青灰色、黄灰色，粉砂质结构，薄—中厚层状构造，矿物成分以长石、石英为主，次为云母等，表层风化裂隙弱发育，有砂质手感，层面光滑。岩层整体产状为 320°∠12°。 现场调查期间（2019 年 10 月）滑坡中下部地下水埋深 0.8～1.0m，土体潮湿、饱和
变形特征	据现场调查，本处滑坡 H1 滑塌处于 2011 年发生滑动，L1 和 L2 处为 2013 年出现，近两年未发生明显变化。该斜坡目前处于蠕动变形阶段。未来在降雨、地震及振动荷载作用下，变形可能继续加剧，导致斜坡失稳。根据勘查成果以及现场调查，滑坡曾发生 1 处滑塌，分布 2 处裂缝。 H1：位于滑坡后缘，滑塌体呈圈椅状，面积为 24m×12m×3m（长度×宽度×厚度），滑塌物质为粉质黏土，下挫高度约 60cm； L1：位于滑坡后缘，长约 3.4m，宽 1～3cm，可探深度 0.1～0.3cm，粉质黏土充填，拉张裂缝，呈直线形，大致走向 238°，发育于含碎石粉质黏土内，裂缝未见明显下挫； L2：位于滑坡中部，长约 4.2m，宽 1～4cm，可探深度 0.2～0.4cm，粉质黏土充填，拉张裂缝，呈折线形，大致走向 227°，发育于含碎石粉质黏土内，裂缝未见明显下挫
成因机制	该滑坡是自然稳定斜坡在漫长地质环境变化过程中的发展结果，勘查区内分布的基岩为泥质粉砂岩，基岩呈层状下伏于粉质黏土下部，基岩层理分明，整体产状大致为 320°∠12°，滑坡坡向 330°，坡度 15°～35°，岩层倾向与斜坡坡向呈小角度相交，且斜坡坡度大于层面产状，因此，该斜坡可能沿层面发生滑动。 综合分析该滑坡失稳的滑动面可能位于基覆界面或基岩内部，滑坡为中型推移式滑坡

(a) 左侧边界　　(b) 右侧边界
(c) 滑坡后缘　　(d) 前缘临空面
(e) 地层结构　　(f) 地层结构

图 5.15　三峡库区巴灯线滑坡边界、边缘及地层构造相片

（2）灾害点监测设计。

① 诱发因素监测技术选择。根据巴灯线滑坡特点，其诱发因素主要为降雨与人类工程活动。因此本次监测预警采用一体化雨量监测计对降雨量进行监测。附近人类工程活动则有巡线人员进行关注。

② 滑坡地质灾害监测。各滑坡地质灾害监测技术的选择见表 5.24。

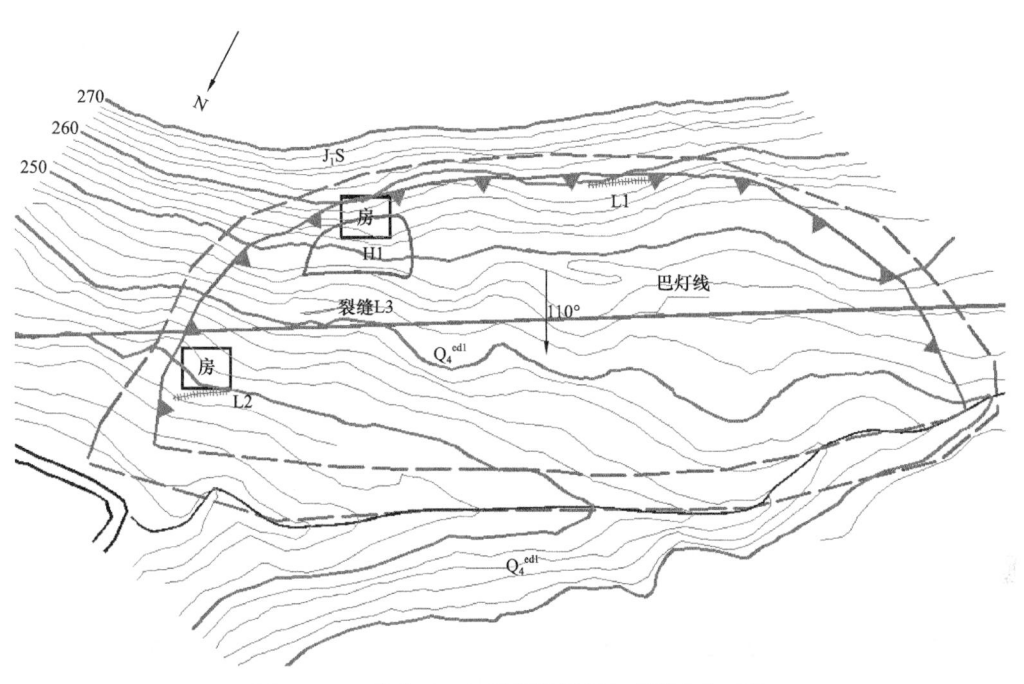

图 5.16 三峡库区巴灯线滑坡滑塌与裂隙分布区域

(a) 后缘H1滑塌处

(b) 后缘L1裂缝

(c) 中部L2裂缝

(d) 中部开裂房屋

图 5.17 三峡库区巴灯线滑坡后缘及部分中部影像资料

表 5.24 监测案例滑坡地质灾害监测技术选择

监测技术	选择分析	是否采用
地表位移监测法	管道从滑坡体中部穿过	是
深部位移监测法	管道埋深较浅，滑坡体土层厚度不大	否
土压力监测法	本次监测工作针对管道进行应变监测，管道应变变化可反映管道所在区域土压力变化	否
地下水监测法	滑坡所在斜坡地下水类型主要为松散层孔隙水与碎屑岩类裂隙孔隙水，接受地表水补给向斜坡下方排泄，地下水赋存条件差看，其水文地质意义不大	否
孔隙水压力监测法	滑坡体土层厚度不大，松散层孔隙水为地表潜水，接受大气降水补给，向斜坡下方排泄，含水性差，其水文地质意义不大	否
含水率监测法	滑坡体为含碎石粉质黏土，土壤含水率的变化对滑坡稳定性有一定影响	是
声发射监测法	此方法适用于岩质滑坡，巴灯线滑坡为土质滑坡	否

③ 管道本体监测。根据各管道本体监测技术适用性，巴灯线滑坡管道本体监测技术选用应变计监测法，仪器类型选用振弦式应变计。

④ 监测预警方案。该段管道敷设方式为横坡敷设，管道穿过滑坡体中部，长度约220m。根据工程地质测绘及槽探揭露，管道敷设区覆盖层厚1.2～3.4m，管道埋深为0.5～1.8m不等，因此，该段管道埋设于滑体内。滑坡体规模为中型，坡体失稳，管道将受推力作用而变形，甚至被直接剪断，危害较大。

根据现场踏勘及收集相关历史资料，确定该滑坡近两年未发现明显变形迹象，该滑坡目前处于蠕动变形阶段。未来在降雨、地震及振动荷载作用下，变形可能继续加剧，导致斜坡失稳，可能再次活动威胁管道安全。

针对该滑坡进行专业监测预警可以实时掌握滑坡动态，分析滑坡稳定性，超前做出预测预报，防治灾难发生。另外，专业监测数据可为后期滑坡治理工程提供可靠地资料和科学依据，为管道运营单位对该滑坡的风险管控提供基础依据。

通过滑坡点现场勘查并与设备施工单位交流、沟通，设计本次巴灯线滑坡监测预警计划安装一体化表面位移监测站5台；管道应变计3个截面3组，每组6支传感器；一体化雨量站1台，土体湿度（含水率）监测仪2组，组内不同深度3个传感器。

监测设备具体布设选点依据如下：

a.应力监测。管道为横坡敷设，应力最大处即为变形区与未变形区的接触带上（即发生相对位移较大的部位），此处管道受剪应力；此外管道横坡敷设，若坡体下滑、下挫，整段管道受下推力作用，应力将易集中于两端对应的中点部位。

b.位移监测。位移监测选择了3个剖面，分别位于变形区的中部及两侧；滑坡体大多呈舌形或弧形，相对而言中间位置的滑动距离更远，故将在中部的主要滑动剖面上布置了三个位移监测装置，分别位移坡面上部、中部、下部。而两侧的位移监测设备布设于坡面中部，一处位于管道沿坡面上方，另一处位于管道沿坡面下方。

地表水平位移监测点布置在滑坡强变形区主滑剖面上，中主滑剖面上布置3个监测点，间距50～70m，分别为DBJ1（X：502012.774，Y：3357682.704），DBJ2（X：501992.730，Y：3357737.306），DBJ3（X：501972.157，Y：3357798.714），两侧主滑剖面上各布置1个监测点，分别为DBJ4（X：501929.995，Y：3357740.969），DBJ5（X：502040.237，Y：3357780.958）。

管道应力—应变监测点布置在滑坡强变形区两侧与中部，分别为GDJ1（X：502049.315，Y：3357823.734），GDJ2（X：501999.458，Y：3357756.837），GDJ3（X：501943.995，Y：3357681.966）。

降雨量监测点布置在民房院坝内，便于管理保护，编号为YJ（X：502039.591，Y：3357887.663）。土壤含水率监测点布置在滑坡强变形区中主滑剖面中上部与中下部，分别为TS1（X：501999.610，Y：3357720.760），TS2（X：501979.326，Y：3357777.359）。各监测仪器拟布设位置如图5.18所示。

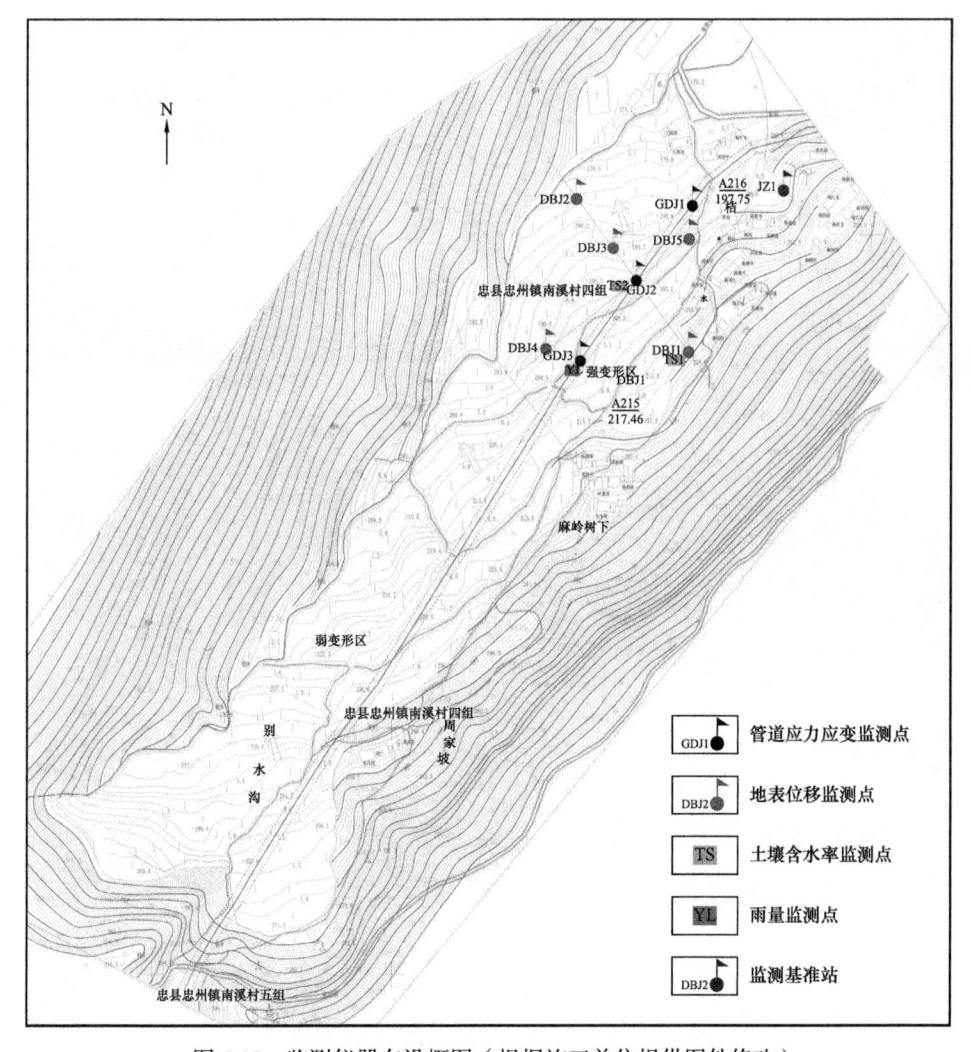

图5.18　监测仪器布设概图（根据施工单位提供图件修改）

5.2.2.2.2 天高线B段滑坡监测案例

（1）灾害点现状。

天高线B段于2009年11月建成投产，天高线B段管线规格为$D273mm×11mm$~22.7km，管线材质L245 NCS，采用3层PE普通级绝缘防腐。管道设计压力7.85MPa，设计输气量$116.0×10^4m^3/d$，正常工况下运行压力5.8~6.5MPa，输送量约$180×10^4m^3/d$，负责将大猫坪片区的高含硫原料气及天高线A段来气输送至万州末站，经万州净化厂脱硫后供给万州天然气公司。天高线A段气矿探区范围主要为梁平县。

隐患点位于重庆市万州区三正镇，属于低山丘陵区，长55m、宽130m，滑向170°，通过前期排查，受降雨影响，管道所在斜坡上部有下挫坎形成，坎高0.3m。

为了针对地质灾害点具体特征、影响因素，建立较完整的监测剖面和监测网，使之成为系统化、立体化的监测系统；本次监测项目共布设深部位移监测点2处、管道应力应变监测2处、管土界面推力监测2处、降雨量监测1处（图5.19）。

(a) 下挫坎

(b) 下挫垮塌区

(c) 监测点平面布置图

图5.19 天高线B段滑坡监测点平面布设图

（2）监测点设置目的及任务。

① 针对地质灾害点具体特征、影响因素，建立较完整的监测剖面和监测网，使之成为系统化、立体化的监测系统；

② 实时对滑坡区的降雨量、含水率、地表位移等进行监测，建立管理平台，对数据进行实时分析，并进行预测预报，将可能发生的危害降到最低限度；

③ 实时了解灾害体的安全状况，以便及时采用相应的管理措施；

④ 通过对监测数据的分析，判断该不稳定斜坡的稳定状态、发展趋势，及时按相关规定预报灾害可能发生的时间和强度，为管理部门提供决策依据；

⑤ 对比分析不同条件下的监测数据，进一步预测滑坡的变形趋势，为滑坡防治工程变形分析及治理设计提供准确的基础数据，确保治理工程经济合理。

（3）监测内容。

为全面了解该滑坡的变形情况，拟对滑坡进行如下监测：

① 深部位移监测。通过在滑坡关键变形部位，布设2处深部位移监测点，据滑坡体深度的具体情况在不同等高面上布设测斜传感器，通过测量测斜管轴线与铅垂线之间的夹角变化量，获取不同高度的位移变量，明确滑坡深部变形情况，分析滑坡的变形阶段及发展趋势，为滑坡稳定性评价及监测预警提供数据支撑。深部位移监测采用深部位移自动化监测站，主要为深部测斜装置。

② 管道应力与应变监测。采用应力与应变自动化监测系统对管道应力与应变进行监测，通过实时监测掌握管道受力及应变情况，确定滑坡对管道的危害性；为是否启动应急抢险提供依据；通过管道受力及变形情况制订行之有效的抢险方案，确保管道安全运营或将损失降至最低。

③ 管土界面推力监测。为了及时掌握陡斜坡段管道受坡体剪切应力影响情况及变化情况，在管沟内土体中布置土压力盒，通过土压力监测一体站实时采集压力变化数据，并将观测数据发送到数据中心，由专业监测软件对数据进行自动解算处理，得到监测点实时土体应力值，为综合分析斜坡体的变化趋势提供数据支持。

④ 降雨量监测。对滑坡区实施降雨量自动化监测，为滑坡稳定性影响因素分析提供依据；辅助滑坡的变形分析；为监测预警条件、预警阀值的动态调整提供依据。

（4）监测周期与频率。

目前该滑坡处于蠕动变形阶段，为全面了解滑坡的发育情况及滑坡对管道的影响，确定本次监测工作的监测周期为300天。

对于需要设置监测频率的自动化采集仪器，根据现场布设的采集设备进行监测数据的获取，并采用4G或北斗传输的方式与后台系统进行数据通信。后台系统采用西南管道公司已建成的"管道沿线地质灾害监测与预警平台"进行展示和预警分析、预报发布等。监测频率根据滑坡不同预警等级远程设置不同的采集监测频率，遇异常情况，监测频率可根据滑坡变形情况进行远程实时调整。各监测点的监测频率一般为24h一次，降雨期间可加密至0.5h/次，系统可根据需要进行设置；监测报警依据DZ/T 0221—2006《崩塌、滑坡、泥石流监测规范》的规定，按照附录F进行预警。变形划分为Ⅰ蠕动变形、Ⅱ等速变形、Ⅲ加速变形、Ⅳ临滑阶段,由曲线可以看出,当曲线陡而上扬时趋于临滑阶段,即可发出滑坡预警。滑坡变形阶段分析常用方法见表 5.25。监测现场照片和成果照片如图 5.20 和图 5.21 所示。

表 5.25　滑坡变形阶段分析常用方法

判定依据 常用方法	位移曲线图				预测适用性
变形破坏阶段	Ⅰ蠕动变形	Ⅱ等速变形	Ⅲ加速变形	Ⅳ临滑	
1　变形速率	减速变形,切线角 α 由大变小,甚至曲线下弯	等速变形,角 α 近恒定,曲线向上呈微斜直线	变形加速,角 α 由恒定变陡,曲线上弯	变形急剧,角 α 陡立,曲线近陡直 $t_0 = \dfrac{v_{cr} - a_2}{2a_3}$	临滑预报,中、短期趋势分析
2　位移矢量角 α	位移矢量角 α 渐小至 0	位移矢量角 α 等值增大	位移矢量角 α 等值增大到加速增大	位移矢量角 α 突然增大或减小	
3　稳定系数 k		$1.05 \geqslant k \geqslant 1.0$	$1.0 > k \geqslant 0.96$	$k < 0.96$	
4　黄金分割		T_1	$T_1(T_1+T_2)=0.618$		
5　宏观迹象	后缘断续拉张裂缝	后缘不连续拉张裂缝,两侧羽状裂缝,后缘微错落下沉	后缘弧形拉张裂圈与两侧纵向剪张裂缝趋于连接,后缘错落下沉,前缘微鼓胀	后缘弧形拉张裂圈与两侧纵向剪张裂缝贯通,后缘壁和前缘鼓胀形成,滑体前端岩层倾角变陡,并呈挤压褶皱、裂缝和压碎 局部小崩小滑日趋频繁,地下水变异常,地声、地热现象,动物异常,超常降雨和地震	

注:t_0—滑坡失稳时间;v_{cr}—临界破坏速率,采用类比或相似模型试验确定;a_2, a_3—回归系数;T_1, T_2—线性和非线性变形历时。

5.2.3　地质灾害治理方法

油气管线在经过不同的地质条件时会引发不同类型的地质灾害。根据 2019 年重庆气矿特殊地段沿线(较)高地质灾害风险调查结果,重庆气矿高风险地质灾害可大致分为 5 种类型,即水毁、滑坡、崩塌、塌陷、不稳定斜坡,分别对应管道穿越河流而产生的灾害、管道穿越不稳定斜坡而产生的灾害、管道穿越不稳定斜坡而产生的灾害以及管道穿越松散土质而产生的灾害(图 5.22)。因此在管线选线时应注意管道的布设所可能产生的灾害,及时避让灾害点。如若未能及时避让,则需采取相应的工程措施防治可能产生的灾害。

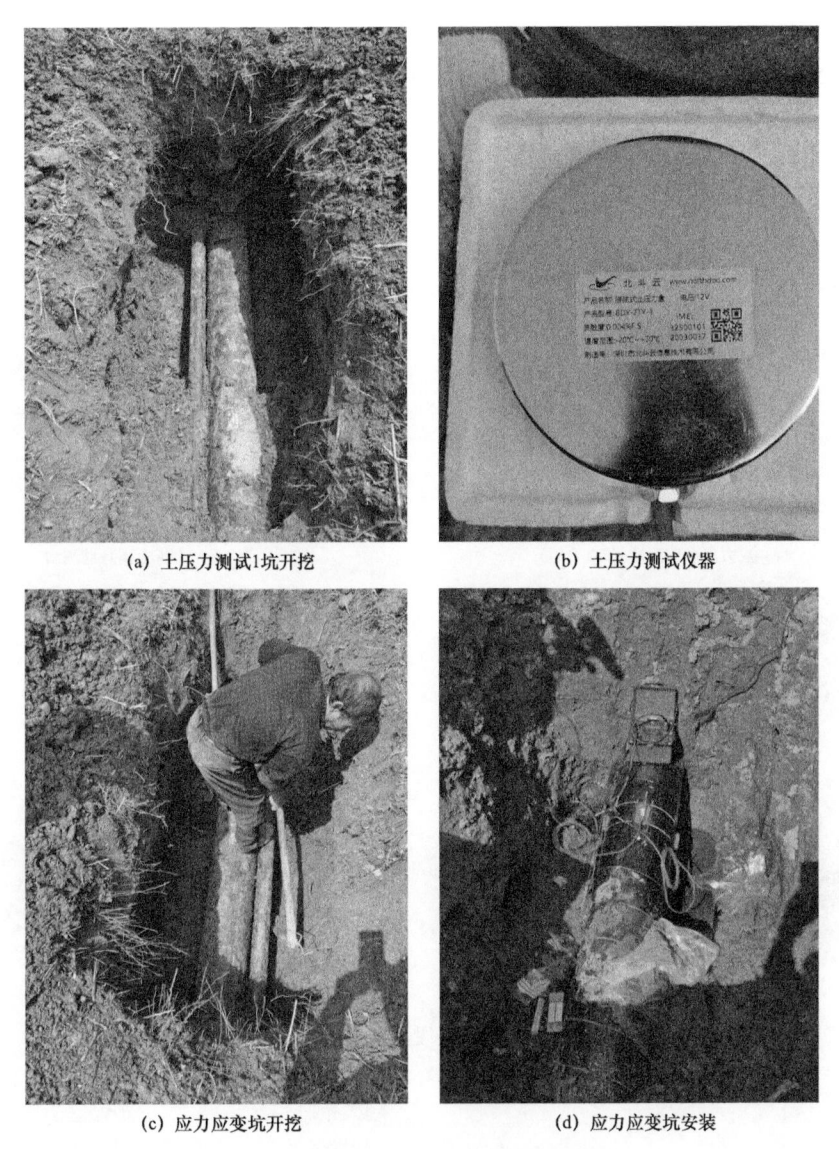

(a) 土压力测试1坑开挖　　(b) 土压力测试仪器

(c) 应力应变坑开挖　　(d) 应力应变坑安装

图 5.20　天高线 B 段滑坡监测现场照片

5.2.3.1　水毁

（1）踏勘与测绘。

以三号站至卧北干线阀室管线垫江县五洞镇卧龙 6 社沟道为例。该点原编号为 1050951001，位于重庆市垫江县五洞镇卧龙 6 社，经纬度为 E：107°19′38.3″，N：30°12′59″。

该点地貌单元属于山前平原，该处管道穿越卧龙河，管道走向 130°。卧龙河河岸高 1.0m，当前水深约 1.5m，河面宽 22m，水流速度 0.6m/s。河岸两侧为含碎石的粉质黏土，区域内多年平均年降水量 1213.5mm，降水集中于 5-9 月，约占全年的 65%，人类工程活动主要为农业耕作。

(a) 应力应变监测站（2点合站）　　(b) 深部位移、土压力雨量监测站

(c) 深部位移与土压力监测站　　(d) 各监测站全境照片

图 5.21　天高线 B 段滑坡监测成果照片

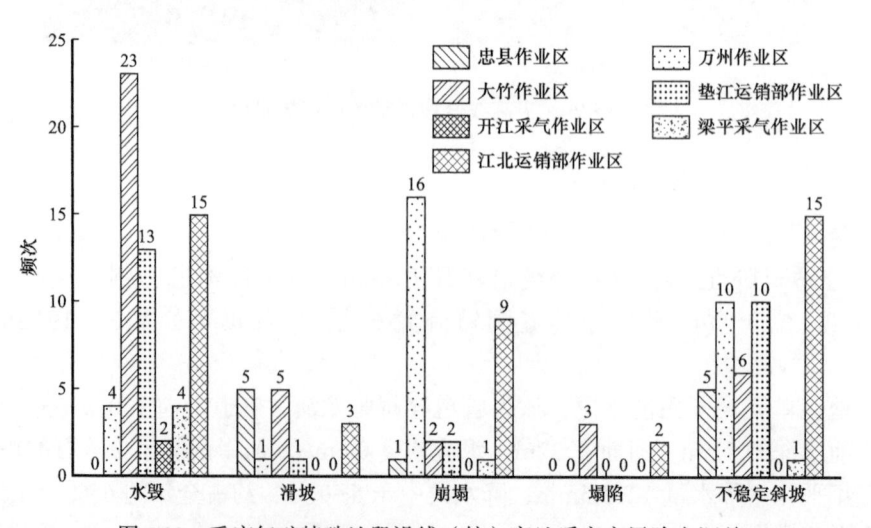

图 5.22　重庆气矿特殊地段沿线（较）高地质灾害风险点汇总

该处管道埋设于河道内，由于管道埋深较浅，受水流的冲刷作用该处管道已露管，露管长度约 10m，局部地段管道埋深不足 0.1m，当前管道在河道内未做防护措施。若不加以治理后期在水流的继续冲蚀作用下，管道将完全露管，严重时将使得管道悬空，对管危害较大。

（2）风险等级评价。

① 定性评价。水毁风险定性评价见表 5.26。

② 半定量评价。水毁风险半定量评价见表 5.27。

图 5.23　管道露管处

表 5.26　水毁风险定性评价表

类别	风险等级	判断依据
地质灾害的易发性	中	河道岸坡有水毁现象，流水长期冲刷河床及岸坡
管道易损性	高	管道局部裸露于河道，长约 10m，流水冲刷管道，管道悬浮于河水中
后果	低	管道附近有零星居民
综合评价	较高	

表 5.27　半定量风险评价表

	项目	分值或结果
评价参数	风险概率 $P(R)$	0.072
	灾害发生的概率的指数 H	0.2
	已采取的灾害体防治措施能完全阻止灾害发生的概率的指数 H'	0
	灾害发生影响到管道的概率的指数 S	0.6
	没有任何防治措施的管道受到灾害作用后发生破坏的概率的指数 V	0.6
	管道防护措施能完全防止管道破坏的概率的指数 V'	0
	后果损失指数 E	80
	泄漏系数 SP（气）	2
	泄漏量（kg）	18231.7
	管道内径（m）	0.143
	管道输送平均压力（MPa）	4.2
	流体密度（kg/m³）	0.717
	产品危害系数 PH	10
	泄漏系数 SP	2
	扩散系数 DI	4
	受体 RC	1
评价结果		中

通过定性评价与半定量评价，综合确定该处地质灾害点风险等级为较高。

（3）地质灾害风险减缓措施。

本处地灾敏感点风险等级为较高，根据SY/T 6828—2017《油气管道地质灾害风险管理技术规范》，应采取重点巡检、专业监测或工程治理措施。

现针对如今现状提出如下建议：在汛期加强巡检力度，对该条河流进行测量、勘察并重新设计其埋置深度，待到枯水期重新开挖管沟，重新敷设。

5.2.3.2 滑坡

（1）灾害特征描述。

以巴灯线1号滑坡为例。该点地貌单元属丘陵，海拔高程170~350m。总体地形为东高西低，地形坡度15°~35°。基岩为侏罗系上统蓬莱镇组（J_3p）泥质粉砂岩，上覆第四系残坡积（Q_4^{el+dl}）粉质黏土，层厚1.5~3.5m，属土质滑坡。滑体为粉质黏土，滑面为基覆界面，滑床为泥质粉砂岩。右侧（面向冲沟）、左侧、后缘以土岩分界线为界，前缘以冲沟为界，面积约$13×10^4m^2$，体积约$30×10^4m^3$，为中型土质滑坡。调查期间（10月）滑坡中下部地下水埋深0.8~1.0m，土体潮湿、饱和。据调查，该斜坡于50年前开始蠕动变形，致使后缘（小路上及内外侧）出现断续裂缝，每条裂缝长20~30m不等；2013年再次出现蠕动变形，并伴局部滑塌。目前，前后出现的裂缝均已被充填，且遍长杂草，未见新的裂缝产生和老裂缝复活加剧现象。分析原因：一是降雨致土体饱和、力学强度降低；二是前缘冲沟洪水侵蚀坡脚致其逐步垮塌，牵引后部土体运动。因此，该滑坡为牵引式滑坡。由于降雨与山洪影响均不可避免，未来滑坡仍会蠕动，存在整体滑动的可能。滑动易对管道造成拉裂破坏。

根据调查判断，地质灾害风险等级：易发性为中等，管道易损性高，环境影响后果为中等，综合评价风险等级为较高。

（2）危害方式及程度。

降雨致土体饱和、力学强度降低，前缘冲沟洪水侵蚀坡脚致其逐步垮塌，牵引后部土体运动，对管道产生挤压、拉裂影响。危害程度较高，影响管道长度约250m。

（3）地质灾害风险减缓措施。

①重点巡检；

②专业监测：专业监测方案可采用地表位移监测＋管道应力应变监测＋土壤含水率监测＋降雨量监测。

5.2.3.3 崩塌

（1）灾害特征描述。

以巴灯线忠县忠州街道灯树村5组某处崩塌为例。该点地貌单元属丘陵，海拔高程150~200m，高差50m。危岩位于斜坡中部，斜坡坡面形态呈折线型，坡向290°，坡度角为40°~50°；出露侏罗系中统沙溪庙组砂岩，产状110°∠63°。该地区年降雨量大，降雨主要集中于5—10月。植被以旱地为主，覆盖率大于70%。人类工程活动微弱。

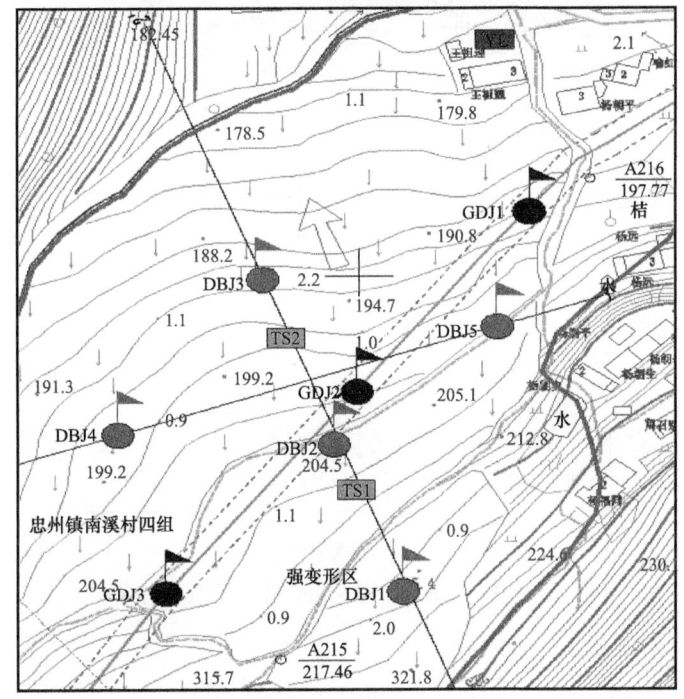

图 5.24 巴灯线 1 号滑坡及治理措施

管道正穿斜坡，危岩体位于管道走向左侧，距离 1.5~2.0m。根据现场调查，共发育 1 处危岩单体。W1 危岩位于陡坎中部，长 8m、高 2.5m，平均厚约 3m，方量约 700m³，危岩主崩方向 293°，坡度角约 80°。岩体发育有 3 组裂隙：L1 裂隙产状 346°∠25°，裂隙间距 1~4m；L2 裂隙产状 145°∠85°，裂隙发育间距 2m；L3 裂隙产状 245°∠71°，裂隙发育间距 1~2m。裂隙间少量泥质填充，无胶结物质。管沟上部为浆砌石封盖，现局部有漏洞存在，漏洞中可见管道，分析坡面汇水冲刷所致，把管沟内填土冲走掏空。

根据调查分析，近年来危岩体未产生崩塌，目前处于稳定状态，但在持续降雨、风化、卸荷条件下，可能导致危岩失稳，从而对导致管道上方冲击、压挤。

根据调查判断，地质灾害风险等级：易发性为中，管道易损性为中等、环境影响后果为中等，综合评价风险等级为中等。

图 5.25 所示为灯树村 5 组某处崩塌图片及分析。

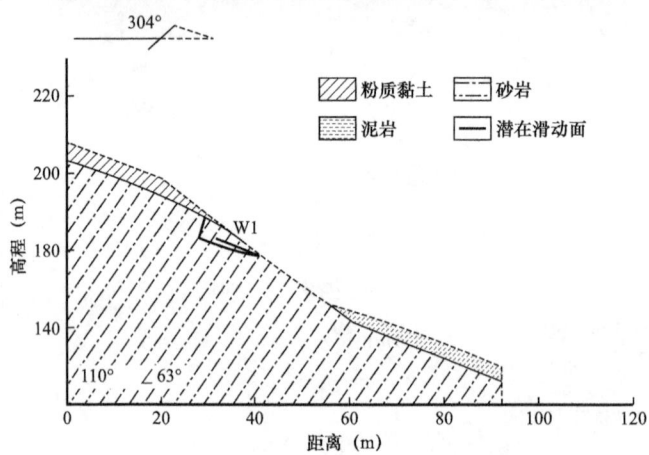

图 5.25 灯树村 5 组某处崩塌图片及分析

（2）危害方式及程度。

在持续降雨、风化、卸荷条件下，可能导致危岩失稳，危岩体掉落可能导致管道管道上方冲击、压挤，危害程度中等，影响管道长度约 15m。

（3）风险消减措施建议。

① 重点巡检；

② 简易监测：对危岩体后缘裂隙进行监测，监测裂隙发展变化情况；

③ 清除局部危岩体或下部修筑盖板涵。

5.2.3.4 不稳定斜坡

（1）灾害特征描述。

以云万线 4 号不稳定斜坡为例。该点地貌单元属低山沟谷，海拔高程 240~285m，高差约 50m，切割深度 30m。该斜坡位于山体斜坡中前部，由郑万高铁弃渣堆填土形成。斜坡坡面形态呈折线形，坡面呈后陡—中缓—下陡，总体坡向 188°，坡度约 40°。斜坡坡体填土层厚度 8~15m，为土质斜坡，根据调查，弃渣体岩性为粉质黏土夹砂岩块体，粉质黏土含量约 85%，岩块最大直径约 1.2m，土体松散。下伏基岩为侏罗系沙溪庙组砂岩，产状 190°∠27°。该地区地下水类型为基岩裂隙水，根据调查地下水埋深大于 5m，年平均降水量大，降雨主要集中于 6—9 月。斜坡具有一定的汇水条件，雨季易形成坡面流。目前地表植被主要为林地及旱地，植被覆盖率约 60%，人类工程活动主要为弃渣土堆填。

该潜在不稳定斜坡为土质斜坡，后缘以陡坎为界，两侧以弃渣土堆填边界为界，前缘以沟底为界，滑坡形态呈"圈椅"状，纵长约 50m，横宽约 400m，滑体厚度 8~15m，平均厚度约 12m，体积约 $20.0\times10^4\text{m}^3$，为中型土质滑坡。目前斜坡可见局部溜滑，坡顶可见拉张裂缝，前缘临空条件较好，且斜坡具有一定的汇水条件，雨季易形成坡面流；据此判断该斜坡目前处于基本稳定—欠稳定状态。管道从斜坡剪出口下部横穿而过，根据分析推测，该斜坡存在两种变形破坏模式：①斜坡沿填土界面与原生土界面滑动，将对管道造成压覆；②上部填土滑动带动下部粉质黏土产生滑动，可能导致管道变形。目前该灾点未采取防治措施。

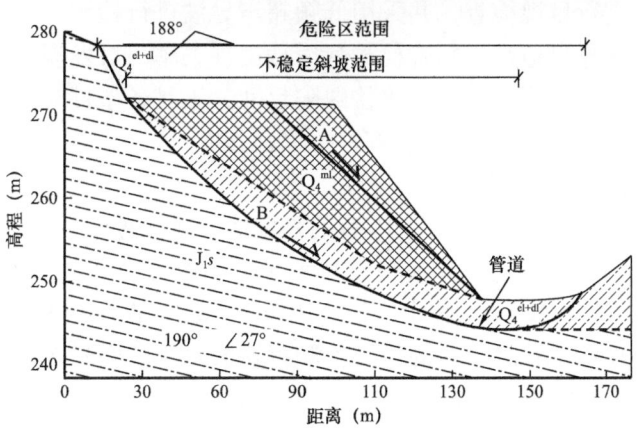

图 5.26 云万线 4 号不稳定斜坡图片及分析

（2）危害方式及程度。
① 坡沿填土界面与原生土界面滑动，将对管道造成压覆；
② 上部填土滑动带动下部粉质黏土产生滑动，可能导致管道变形。
（3）风险消减措施建议
① 重点巡检，禁止在管道影响区范围内继续堆渣；
② 工程治理：分级放坡＋中后部排水＋前缘支挡＋管道保护。

5.3 专项检测

根据重庆气矿前期地质灾害风险调查结果，重庆气矿辖区内共涉及公路穿越29次、河流穿越40次，其中部分管道中服役时间最长的已超过30年，穿越管段均采用大开挖方式施工，并采取了相应的稳管措施。但管道投运以来，这些穿越段管道几乎均未开展过相应的检测，其稳管措施的有效性、管道敷设状况以及河床受冲刷的情况均处于未知状态。因此，通过开展专项监测，以掌握上述穿越段管道目前的敷设情况，对于管道的安全运行具有重要意义。

5.3.1 公路穿越检测技术

5.3.1.1 检测技术介绍

管道穿越公路囊括两种典型工况：穿越管段、明管跨越管段。对于穿越管段，应在穿越段两端适宜开挖的位置分别开挖架设导波探头，检测管道截面损失率，从而间接判断管体腐蚀状况。同时，应结合外检测的防腐（保温）层非开挖检测、阴极保护有效性检测、腐蚀环境检测、内腐蚀预评价等结果进行穿越管段的内外腐蚀可能性综合分析；对明管跨越管段，应进行目视检查，并采用低频超声导波进行检测。将低频超声导波探头分别架设在跨越段两段出地端，扫查检测管道截面损失率，对发现的截面损失在具备条件的情况下需采用超声波测厚等方法确认缺陷尺寸，不具备条件时通过内部积液可能性、防腐（保温）层状况、大气腐蚀状况等进行综合分析。

以上工况所涉及的两种检测技术为：

（1）目视检查。检查管道穿越处保护工程的稳定性及河道变迁等情况。

（2）超声导波检测技术。超声导波检测技术是采用机械应力波沿着延伸结构传播，传播距离长而衰减小（图5.27）。该技术广泛应用于检测和扫查大量工程结构，特别是全世界各地的金属管道检验。有时单一的位置检测可达数百米。同时超声导波检测技术还应用于检测铁轨、棒材和金属平板结构。

管道的导波测试，低频率传感器阵列覆盖管道的整个圆周，产生的轴向均匀的波沿着管道上的传感器阵列的前后方向传播。扭转波模式是最常使用的，纵向模态的使用有所限制。设备运用传感器阵列的脉冲设置激发和探测信号。在管道横截面变化或局部变化的地方会产生回波，基于回波到达的时间，通过特定频率下导波的传播速度，能准确地计算出该回波起源与传感器阵列位置间的距离。导波检测使用距离波幅曲线修正衰减和波幅下降来预计从某一距离反射回的横截面变化。距离波幅曲线通常通过一系列已知的反射体信号波幅例如焊缝进行校准。

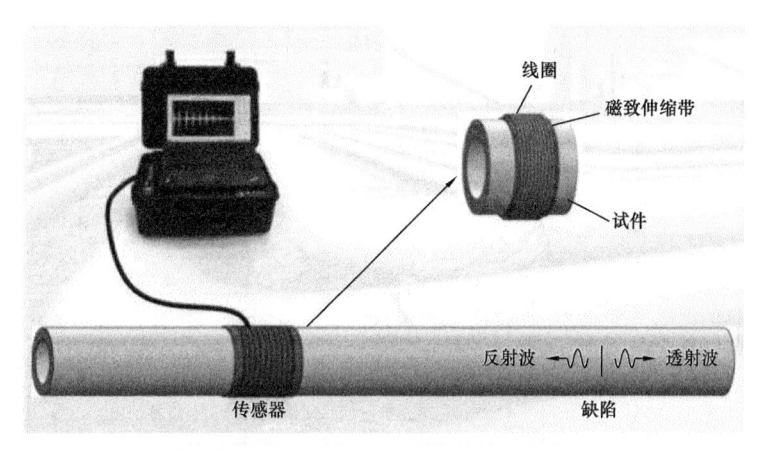

图 5.27　超声导波检测技术示意图

5.3.1.2　检测流程

对于埋地管道，在明确管道走向工艺流程后，选择合适位置开挖，剥离防腐层，架设超声导波并开始检测；对检测存在疑问或可疑缺陷点的地方进行开挖验证。其中，开挖段深度须深于管道埋地深度 30cm，管线下部掏空。开挖段长度和宽度均至少 1m。对于存在防腐层的管道应对防腐层进行剥离，以消除防腐层对测试的影响。防腐层须剥离干净且剥离宽度应大于 35cm，剥开管道表面需用合适工具打磨干净，使金属管壁完全暴露出来。

对于架空管道，根据管道走向和工艺流程，选择适当位置（有防腐层的需剥离防腐层）架机进行检测，对可疑的缺陷点进行验证。

管道超声导波整体检测流程如图 5.28 所示。

5.3.2　水下穿越管道敷设状态检测技术

水下穿越管道由于周界环境水体的影响，呈现不同于公路穿越的检测技术。对穿越段管道敷设情况进行检测时，应定位管道并判断管道是否发生移位或形变，检测管道在河床下的埋深，确定管道是否露出河床，并对管道穿越位置的河床等高线进行测绘，了解河床受冲刷的情况。同时，由于汛期与枯水期水面宽度变化较大，枯水期部分陆地段在汛期也会受到水流冲刷，因此对部分陆地管道也应该开展埋深检测，并对陆地的标识物（管道两侧 30m 范围内的标示桩、建/构筑物等）进行定位，具体内容如下：

（1）河流穿越段管道定位及测绘；

（2）河流穿越段管道水平形变测量；

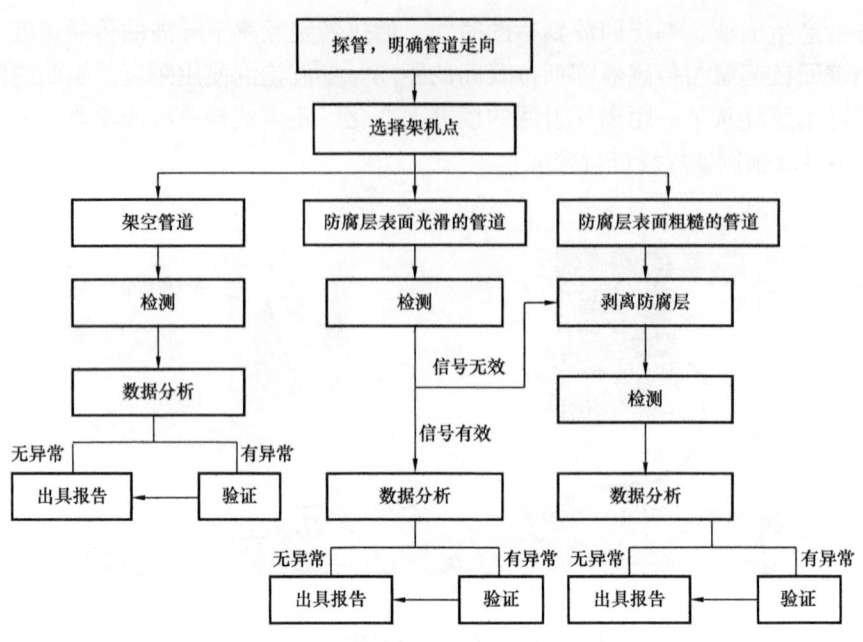

图 5.28 管道超声导波整体检测流程图

（3）河流穿越段管道覆土层厚度检测；
（4）河流穿越段管道左右两侧各 30m 河床等高线测绘；
（5）河岸两侧各 100m 陆地管道埋深检测；
（6）河岸两侧各 100m 陆地管道敷设环境调查。

根据资料整理分析及现场踏勘的结果，可选择的技术方法有：集成式电磁—声呐法、声呐—RTK 法或基于电磁—声波的组合式检测等方法进行检测。选用原则依据表 5.28。

表 5.28 水下穿越管道敷设状态检测方法选用原则表

检测方法	提交成果	检测限制条件	准确性	施工便利程度	经济性	适用范围
基于电磁—声波的组合式检测法	（1）管道覆土层厚度；（2）河床测绘；（3）管道水平形变情况；（4）管道俯视图和剖面图	（1）管道埋深不超过 10m；（2）水面宽度不超过 200m；（3）水流流速不超过 2m/s；（4）检测受人为因素影响较大	较高	一般	成本较低	水面宽度 200m 以下
声呐—RTK 法	（1）管道覆土层厚度；（2）河床测绘；（3）管道水平形变情况；（4）管道俯视图和剖面图	管道上方不能有其他致密结构（如稳管石笼等），否则无法检测；水深不宜大于等于 5m	高	容易	成本较高	由于其检测便利，可作为大型河流穿越的备选方案
集成式电磁—声呐法	（1）管道覆土层厚度；（2）河床测绘；（3）管道水平形变情况；（4）管道俯视图和剖面图	（1）管道埋深不超过 40m；（2）水流流速不应超过 7m/s；（3）需要架设闭合回路，跨江电缆对操作的便利程度影响较大	高	大型通航河流有一定困难	成本高	水面宽度 200m 及以上管道或埋深超过 10m 的管道

根据重庆气矿管道敷设特点,选择应用相对电磁—声波的组合式检测方法。该技术以相对电磁法和声呐技术为基础,辅以实时动态载波相位差分技术(RTK),将探管仪、测深仪和 GPS 组合应用于穿越段管道敷设情况检测。相对电磁法是指对管道输入低频交流电流,根据与管道距离不同的 2 根水平电线的电磁信号强度比值反算管道埋深的方法。

5.3.2.1 电磁法定位管道及埋深检测

电磁法定位管道及埋深检测的工作原理是向管道施加一定的电流信号后,电流信号沿管道向远方延伸,在管道周围形成电磁场,该磁场的强度与管道中的电流强度有关,用接收机可以直接得到管道中任何一点的电流强度。这样使用接收机就可以对管道进行定位,并测量接收机底部到管道的距离。其原理如图 5.29 和图 5.30 所示。

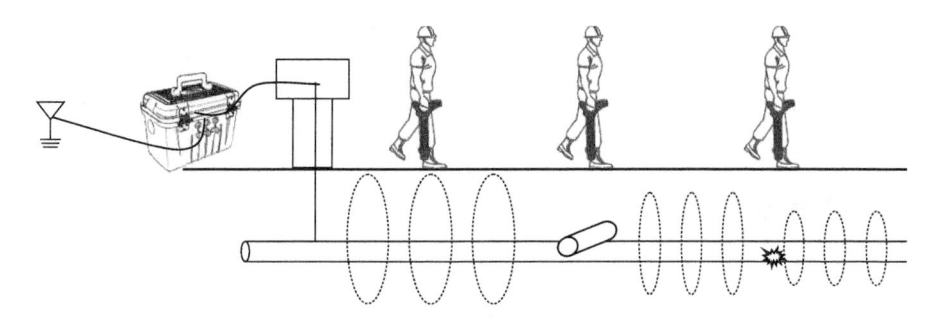

图 5.29 电磁法定位管道示意图

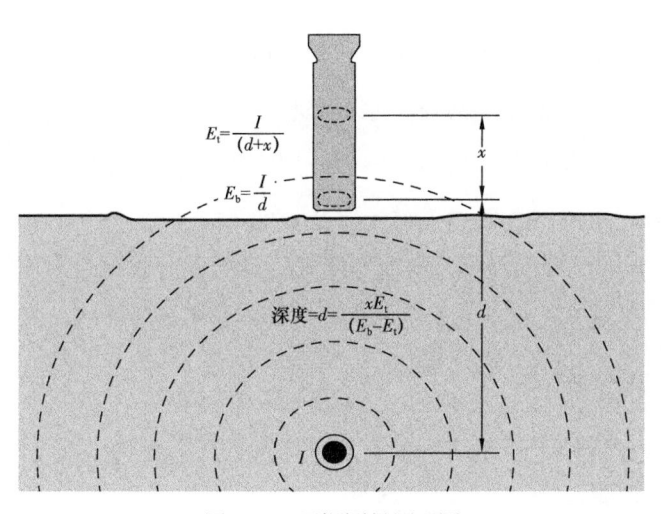

$$E_t = \frac{I}{(d+x)}$$

$$E_b = \frac{I}{d}$$

$$深度 = d = \frac{xE_t}{(E_b - E_t)}$$

图 5.30 埋深测量原理图

x—接收器内部上下两线圈之间的距离;E_t,E_b—上下线圈产生的感应电动势;d—目标管线埋深的深度;I—感应电流

现场检测时将探管仪的发射机架设在管道上,发射机架设好以后在保证一定信号强度的基础上进行接收机埋深检测调校。调校完成后就可以使用接收机进行管道定位和埋深检测。埋深检测应保证在管道正上方进行,并与 GPS 测量同步进行,即埋深检测的同时记录该点的 GPS 信息。陆地管道检测时应测量管道两侧 30m 内的标识物[如房屋、里程桩及其他建(构)筑物等]的 GPS 信息。

- 167 -

5.3.2.2 声呐技术测量水深并测绘河床等高线

声呐技术测量水深的原理是由声呐设备向水中发射一个具有一定空间指向性的短脉冲声波，声波在水中匀速直线传播，遇到河底后发生反射，接收反射回来的回波，已知发射和接收到回波的时间间隔与声波在水体中的平均传播速度，就可以计算出声波在水中传播的单程距离，即信号源到河底的距离。

测深仪利用声呐技术原理进行水深测量，其使用换能器发射和接收声波，从而测量河底到换能器的距离。测量时将换能器放置在水面下，并记录换能器到水面的距离，通过计算换能器到河底的距离和换能器到水面的距离，就可以测量出该点的水深。测深仪可直接与 GPS 连接，测量水深的同时记录该测量点的 GPS 信息。测深仪测量分两个环节：一个环节将测水深与管道埋深测量同步进行，数据采集采用手动方式；另一个环节测深仪可按一定间距或者一定时间间隔进行自动数据采集，将每个测量点的 GPS 高程减去该点的水深即可测绘河床等高线，从而了解河床的情况。管道正上方水深测量时在水深不太深的情况下采用标尺进行复核。

5.3.2.3 检测数据处理方法

选用相对电磁—声波法检测，将管道埋深测量与水深测量同步进行，在测量管道埋深的位置同时测量水深，就可以得到管道覆土层的厚度，了解管道在河床下敷设的状况，计算公式为：

$$管顶高程 = 水面高程 - 管道检测深度 + 1/2 管径$$

$$覆土层高程 = 水面高程 - 水深测量值$$

$$管道覆土层厚度 = 覆土层高程 - 管顶高程$$

将测量的所有管道埋深数据与水深数据及 GPS 信息进行整合，即可绘制管道俯视图（包括管道两侧各 30m 范围的河床等高线和陆地标识物）和管道与河床的剖面图。数据整合应剔除其中的异常数据，如有必要还需要到现场进行补测。

5.3.3 典型应用案例

基于上述专项监测技术，重庆气矿开展了申北线（张卧段）无名河穿越段、双竹线乌木滩水库穿越段检测。

5.3.3.1 申北线（张卧段）无名河穿越检测

（1）穿越段概况。

四川省邻水县兴仁镇丰龙村 2 组申北线（张卧段）管道 $D325$ 管线穿越无名河管段，该管线于 1992 年建成，三油三布防腐，设计压力 7.85MPa，运营压力 6MPa，管道规格为 $D325mm$ 钢管。穿越处河流为无名河，穿越方式为大开挖穿越。穿越位置和现场情况如图 5.31 和图 5.32 所示。

图 5.31 管线穿越无名河管段位置

图 5.32 无名河管段现场情况

穿越处两岸有水田、旱地、水泥路，一座居民房，河岸两侧各 100m 范围内有 4 处标志桩、均完好状态。无名河穿越处两侧 30m 范围内最大水深 0.1m，河水流速＜0.23m/s。河段不通航，河道以小冲石为主。

（2）检测结果。

本次检测完成 2 个控制点，共计穿越长度 10.6m、陆地长度 199.4m。穿越管段检测地形图和纵断面图如图 5.33 和图 5.34 所示。通过本次检测，发现：① 本次检测水深在 0.04～0.1m 之间；② 陆地段埋深小于 0.8m 长度为 4.02m；③ 穿越段覆土厚度在 0～0.5m 之间；④ 穿越段埋深小于 0.5m 长度为 4.6m，穿越段露管长度为 1.51m（图 5.35）。

申北线（张卧段）管道无名河穿越段检测成果见表 5.29。

5.3.3.2 双竹线乌木滩水库穿越检测

（1）穿越段概况。

双竹线乌木滩水库穿越，管道规格为 $D323.9$mm 钢管。穿越处河流为乌木滩水库。穿越方式为大开挖穿越。穿越管段位置和现场情况如图 5.36 和图 5.37 所示。双竹线管道以大开挖穿越乌木滩水库；穿越东岸为荒地，东岸为菜地。

乌木滩水库穿越处两侧30m范围内最大水深8.2 m，河水流速小于1m/s。河段不通航。

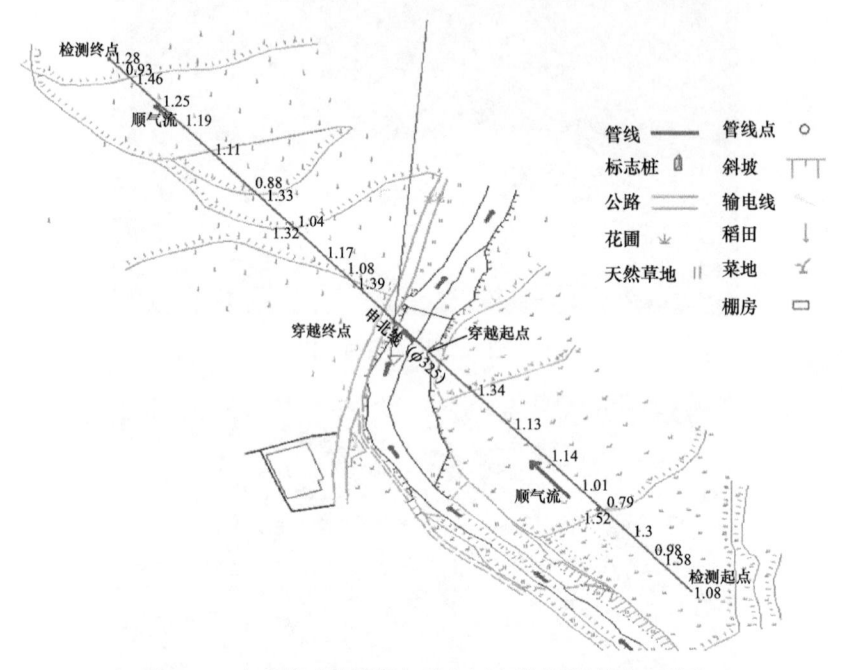

图 5.33 申北线（张卧段）无名河穿越管段检测地形图

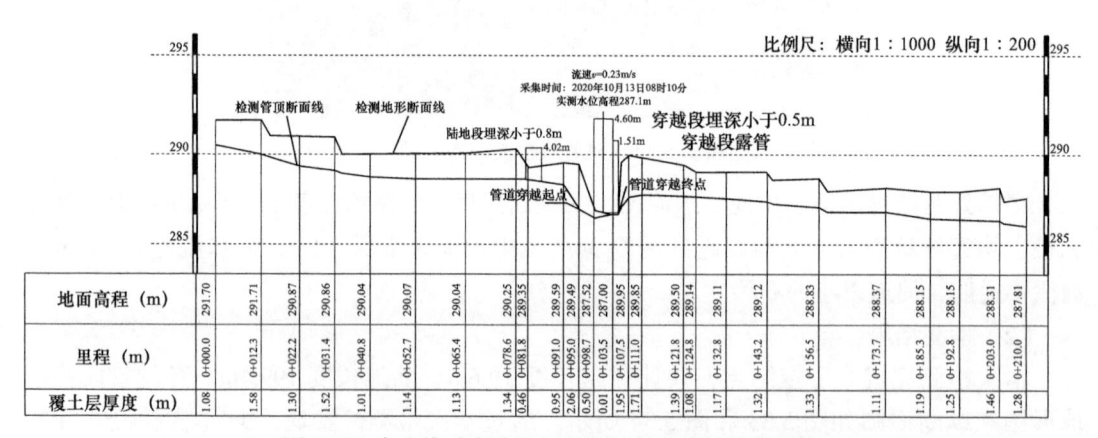

图 5.34 申北线（张卧段）无名河穿越管段纵断面图

（2）检测结果。

本次检测共计穿越长度176m、陆地长度204.2m。穿越管段检测地形图和纵断面图如图5.38和图5.39所示。通过本次检测，发现：双竹线乌木滩水库穿越管段水深在0.44～7.32m之间，陆地段覆土层厚度在0～1.62m之间，水下段覆土层厚度在-0.33～1.07m之间，水下覆土层厚度在0.5m以下的长度107.83m，水下段露管总长度30.13m，水下段露管最大悬空高度为0.33m。

第 5 章 气田管道环境影响及防治

图 5-35 申北线（张卧段）无名河穿越段现场穿越管道露管照片

表 5.29 申北线（张卧段）管道无名河穿越管段检测成果表（CGCS2000 坐标系）

点名	里程（m）	北坐标 X（m）	东坐标 Y（m）	检测管顶覆土高程（m）	检测管顶高程（m）	检测管顶覆土层厚度（m）	备注
D1	0.0	3354822.851	425381.421	291.704	290.626	1.08	旱地
D2	12.3	3354832.352	425373.654	291.709	290.131	1.58	田坎
D3	14.6	3354834.136	425372.187	290.933	289.955	0.98	坎底
D4	22.2	3354840.103	425367.397	290.866	289.568	1.30	旱地
D5	31.4	3354847.138	425361.563	290.86	289.342	1.52	田坎
D6	33.2	3354848.511	425360.419	290.001	289.213	0.79	坎底
D7	40.8	3354854.499	425355.606	290.041	289.033	1.01	旱地
D8	52.7	3354863.564	425348.033	290.069	288.931	1.14	旱地
D9	65.4	3354873.304	425339.807	290.042	288.914	1.13	旱地
D10	78.6	3354883.64	425331.545	290.249	288.911	1.34	田坎
D11	81.8	3354886.032	425329.486	289.352	288.894	0.46	坎底
D12	91.0	3354893.116	425323.656	289.587	288.639	0.95	旱地
D13	95.0	3354896.23	425321.135	289.486	287.428	2.06	河床穿越
D14	98.7	3354899.072	425318.736	287.515	287.017	0.50	河床穿越
D15	99.2	3354899.427	425318.437	287.159	286.971	0.19	河床穿越
D16	101.1	3354900.958	425317.182	287.061	287.023	0.04	河床穿越

续表

点名	里程（m）	北坐标 X（m）	东坐标 Y（m）	检测管顶覆土高程（m）	检测管顶高程（m）	检测管顶覆土层厚度（m）	备注
D17	103.5	3354902.864	425315.735	287.002	287.002	0.01	河床穿越
D18	105.0	3354903.978	425314.722	287.053	287.283	0.01	河床穿越
D19	105.6	3354904.38	425314.38	289.601	287.523	2.08	河床穿越
D20	107.5	3354905.882	425313.111	289.949	288.001	1.95	小路
D21	111.0	3354908.59	425310.953	289.853	288.145	1.71	小路
D22	121.8	3354916.965	425304.152	289.495	288.107	1.39	田坎
D23	124.8	3354919.335	425302.231	289.139	288.061	1.08	坎底
D24	132.8	3354925.47	425297.134	289.105	287.937	1.17	水田
D25	143.2	3354933.454	425290.542	289.116	287.798	1.32	田坎
D26	144.5	3354934.483	425289.684	288.729	287.691	1.04	坎底
D27	156.5	3354943.778	425282.017	288.829	287.501	1.33	田坎
D28	158.7	3354945.401	425280.679	288.207	287.329	0.88	坎底
D29	173.7	3354957.047	425271.186	288.371	287.263	1.11	水田
D30	185.3	3354965.88	425263.637	288.148	286.96	1.19	水田
D31	192.8	3354971.708	425258.838	288.151	286.903	1.25	水田
D32	203.0	3354979.6	425252.425	288.307	286.849	1.46	田坎
D33	204.1	3354980.448	425251.724	287.664	286.736	0.93	坎底
D34	210.0	3354984.981	425247.929	287.812	286.534	1.28	水田

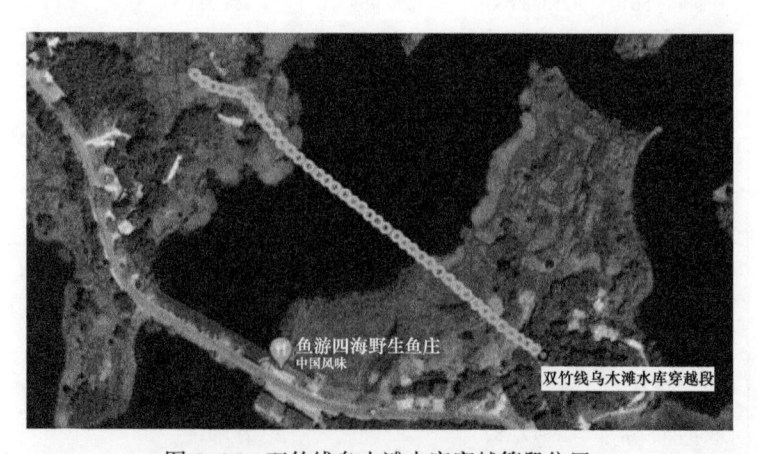

图 5-36 双竹线乌木滩水库穿越管段位置

第 5 章　气田管道环境影响及防治

图 5-37　双竹线乌木滩水库穿越管段现场情况

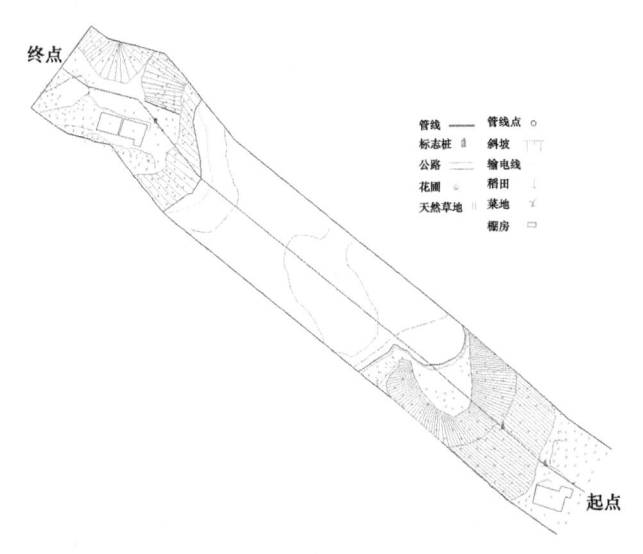

图 5.38　双竹线乌木滩水库穿越段检测地形图

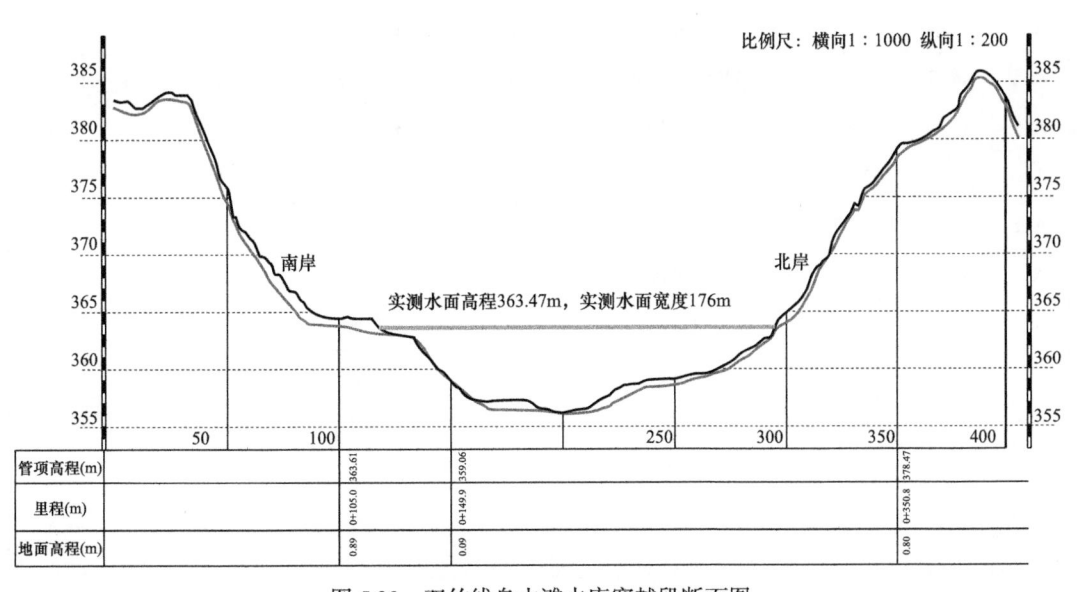

图 5.39　双竹线乌木滩水库穿越段断面图

- 173 -

双竹线乌木滩水库穿越管段检测成果见表 5.30。

表 5-30 双竹线乌木滩水库穿越管段检测成果表（CGCS2000 坐标系）

点名	里程（m）	北坐标 X（m）	东坐标 Y（m）	检测管顶覆土高程（m）	检测管顶高程（m）	检测管顶覆土层厚度（m）	备注
A1	0.00	432975.334	3405187.443	382.74	383.364	0.62	旱地
A2	3.11	432972.734	3405189.155	382.48	383.191	0.71	旱地
A3	5.85	432970.376	3405190.546	382.28	383.314	1.03	旱地
A4	8.67	432968.07	3405192.166	382.10	382.766	0.67	旱地
A5	11.64	432965.62	3405193.852	382.21	382.679	0.47	旱地
A6	14.23	432963.499	3405195.337	382.53	382.941	0.41	旱地
A7	17.17	432961.078	3405197.004	383.05	383.41	0.36	旱地
A8	19.58	432959.039	3405198.292	383.35	383.689	0.34	旱地
A9	22.79	432956.39	3405200.099	383.51	384.085	0.57	旱地
A10	25.41	432954.207	3405201.54	383.48	384.122	0.64	旱地
A11	27.36	432952.639	3405202.704	383.42	383.856	0.44	旱地
A12	32.17	432948.633	3405205.375	383.26	383.809	0.55	旱地
A13	34.42	432946.806	3405206.676	382.66	383.317	0.66	旱地
A14	37.11	432944.81	3405208.478	381.13	381.878	0.75	旱地
A15	39.51	432943.064	3405210.128	379.89	380.763	0.87	旱地
A16	42.06	432941.129	3405211.792	378.47	379.482	1.01	旱地
A17	44.24	432939.355	3405213.06	377.32	378.489	1.17	旱地
A18	46.17	432938.091	3405214.515	376.34	377.229	0.89	旱地
A19	48.38	432936.384	3405215.927	375.21	376.247	1.04	旱地
A20	50.72	432934.636	3405217.481	374.24	375.734	1.49	旱地
A21	52.80	432933.014	3405218.786	372.93	373.26	0.33	旱地
A22	55.77	432930.703	3405220.653	371.67	372.293	0.62	旱地
A23	58.48	432928.612	3405222.377	371.00	371.959	0.96	旱地
A24	60.76	432926.902	3405223.874	370.36	371.347	0.99	旱地
A25	63.13	432925.137	3405225.46	369.71	370.751	1.04	旱地
A26	64.86	432923.834	3405226.605	369.15	369.818	0.67	旱地
A27	67.38	432922.018	3405228.347	368.34	369.66	1.32	旱地
A28	69.73	432920.222	3405229.858	367.60	369.187	1.59	旱地

续表

点名	里程（m）	北坐标 X（m）	东坐标 Y（m）	检测管顶覆土高程（m）	检测管顶高程（m）	检测管顶覆土层厚度（m）	备注
A29	71.48	432918.838	3405230.932	367.06	368.227	1.17	旱地
A30	74.08	432916.967	3405232.733	366.53	368.116	1.59	旱地
A31	75.89	432915.607	3405233.932	366.11	367.552	1.44	旱地
A32	77.85	432913.985	3405235.024	365.60	366.793	1.19	旱地
A33	80.12	432912.35	3405236.608	365.14	366.76	1.62	旱地
A34	82.54	432910.479	3405238.141	364.40	366.036	1.64	旱地
A35	86.46	432907.497	3405240.678	363.89	365.152	1.26	旱地
A36	88.86	432905.643	3405242.209	363.87	364.925	1.05	旱地
A37	91.22	432903.918	3405243.812	363.91	364.655	0.74	旱地
A38	93.69	432902.017	3405245.398	363.83	364.582	0.75	旱地
A39	96.20	432900.094	3405247.003	363.77	364.456	0.69	旱地
A40	98.72	432898.193	3405248.664	363.72	364.474	0.75	旱地
A41	101.21	432896.308	3405250.292	363.64	364.431	0.79	旱地
A42	103.99	432894.203	3405252.112	363.65	364.54	0.89	旱地
A43	106.62	432892.245	3405253.866	363.49	364.383	0.89	旱地
A44	109.24	432890.251	3405255.569	363.42	364.385	0.96	旱地
A45	112.05	432888.114	3405257.392	363.32	364.415	1.09	旱地
A46	114.69	432886.183	3405259.183	363.17	364.388	1.22	旱地
A47	118.84	432883.036	3405261.897	363.01	363.403	0.39	穿越起点
A48	125.93	432877.5151	3405266.347	362.94	363.03	0.09	水库穿越
A49	129.52	432874.6886	3405268.556	362.91	362.9	−0.01	水库穿越
A50	130.78	432873.7098	3405269.352	362.85	362.86	0.01	水库穿越
A51	133.58	432871.5259	3405271.101	362.71	362.82	0.11	水库穿越
A52	135.83	432869.7789	3405272.512	362.42	361.87	−0.55	水库穿越
A53	138.28	432867.8419	3405274.017	361.81	361.33	−0.48	水库穿越
A54	141.00	432865.7389	3405275.742	360.88	360.86	−0.02	水库穿越
A55	144.51	432862.888	3405277.786	360.08	359.95	−0.13	水库穿越
A56	146.45	432861.4871	3405279.134	359.43	359.71	0.28	水库穿越

续表

点名	里程（m）	北坐标 X（m）	东坐标 Y（m）	检测管顶覆土高程（m）	检测管顶高程（m）	检测管顶覆土层厚度（m）	备注
A57	149.56	432859.0362	3405281.042	359.08	358.99	−0.09	水库穿越
A58	151.23	432857.83	3405282.2	358.78	358.6	−0.18	水库穿越
A59	153.51	432855.917	3405283.44	358.38	358.34	−0.04	水库穿越
A60	158.00	432852.3951	3405286.226	357.98	357.5	−0.48	水库穿越
A61	159.15	432851.5522	3405287.012	357.38	357.41	0.03	水库穿越
A62	162.14	432849.2154	3405288.876	357.08	357.27	0.19	水库穿越
A63	164.91	432847.0155	3405290.551	356.88	357.24	0.36	水库穿越
A64	166.17	432846.0994	3405291.425	356.58	357.11	0.53	水库穿越
A65	167.22	432845.2265	3405292.002	356.48	357.21	0.73	水库穿越
A66	169.96	432843.0535	3405293.677	356.48	357.2	0.72	水库穿越
A67	173.66	432840.342	3405296.191	356.48	357.28	0.80	水库穿越
A68	180.15	432835.1242	3405300.043	356.38	357.29	0.91	水库穿越
A69	183.46	432832.6044	3405302.2	356.43	357.28	0.85	水库穿越
A70	189.79	432827.5892	3405306.062	356.38	356.6	0.22	水库穿越
A71	192.97	432825.1913	3405308.147	356.28	356.44	0.16	水库穿越
A72	197.99	432821.1493	3405311.129	356.18	356.15	−0.03	水库穿越
A73	201.74	432818.2391	3405313.488	356.08	356.2	0.12	水库穿越
A74	205.83	432815.0854	3405316.101	356.08	356.4	0.32	水库穿越
A75	208.42	432813.0803	3405317.738	356.08	356.41	0.33	水库穿越
A76	210.76	432811.2557	3405319.203	356.18	356.53	0.35	水库穿越
A77	212.34	432809.95	3405320.08	356.28	356.67	0.39	水库穿越
A78	214.86	432808.0135	3405321.704	356.28	357.1	0.82	水库穿越
A79	217.48	432805.9517	3405323.313	356.58	357.43	0.85	水库穿越
A80	220.75	432803.4004	3405325.359	356.68	357.6	0.92	水库穿越
A81	222.53	432802.103	3405326.575	357.08	358.09	1.01	水库穿越
A82	226.66	432798.8233	3405329.089	357.43	358.5	1.07	水库穿越
A83	229.59	432796.4983	3405330.867	357.88	358.59	0.71	水库穿越
A84	233.85	432793.225	3405333.597	358.08	358.67	0.59	水库穿越

第6章 气田管道风险评价与管理

6.1 评价标准

6.1.1 管道风险

风险是潜在损失的度量,用失效发生的概率(可能性)和后果的大小来表示。风险评价是识别设施运行的潜在风险,估计潜在不利事件发生的可能性和后果的一个系统过程。GB 32167—2015《油气输送管道完整性管理规范》将管道风险评价列为管道完整性管理的6个核心环节之一,是管道管理人员全面了解管道风险的重要手段。通过识别对管道安全运行有不利影响的危害因素,评价事故发生的可能性和后果大小,对风险大小进行计算并提出风险控制措施。管道风险评价针对的主要对象是管道系统的线路部分,对油气站场一般只考虑操作原因引起的线路超压风险问题。在风险评价过程中,采集的相关信息和技术参数应该真实可靠,采集方法符合国家级相关行业技术标准要求。通常,Ⅰ类管道和Ⅱ类管道宜采用半定量风险评价方案,Ⅲ类管道宜采用定性风险评价方案,必要时对高后果区、高风险级管道或含硫气管道开展定量风险评价复核。重庆气矿在实施风险评价中主要应用半定量评价和定量评价。

对单个风险:

$$风险\ i = P_i C_i$$

对1类~9类风险:

$$风险 = \sum_{i=1}^{9}(P_i C_i) \qquad (i=1,2,\cdots,9)$$

管道总的风险 $= P_1C_1 + P_2C_2 + \cdots + P_9C_9$

式中 P_i——第 i 类风险的失效概率;
C_i——第 i 类风险的失效后果。

6.1.2 评价标准与文件体系

在法律和法规方面,《中华人民共和国石油天然气管道保护法》明确规定了管道保护的相关内容;《中华人民共和国安全生产法》明确规定了安全生产工作的相关内容。

在标准规范方面,主要参考了 GB 32167—2015《油气输送管道完整性管理规范》、GB/T 27512—2011《埋地钢质管道风险评估办法》、GB/T 34346—2017《基于风险的油气管道安全隐患分级导则》、SY/T 6859—2020《油气输送管道风险评价导则》、SY/T 6891.1—2012《油气管道风险评价方法 第1部分：半定量评价法》、SY/T 6891.2—2020《油气管道风险评价方法 第2部分：定量评价法》、SY/T 6714—2020《油气管道基于风险的检验方法》、Q/SY 1646—2013《定量风险分析导则》等标准的相关内容和要求。

在程序文件方面，中国石油天然气股份有限公司编制的《中国石油天然气股份有限公司油气田管道和站场完整性管理规定》《中国石油天然气股份有限公司油田集输管道检测评价及修复技术导则》《中国石油天然气股份有限公司气田集输管道检测评价及修复技术导则》《中国石油天然气股份有限公司油气集输站场检测评价及维护技术导则》从管理和技术两个方面对完整性管理提出了具体的要求，管理规定和三个技术导则互相支持、互为补充，是完整性管理文件体系的重要内容，对风险评价和管理进行了相关说明。

《中国石油天然气股份有限公司油气田管道和站场完整性管理规定》阐述了完整性管理的原则、目标和职责以及建设期、运行期和停用期完整性管理的内容，并对完整性管理报告和监督检查考核工作提出了要求。

《中国石油天然气股份有限公司油田集输管道检测评价及修复技术导则》按照管道分类分级，重点阐述了油田集输管道检测评价及修复的技术要求，并对高后果区识别、风险评价、适用性评价等内容进行了说明。

《中国石油天然气股份有限公司气田集输管道检测评价及修复技术导则》按照管道分类分级，重点阐述了气田集输管道检测评价及修复的技术要求，并对高后果区识别、风险评价、适用性评价等内容进行了说明。最后分输气、采气管道给出了使用案例。

《中国石油天然气股份有限公司油气集输站场检测评价及维护技术导则》按照站场分类分级，重点阐述了油气集输站场检测评价及维护的技术要求，并分动设备、静设备和安全仪表系统，对RCM、RBI和SIL❶等内容进行了说明。

6.1.3 作业文件

重庆气矿编制了与风险评价相关的作业规程文件6份，分别是《气田管道定性风险评价作业规程》（ZY-0403）、《气田管道半定量风险评价作业规程》（ZY-0404）、《气田管道定量风险评价作业规程》（ZY-0405）、《气田管道地质灾害敏感点识别与风险评价作业规程》（ZY-0406）、《气田管道第三方损坏风险评价作业规程》（ZY-0407）、《站场风险筛选评价作业规程》（ZY-0701）。

《气田管道定性风险评价作业规程》规定了采用定性管道风险评价中的数据收集、管道分段、失效可能性指标、失效后果指标、风险等级计算方法、风险等级划分、风险评价报告等工作内容和要求，适用于气田管道定性风险评价作业。

《气田管道半定量风险评价作业规程》规定了采用半定量管道风险评价中的数据收集

---

❶ RCM—Reliability Centered Maintenance，以可靠性为中心的维修养护模式；RBI—Risk Based Inspection，以风险评估管理为基础的设备管理检验技术；SIL—Safety Integrity Level，安全完整性等级。

与整理、管段划分、失效可能性失效后果分析、风险缓解措施、风险评价报告等工作内容和要求，推荐了采用 Q/SY XN 0432—2015《天然气管道风险初步评估规程》或 SY/T 6891.1—2012《油气管道风险评价方法 第1部分：半定量评价法》的半定量评价指标，适用于气田管道半定量风险评价作业。

《气田管道定量风险评价作业规程》规定了采用定量管道风险评价中的资料数据收集、危险辨识、频率分析、后果严重性分析、风险定量计算、风险评价、降低风险主要原则等工作内容和要求，适用于气田管道定量风险评价作业。

《气田管道地质灾害敏感点识别与风险评价作业规程》适用于在役气田管道的地质灾害敏感点识别及风险评价作业。

《气田管道第三方损坏风险评价作业规程》适用于气田管道开展第三方损坏风险评价作业。

《站场风险筛选评价作业规程》适用站场的容器及工艺管道开展的定性风险评价。

6.2 管道风险评价

6.2.1 管道失效原因及风险评价方法分类

6.2.1.1 管道失效原因

造成管道失效的原因很多，常见的有材料缺陷、机械损伤、腐蚀、焊缝缺陷、外力破坏等。国际管道研究委员会（PRCI）按管道失效性质和发展特点划分为9种类型、22个根本原因。这些根本原因都代表影响完整性的某一种危险，应对其进行管理。

（1）与时间有关的原因。
① 外腐蚀；
② 内腐蚀；
③ 应力腐蚀开裂。

（2）固有因素。
① 与制造管子有关的缺陷：管体焊缝缺陷；管体缺陷。
② 与焊接/制造有关的缺陷：管体环焊缝缺陷；制造焊缝缺陷；折皱弯头或壳曲；螺纹磨损、管子破损、管接头损坏。
③ 设备因素：O形垫片损坏；控制/泄压设备故障；密封/泵填料失效；其他。

（3）与时间无关的原因。
① 第三方/机械损坏：甲方、乙方或第三方造成的损坏（瞬间/立即损坏）；以前损伤的管子（滞后性失效）；故意破坏。
② 误操作：操作程序不正确。
③ 与天气有关的因素和外力因素：天气过冷；雷击；暴雨或洪水；土体移动。

管道风险评价工作是开展完整性管理的核心环节，通过风险评价可以了解管道的各种危害因素，明确管道管理的重点，从而有利于实现风险的预控，保障管道的安全运行。

6.2.1.2 管道风险评价方法分类

管道风险评价方法通常按照结果的量化程度可以分为3类：定性方法、半定量方法和定量方法。定性评价方法通常比较主观，易于理解和使用，但一般具有较强的主观性，需要大量的经验判断，其评价结果一般为风险等级或其他定性描述的结果，代表方法有风险矩阵法、安全检查表法等。半定量评价方法一般是指指标体系法，结果为一相对数值，用其高低来表示风险的高低，无量纲，代表方法有肯特打分法。定量风险评价是对某一设施或作业活动中发生事故的频率和后果进行表述的系统方法，也是一种对风险进行量化管理的技术手段。定量风险评价在分析过程中，不仅要求对事故的原因、过程和后果等进行定性分析，而且要求对事故发生的频率和后果进行定量计算，代表方法有概率风险评价、故障树分析、事件树分析、数值模拟方法等。

常用到的管道风险评价方法见表6.1。

表 6.1 管道风险评价方法

方法名称	方法类别	主要用途
风险矩阵	定性方法	风险分级
安全检查表	定性方法	合规性审查
肯特打分法	半定量方法	系统的风险评价
概率风险评价	定量方法	系统的风险评价
故障树分析	定性方法或定量方法	危害因素识别、失效可能性分析
事件树分析	定性方法或定量方法	失效后果分析
数值模拟	定量方法	失效后果分析

6.2.2 定性风险评价方法

6.2.2.1 评价流程

气田集输管道定性风险评价方法工作流程如图6.1所示。

6.2.2.2 评价方法

（1）数据收集与整理。

收集数据的方式有踏勘、与管道管理人员访谈和查阅资料等。一般需要收集以下资料：

① 管道基本参数。

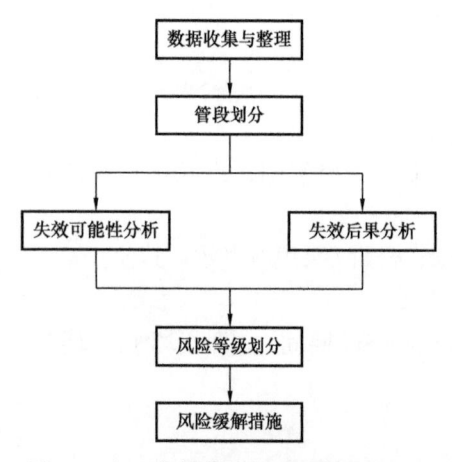

图 6.1 气田集输管道定性风险评价方法工作流程图

② 管道穿跨越、阀室设置。
③ 第三方施工。
④ 管道内外检测报告，内容应包括内外检测工作及结果情况。
⑤ 管道泄漏事故历史，含打孔盗油。
⑥ 管道高后果区、关键段统计，管道周围人口分布。
⑦ 管道输量、管道运行压力报表。
⑧ 阴保点位报表以及每年的通电/断电点位测试结果。
⑨ 管道更新改造资料，含管道改线、管体缺陷修复、防腐层大修、站场大的改造等。
⑩ 管道地质灾害调查/识别。
⑪ 管输介质的分析报告。
⑫ 员工培训。

（2）管段划分。

整条管线并非都有相同的危害性倾向。由于管线线路所经地区人文、地理及管段状态可能均有不同，整条管线上的不同部分的风险程度也是各异的。因此，必须根据一定的原则和标准来划分管段，并分别对这些管段进行评价，才有可能较为准确地了解管线的风险概况。

管道分段原则考虑高后果区、地区等级、地形地貌、管道敷设土壤性质、站场阀室位置等管道的关键属性数据，比较一致时划分为一个管段，在出现变化的地方插入分段点。

（3）气田集输管道风险失效可能性分析。

根据表6.2确定气田集输管道风险失效可能性指标和等级划分。

表6.2 气田集输管道风险失效可能性指标等级表

序号		失效可能性指标		等级
第三方损坏	1	气田集输管道沿线是否存在露管	是	2
			否	1
	2	巡线频率	一周及其以下一次	1
			半月以下一次	2
			半月及其以上一次	3
	3	气田集输管道沿线两侧5m范围内是否存在第三方施工	是	2
			否	1
	4	气田集输管道沿线两侧5m范围内是否存在违章建筑、杂物占压	是	2
			否	1
	5	气田集输管道沿线是否存在重车碾压且未采取相应保护措施	是	2
			否	1

续表

序号		失效可能性指标		等级
第三方损坏	6	气田集输管道沿线标志桩、警示桩是否齐全	是	1
			否	2
	7	管道地面装置是否有效保护	是	1
			否	2
腐蚀	8	气田集输管道输送介质是否含水	是	2
			否	1
	9	气田集输管道输送介质是否含硫化氢	是	2
			否	1
	10	气田集输管道是否采取有效内腐蚀措施	是	1
			否	2
	11	气田集输管道采用的防腐层类型	石油沥青、环氧煤沥青、聚乙烯胶带	2
			3PE	1
	12	气田集输管道外防腐层质量	好	1
			一般	2
			差	3
	13	气田集输管道沿线是否采取有效阴极保护	是	1
			否	2
	14	气田集输管道沿线是否存在杂散电流干扰	是	2
			否	1
	15	气田集输管道沿线敷设土壤环境	山区、旱地、沙漠戈壁	1
			平原庄稼地	2
			盐碱地、湿地	3
设计与施工缺陷	16	设计安全防御系统是否完善设备选型合理	是	1
			否	2
	17	根据运营历史经验和内检测结果是否存在轴向或环向焊缝缺陷	是	2
			否	1
运行与维护误操作	18	是否定期举行员工培训	是	1
			否	2

续表

序号		失效可能性指标		等级
运行与维护误操作	19	规程与作业指导是否受控	是	1
			否	2
	20	线路构筑物对管道是否起有效保护作用	是	1
			否	2
地质灾害	21	气田集输管道所经地形地貌	高山、丘陵、黄土区、台田地	2
			平原、沙漠	1
	22	气田集输管道是否经过地质灾害敏感点区域，例如滑坡、地面沉降、地面塌陷的区域等	是	2
			否	1
	23	是否存在水利工程、挖砂及其他线路工程建设活动	是	2
			否	1
	24	降雨是否容易引发地质灾害	是	2
			否	1

（4）气田集输管道风险失效后果分析。

根据表 6.3 确定气田集输管道风险失效后果指标和等级划分。

表 6.3 气田集输管道风险失效后果等级表

序号	失效后果指标		等级
1	气田集输管道经过的地区等级	四级地区	3
		三级地区	2
		一级、二级地区	1
2	气田集输管道经过一级地区、二级地区时管道两侧各 200m 内是否存在医院、学校、托儿所、幼儿园、养老院、监狱、商场等人群难以疏散的建筑区域	是 □	2
		否 □	1
3	气田集输管道经过一级地区、二级地区时管道两侧各 200m 内是否存在集贸市场、寺庙、运动场、广场、娱乐休闲地、剧院、露营地等	是 □	2
		否 □	1
4	气田集输管道两侧各 200m 内是否有高速公路、国道、省道、铁路	是 □	2
		否 □	1
5	气田集输管道两侧各 200m 内是否有易燃易爆场所	是 □	2
		否 □	1

（5）确定风险等级。

① 风险等级计算方法。风险失效可能性等级根据风险失效可能性指标确定每项等级，即气田集输管道失效可能性指标和除以 24 后向上圆整：

$$气田集输管道失效可能性等级 = \text{ROUNDUP} \frac{(\sum 失效可能性指标每项等级)}{24}$$

失效后果等级根据风险失效后果指标确定每项指标等级，即气田集输管道失效后果指标和除以 5 后向上圆整：

$$气田集输管道失效后果等级 = \text{ROUNDUP} \frac{(\sum 失效后果指标每项等级)}{5}$$

失效可能性等级、后果等级结合风险矩阵确定气田集输管道的风险等级。

② 风险等级划分。由此，根据事故发生的可能性和严重程度等级，通过可将风险等级分为 3 级：低、中、高，见表 6.4。

表 6.4 气田集输管道风险等级标准

后果严重程度		失效可能性		
		中	高	低
		2	3	1
轻微的	1	低	低	中
较大的	2	低	中	中
严重的	3	中	中	高

若管道曾经 5 年内发生过两次及以上失效且管段经过三级及以上地区等级，则该管段直接判定为高风险管段。

若管道检测发现超标缺陷且管段经过三级及以上地区等级，则该管段直接判定为高风险管段。

气田公司可根据本单位实际状况和管道特点，合理设置不同危害类型的权重、风险项设置和评价分值，形成适用于本单位的定性风险评价指标。

（6）风险缓解措施。

气田集输管道风险等级与安全对策措施要求见表 6.5。

表 6.5 气田集输管道风险等级与安全对策措施

风险等级	安全对策要求
低	当前应对措施有效，不必采取额外技术、管理方面的预防措施
中	有进一步实施预防措施以提升安全性的必要，根据实际情况采取措施
高	采用半定量风险评价方法进一步确认风险等级，确认后按半定量结果采取措施

6.2.3 半定量风险评价方法

6.2.3.1 评价流程

气田集输管道半定量风险评价方法工作流程如图 6.2 所示。

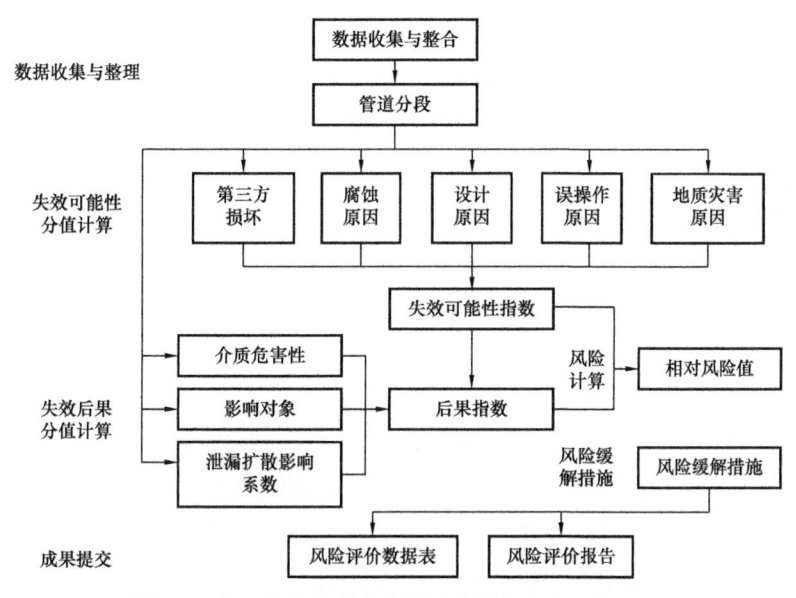

图 6.2 气田集输管道半定性风险评价方法工作流程

6.2.3.2 评价方法

（1）数据收集与整理。

收集数据的方式有踏勘、与管道管理人员访谈和查阅资料等。一般需要收集以下资料：

① 管道基本参数，如管道的运行年限、管径、壁厚、管材等级及执行标准、输送介质、设计压力、防腐层类型、补口形式、管段敷设方式、里程桩及管道里程等。

② 管道穿跨越、阀室等设施。

③ 施工情况，如施工单位、监理单位、施工季节、工期等。

④ 管道内外检测报告，内容应包括内外检测工作及结果情况。

⑤ 管道失效时间分析。

⑥ 管道高后果区、关键段统计，管道周围人口分布。

⑦ 管道输量、管道运行压力报表。

⑧ 阴保点位报表以及每年的通/断电点位测试结果。

⑨ 管道更新改造资料，含管道改线、管体缺陷修复、防腐层大修、站场大的改造等。

⑩ 第三方交叉施工信息表及相关规章制度，如开挖响应制度。

⑪ 管道地质灾害调查/识别，以及危险性评估报告。

⑫ 管道介质的来源和性质、油品/气质分析报告。

⑬ 管道清管杂质分析报告。
⑭ 管道初步设计报告及竣工资料。
⑮ 管道安全隐患识别清单。
⑯ 管道维抢修情况及应急预案。
⑰ 是否安装有泄漏监测系统、安全预警系统等情况。
（2）管段划分。

考虑高后果区、地区等级、地形地貌、管道敷设土壤性质、站场阀室位置等管道的管件属性数据，比较一致时划分为一个管段，在出现变化的地方插入分段点。

（3）失效可能性分析。

在应用半定量风险评价方法中，将造成管道事故的失效可能性指标大致分为5大类：即第三方损坏（100分）、腐蚀（100分）、制造与施工缺陷（50分）、误操作（50分）、自然与地质灾害（100分）。指数总和在0~400分之间。

① 第三方损坏（100分）。

a. 埋深（20分）。

埋深得分计算：

$$埋深评分 = （单位为米的该段的埋深）\times 13.1$$

应注意的是，在钢管外加设钢筋混凝土涂层或加钢套管及其他保护措施，均对减少第三方破坏有利，可视同增加埋深考虑。保护措施相当埋深增加值见表6.6。

表6.6 保护措施相当埋深增加值

保护措施	相当增加的覆土厚度（mm）
50mm厚水泥保护层	200
100mm厚水泥保护层	300
加强水泥盖板	600
管道套管	600
警告标志带	150
网栏	460

b. 地区等级分值（15分）。管道通过地区等级可按沿线居民户数或建筑物的密集程度分为5级来评分。对一级一类地区（不经常有人活动及无永久性人员居住的区段），则为15分；一级二类地区（2km×400m范围内的住户低于15户），则为12分；二级地区（2km×400m范围内的住户为15~100户），则为6分；三级地区（2km×400m范围内的住户大于100户），则为3分；四级地区（2km×400m范围内聚集有4层及4层以上建筑物），则为0分。

c. 建设活动频繁程度分值（5分）。根据管道沿线地区建设活动，对矿藏开发及重工业生产地区，则为0分；在建的经济技术开发区，则为2分；规划的经济技术开发区，则为4分；未考虑开发的地区，则为5分。

d. 管道地面装置评分（15分）。根据我国对管道地面装置所采取保护措施的实际情况，可分为以下几种情况来评分：无地面装置，则为15分；地面装置与公路的距离大于60m，则为8分；地面装置有保护围栏，则为5分；地面装置上有警示标志符号，则为2分。

e. 管道公司的宣传教育工作分值（10分）。根据实施效果进行评分，无效果不得分。最大分值10分，为以下评分之和：定期公众宣传，则为4分；与地方沟通，则为4分；走访附近居民，则为4分；无，则为0分。

f. 违章建筑情况分值（10分）。根据规定严禁在管道中心线两侧各5m范围内存在各种建构筑物。管道沿线的违章建筑情况可按以下几种情况来评分：管道附近不存在违章建筑，则为10分；管道附近存在1~3处违章建筑，则为5分；管道附近存在3处以上违章建筑，则为0分。

g. 管道线路标志评分（10分）。线路标志的评分将由标志桩和检测桩的完好程度来确定，所有标志桩和检测桩完好无损，则为10分；80%以上标志桩和检测桩完好，则为8分；60%以上标志桩和检测桩完好，则为6分；40%以上标志桩和检测桩完好，则为4分；现存标志桩和检测桩不足40%，则为2分；无各种线路标志，则为0分。

h. 巡线频率评分（15分）。根据管道的巡线实际，可按以下几种情况来评分：对于高后果区每日两巡，其他管线每日巡线，则为15分；对于高后果区每日一巡，其他管线隔日巡线，则为12分；对于高后果区每两日一巡，其他管线每周两次巡线，则为10分；对于高后果区每周一巡，其余管线两周一次巡线，则为6分；从不巡线，则为0分。

② 腐蚀（100分）。

a. 介质腐蚀性（12分）。无腐蚀性（管输产品基本不存在对管道造成腐蚀的可能性），12分；中等腐蚀性（管输产品腐蚀性不明可归为此类），5分；强腐蚀性（管输产品含有大量杂质，如水、盐溶液、硫化氢、二氧化碳等杂质，对管道会造成严重腐蚀），0分；特定情况下具有腐蚀性（产品没有腐蚀性，但其中有可能引入腐蚀性组分，如甲烷中的二氧化碳和水等），8分。

b. 内腐蚀防护（15分）。为以下各项评分之和：本质安全，15分；处理措施，8分；内涂层，8分；内腐蚀监测，6分；清管5分；注入缓蚀剂，3分；无防护，0分。

c. 土壤腐蚀性（10分）。根据土壤电阻率，判断土壤腐蚀性：低腐蚀性（土壤电阻率>50Ω·m，一般为山区、干旱、沙漠戈壁），10分；中等腐蚀性（20Ω·m<土壤电阻率≤50Ω·m，一般为平原庄稼地），6分；高腐蚀性（土壤电阻率≤20Ω·m，综合考虑pH值、含水率、微生物腐蚀等指标，一般为盐碱地、湿地等），0分。

d. 阴极保护电位（6分）。-1.2~-0.85V，6分；-1.5~-1.2V，4分；不在规定范围内，1分；无，0分。

e. 阴保电位检测（4分）。都按期进行检测，4分；每月一次通电电位检测，3分；每年一次断电电位检测，2分；都没有检测，0分。

f. 恒电位仪（4分）。运行正常，4分；运行不正常，0分。

g. 杂散电流干扰（5分）。无，5分；交流干扰已防护，4分；直流干扰已防护，3分；交流干扰未防护，2分；直流干扰未防护，1分。

h. 防腐层质量（20分）。指钢管防腐层及补口处防腐层的质量，根据以往检测结果或者经验判定，按以下评分：好，20分；一般，10分；差，5分；无防腐层，0分。

i. 防腐层检测（4分）。按期进行，4分；没有按期进行，2分；没有进行，0分。

j. 保护工——人员（3分）。人员充足，3分；人员不足，0分。

k. 保护工——培训（2分）。每年一次，2分；每两年一次，1.5分；每三年一次，1分；无培训，0分。

l. 外检测（10分）。根据系统的外检测与直接评价情况，按以下评分：距今<5年，10分；距今5~8年，6分；距今>8年，2分；未进行，0分。

m. 阴保电流（5分）。根据防腐层类型和电流密度进行评分。

i. 三层PE防腐层按以下评分：电流密度<10μA/m^2，5分；电流密度为10~40μA/m^2，3分；电流密度>40μA/m^2，0分。

ii. 石油沥青及其他类防腐层按以下评分：

电流密度<40μA/m^2，5分；电流密度为40~200μA/m^2，3分；电流密度>200μA/m^2，0分。

③ 制造与施工缺陷（50分）。

a. 运行安全裕量（7.5分）。此项评分时可按如下公式计算：

$$运行安全裕量评分 = （设计压力/最大正常运行压力 - 1）\times 15$$

b. 钢管材料选择（10分）。符合设计选材原则，10分；有指标不符合使用环境，5分；未按设计原则选材，2分；选用非管道用钢材，0分。

c. 施工检验（12.5分）。根据管道施工检验情况，按以下评分：施工全过程均有完整的检验记录，12.5分；检验记录不完整，10分；无检验记录，7分。

d. 施工质量（20分）。根据管道焊接、敷设、回填等施工情况，以及工程质量合格率、防腐层破损点数量等检查、检测结果，按以下评分：工艺合理、施工规范，20分；工艺合理、施工不规范，10分；工艺不合理、有不良施工记录且整改不力，0分。

④ 误操作（50分）。

a. 员工培训（12.5分）。为以下各项评分之和：通用科目—产品特性，8分；通用科目—维修维护，3分；通用科目—控制和操作，3分；通用科目—管道腐蚀，3分；通用科目—管材应力，3分；岗位操作规程，6分；应急演练，3分；定期再培训，3分；测验考核，6分；无，0分。

b. 数据与资料管理（12.5分）。根据保存管道和设备设施的资料数据管理系统情况，按以下评分：完善，12.5分；有，7分；无，0分。

c. 维护计划执行（12.5分）。按以下评分：有计划且执行良好，12.5分；有计划但部分未执行，7分；无计划，0分。

d. 线路保护构筑物状况（12.5分）。按以下评分：状况良好，12.5分；有部分损坏或部分丧失保护性，7分；大面积损坏或基本丧失保护性，2分；完全损坏或完全丧失保护性，0分。

⑤ 自然与地质灾害（100分）。

a. 已识别灾害点（100分）。已识别灾害点评分为以下3项得分的乘积：

i. 已识别灾害点—易发性。潜在点发生地质灾害的可能性，如滑坡，应考虑发生滑动的可能性，按以下评分：低，10分；中，8分；较高，6分；高，4分。

ii. 已识别灾害点—管道失效可能性。灾害发生后造成管道泄漏的可能性，按以下评分：低，10分；中，8分；较高，6分；高，4分。

iii. 已识别灾害点—治理情况。按以下评分：没有必要，100%；防治工程合理有效，95%；防治工程轻微破损，90%；已有工程受损，但仍能正常起到保护作用，80%；已有工程严重受损，或者存在设计缺陷，无法满足管道保护要求，60%；无防治工程（包括保护措施，以下同）或防治工程完全毁损，50%。

b. 地形地貌（25分）。按以下评分：平原，25分；沙漠，20分；中低山、丘陵，15分；黄土区、台田地，15分；高山，10分。

c. 降雨敏感性（10分）。根据降水导致的地质灾害的可能性，按以下评分：低，10分；中，6分；高，2分。

d. 土体类型（20分）。按以下评分：完整基岩，20分；薄覆盖层（土层厚度大于等于2m），18分；薄覆盖层（土层厚度小于2m），12分；破碎基岩，10分。

e. 管道敷设方式（25分）。按以下评分：无特殊敷设，25分；沿山脊敷设，22分；爬坡纵坡敷设，18分；在山前倾斜平原敷设，18分；在台田地敷设，18分；在湿陷性黄土区敷设，15分；切坡敷设，与伴行路平行，15分；穿越或短距离在季节性河床内敷设，15分；在季节性河流河床内敷设，10分。

f. 人类工程活动（15分）。根据人类工程对地质灾害的诱发性，按以下评分：无，15分；堆渣，12分；农田，12分；水利工程、挖砂活动，8分；取土采矿，8分；线路工程建设，8分。

g. 管道保护状况（5分）。按以下评分：有硬覆盖、稳管等保护措施，5分；无额外保护措施，0分。

（4）失效后果分析。

造成管道事故的失效后果指标主要分为3大类：介质危害性、影响对象和泄漏扩散影响系数，介质危害性和影响对象分别为10分，泄漏扩散影响系数为6分，失效后果为这3项指标之乘积，总分为600分。

① 介质危害性，为以下4项评分之和（10分）。

a. 燃烧性（N_f）（3分）。利用介质的闪点这一表征燃烧性的重要指标来对此项评分：非燃烧性，则为0分；闪点大于93℃，则为1分；38℃<闪点<93℃，则为2分；闪点<38℃和沸点<38℃，则为3分。

b. 反应性（N_r）（3分）。按以下几种情况来评分：即使在用火加热条件下，也完全处于稳定状态，则为 0 分；在带压加热条件下出现轻微反应，则为 1 分；即使在不加热条件下，也出现剧烈反应，则为 2 分；在非密闭条件下可能出现爆炸，则为 3 分。

c. 有毒性（N_h）（3 分）。按以下几种情况来评分：不具危害性，则为 0 分；可能存在轻微的后遗症伤害，则为 1 分；为避免暂时性的能力丧失，须立即采取医疗措施，则为 2 分；能导致严重的暂时性或后遗症伤害，则为 3 分。

d. 介质危害修正（2 分）。按输气压力评分：内压≥13MPa，2 分；3.5MPa≤内压＜13MPa，1 分；0MPa＜内压＜3.5MPa，0 分。

② 影响对象，为以下两项评分之和（10 分）。

a. 人口密度（6 分）。按管道通过地区等级，一级一类地区，则为 2 分；一级二类地区，则为 3 分；二级地区，则为 4 分；三级地区，则为 5 分；四级地区，则为 6 分。

b. 其他影响（4 分）。特定场所Ⅰ，4 分；特定场所Ⅱ，3 分；加油站、油库、油气站等易燃易爆场所等，2 分；码头、机场、铁路、高速公路，2 分；省道、国道，1.5 分；军事设施，1.5 分；自然保护区、水资源保护区、国家文物等，1 分。

③ 泄漏扩散影响系数（6 分）。泄漏扩散影响系数根据表 6.7 采用线性插值法计算。

表 6.7 泄漏扩散影响系数评分

泄漏值	分值
24370	6
13357	5.5
12412	5.1
12143	5
11746	4.8
11349	4.7
10747	4.4
10018	4.1
8966	3.7
7762	3.2
7057	2.9
6756	2.8
5431	2.2
4789	2
4481	1.8
1288	0.5
949	0.4

管道泄漏值根据介质和运行压力不同，可采用下式计算：

$$气体泄漏值 = (d^2p)^{1/2} M_W \times 0.474$$

式中　　d——管径，mm；
　　　　p——运行压力，MPa；
　　　　M_W——介质分子量。

（5）确定风险等级。

① 风险计算方法。

a. 计算第三方损坏失效可能性得分：

$$P_1 = U_1 + U_2 + U_3 + U_4 + U_5 + U_6 + U_7 + U_8$$

式中　　P_1——第三方损坏失效可能性得分；
　　　　U_1，U_2，U_3，U_4，U_5，U_6，U_7，U_8——各第三方损坏失效可能性指标项的评分值。

b. 计算腐蚀失效可能性得分：

$$P_2 = V_1 + V_2 + V_3 + V_4 + V_5 + V_6 + V_7 + V_8 + V_9 + V_{10} + V_{11} + V_{12} + V_{13}$$

式中　　P_2——腐蚀失效可能性得分；
　　　　V_1，V_2，V_3，V_4，V_5，V_6，V_7，V_8，V_9，V_{10}，V_{11}，V_{12}，V_{13}——各腐蚀失效可能性指标项的评分值。

c. 计算制造与施工缺陷失效可能性得分：

$$P_3 = W_1 + W_2 + W_3 + W_4$$

式中　　P_3——制造与施工缺陷失效可能性得分；
　　　　W_1，W_2，W_3，W_4——各制造与施工缺陷失效可能性指标项的评分值。

d. 计算误操作失效可能性得分：

$$P_4 = X_1 + X_2 + X_3 + X_4$$

式中　　P_4——运行与维护误操作失效可能性得分；
　　　　X_1，X_2，X_3，X_4——各误操作失效可能性指标项的评分值。

e. 计算自然与地质灾害失效可能性得分：

$$P_5 = \text{MIN}\left[Y_1, (Y_1 + Y_2 + Y_3 + Y_4 + Y_5 + Y_6 + Y_7)\right]$$

式中　　P_5——自然与地质灾害失效可能性得分；
　　　　Y_1，Y_2，Y_3，Y_4，Y_5，Y_6，Y_7——各自然与地质灾害失效可能性指标项的评分值。

f. 计算失效后果得分：

$$C = K_1 K_2 K_3$$

式中　　C——失效后果得分；
　　　　K_1，K_2，K_3——失效后果指标项的评分值。

g. 计算风险得分：

$$R=(P_1+P_2+P_3+P_4+P_5)/C$$

式中 R——风险值。

② 风险等级划分。管道风险等级划分标准见表6.8。

表6.8 管道相对风险等级划分标准

风险等级	相对风险分值 R
低风险	$R>25$
中风险	$5<R\leqslant 25$
高风险	$R\leqslant 5$

（6）风险缓解措施。

根据管道风险的主要来源，可参照表6.9提出风险缓解措施建议。

表6.9 风险缓解措施一览表

序号	主要风险	主要的风险缓解措施
1	第三方损坏	①增加套管、盖板等管道保护设施； ②巡线； ③管道标识； ④增加埋深； ⑤更改路由； ⑥安装安全预警系统； ⑦公众警示
2	腐蚀	①防腐层修复； ②内外检测及缺陷修复； ③排流措施； ④更改路由； ⑤输送介质腐蚀性控制； ⑥清管； ⑦内涂、内衬等
3	制造与施工缺陷	①内外检测、压力试验及修复； ②降压运行
4	地质灾害	①增加埋深； ②更改路由； ③水工保护工程； ④地质灾害治理； ⑤更改穿越方式； ⑥管道加固

续表

序号	主要风险	主要的风险缓解措施
5	误操作	① 员工培训； ② 规范操作流程； ③ 超压保护； ④ 防误操作设计、防护
6	后果	① 安装泄漏监测系统； ② 手动阀室变更为 RTU 阀室； ③ 增设截断阀室； ④ 更改路由； ⑤ 应急准备

6.2.4 定量风险评价方法

定量风险评价（Quantitative Risk Assessment，QRA）是对某一设施或作业活动中发生事故的频率和后果进行表述的系统方法，也是一种对风险进行量化管理的技术手段。定量风险评价在分析过程中，不仅要求对事故的原因、过程、后果等进行定性分析，而且要求对事故发生的频率和后果进行定量计算，并将计算出的风险与风险标准相比较，判断风险的可接受性，提出降低风险的建议措施。

对于在用阶段油气集输管道采用定量风险评价方法时，其失效频率和失效后果的计算方法参照 Q/SY 1646《定量风险分析导则》进行计算。其风险可接受标准遵守国家安全监管总局 2014 年第 13 号文《危险化学品生产、储存装置个人可接受风险标准和社会可接受风险标准（试行）》中的规定。

气田管道定量风险评价工作流程如图 6.3 所示。

6.2.4.1 资料数据收集

根据定量风险评价的目标和深度确定所需收集的资料数据，包括但不局限于表 6-10 的资料数据。

6.2.4.2 危险辨识

（1）危害介质识别。

天然气属易燃、易爆气体，与空气混合形成爆炸性混合物，遇明火极易燃烧爆炸，在相对密闭空间内有窒息危险。作为主要烃组分的甲烷属于 GB13690—2009《化学品分类和危险性公示 通则》中的气相爆炸物质，其爆炸

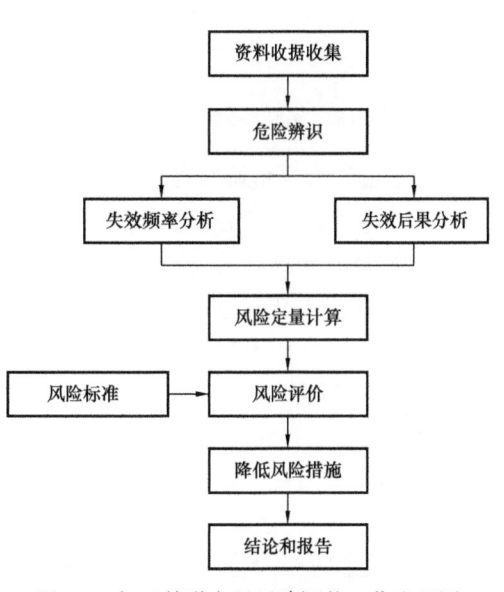

图 6.3 气田管道定量风险评价工作流程图

极限范围是 5%～15%（体积比）。按 GB50183—2004《石油和天然气工程设计防火规范》，天然气的火灾危险性为甲类。

表 6.10 气田管道定量风险分析收集的数据资料

类别	资料数据
危害信息	单元存量、危险物质安全技术说明书（MSDS）、现有的工艺危害分析［如危险与可操作性分析（HAZOP）］结果、点火源分布等
设计与运行数据	区域位置图、平面布置图、设计说明、工艺技术规程、安全操作规程、工艺流程图（PFD）、物料平衡、管道和仪表流程图、设备数据、仪表数据、管道数据、运行数据等
减缓控制系统	探测和隔离系统（可燃气体和有毒气体检测、火焰探测、电视监控、联锁切断等）、消防、水幕等减缓控制系统
自然条件	气象条件（气压、温度、湿度、太阳辐射热、风速、风向及大气稳定度等）；地质、地貌条件（现场周边的地形条件、表面粗糙度）等
历史数据	事故案例、设备失效、仪表失效统计资料等；历次自然灾害（如洪水、地震、台风、海啸、泥石流、塌方等）记录等
人口数据	分析目标（范围）内室内和室外人口分布
管理系统	管理制度，操作和维护手册、设备维修与检验记录、作业程序，以及培训、应急、事故调查、承包商管理、设施完整性管理、变更管理等

注：典型点火源分为：(1) 点源，如加热炉（锅炉）、机车、火炬、人员；(2) 线源，如公路、铁路、输电线路；(3) 面源，如厂区外的化工厂、油炼厂。

应对分析对象单元的工艺条件、设备（设施）、平面布局等资料进行分析，结合现场调研，针对可燃物泄漏，确定最严重事故场景范围内的潜在点火源，并统计点火源的名称、种类、方位，数目以及出现的概率等要素。

人口分布调查时，应遵循以下原则：(1) 根据分析目标，确定人口调查的地域边界；(2) 考虑人员在不同时间上的分布，如白天与晚上；(3) 考虑娱乐场所，体育馆等敏感场所人员的流动性；(4) 考虑已批准的规划区内可能存在的人口。

人口数据可采用实地统计数据，也可采用通过政府主管部门、地理信息系统或商业途径获得的数据。

（2）输送介质危险特性。

主要体现在以下几个方面：

① 燃烧。天然气遇火源点燃后在空气中会剧烈燃烧，有可能发生喷射火、火球。

② 爆炸。天然气泄漏后遇空气混合形成爆炸性混合物后，遇点火源发生爆炸。

③ 毒性。含硫天然气具有毒性，伴随扩散作用其危害性更大。

（3）危险度判定。

参考 Q/SY 1646—2013《定量风险分析导则》附录 A 规定的危险度评价法。该方法以研究对象中物料、容量、温度、压力和操作 5 项指标进行评定。每项指标分为 A，B，C 和 D 4 个类别，分别赋予 10 分、5 分、2 分和 0 分，根据 5 项指标得分之和来确定该研究对象的危险程度等级，从而判定进行定量风险评价的必要性。危险度评价取值参考该企业标准表 A.1。

（4）泄漏场景的确定。

在定量风险分析中，应包括对个体风险和（或）社会风险产生影响的所有泄漏场景。

泄漏场景的选择应考虑主要设备（设施）的工艺条件、历史事故和实际的运行环境。

泄漏场景根据泄漏当量孔径大小可分为完全破裂以及孔泄漏两大类，有代表性的泄漏场景见表6.11。当设备（设施）直径小于150mm时，取小于设备（设施）直径的孔泄漏场景以及完全破裂场景。

（5）管线泄漏场景。

对于完全破裂场景，如果泄漏位置严重影响泄漏量或泄漏后果，应至少分别考虑3个位置的完全破裂：

① 管线前端；

② 管线中间；

③ 管线末端。

对于长距离管线，应沿管线选择一系列泄漏点，泄漏点的初始间距可取为50m，漏点数应确保当增加激漏点数量时，风险曲线不会显著变化。

表6.11 泄漏场景

泄漏场景	当量孔径（d_e）范围	代表值
小孔泄漏	0mm＜d_e≤5mm	5mm
中孔泄漏	5mm＜d_e≤50mm	25mm
大孔泄漏	50mm＜d_e≤150mm	100mm
完全破裂	150mm＜d_e	（1）设备设施完全破裂或泄漏孔径＞150mm； （2）全部存量瞬时释放

6.2.4.3 频率分析

6.2.4.3.1 泄漏频率

失效频率可使用以下数据来源，也可按SY/T 6714—2020中表31确定：

（1）工业失效数据库；

（2）企业历史数据；

（3）供应商的数据；

（4）基于可靠性的失效概率模型；

（5）其他数据来源。

泄漏频率数据选择应考虑以下事项：

（1）应确保使用的失效数据与数据内在的基本假设相一致；

（2）使用化工行业数据时，宜考虑下列因素对世漏频率的影响；

① 减薄（冲割、腐蚀、磨损等）；
② 衬里破损；
③ 外部破坏；
④ 应力腐蚀开裂；
⑤ 高温氢腐蚀；
⑥ 疲劳（温度、压力、机械等引起）；
⑦ 内部元件脱落；
⑧ 脆性断裂；
⑨ 其他引起泄漏的危害因素。

（3）如果使用企业历史统计数据，则只有该历史数据充足并具有统计意义时才能使用。

使用 SY/T 6714—2020《油气管道基于风险的检测方法》中表31确定频率值，应通过设备系数（F_E）和管理系数（F_M）修正，得到调整后的失效频率：

$$F_{调整后} = F_{原始} F_E F_M \tag{6.1}$$

式中 $F_{调整后}$——调整后的失效频率；
$F_{原始}$——原始的失效频率；
F_E——设备系数，其值的选取参见 Q/SY 1646—2013 附录 C；
F_M——管理系数，其值按 SY/T 6714—2020 中8.4节的规定选取。

当泄漏场景发生的频率小于 10^{-8} 次 /a 或事故场景造成的致死率小于 1% 时，在定量风险分析时可不考虑。

6.2.4.3.2 事故发生频率

通过事件树分析可以得到物料泄漏后发生各种事故的频率。

事件树分析中主要分支包括：是否立即点火；是否检测失效；是否延迟点火；是否爆炸；是否隔离失效。事件树分析结果参见 Q/SY 1646—2013 附录 D。

立即点火的点火概率应考虑设备类型、物质种类和泄漏形式（瞬时释放或者连续释放），可根据数据库统计或通过概率模型计算获得。可燃物质泄漏后立即点火的概率参见 Q/SY 1646—2013 附录 E。

延迟点火的点火概率应考虑点火源的火源特性、泄漏物特性以及泄漏发生时点火源存在的概率，可按式（6.2）计算：

$$P(t) = P_{present}(1 - e^{-wt}) \tag{6.2}$$

式中 $P(t)$——0 至 t 时间内发生点火的概率；
$P_{present}$——点火源存在的概率；
w——点火效率，与点火特性有关，s^{-1}。

常见点火源在 1min 内的点火概率参见 Q/SY 1646—2013 附录 E。

对于有毒可燃物质，反应活性较低的物质只考虑中毒事故；对于反应活性为中等或活性较高的物质，需分别考虑发生中毒和可燃两种独立事故。

6.2.4.4 后果严重性分析

6.2.4.4.1 气田管道事故事件树分析

管道失效后有可能发生的事故类型以及各事故发生的频率分析采用事件树分析方法。该方法是归纳推理,从原因到结果,即沿着特定时间发生顺序正向追踪,随之描绘出逻辑关系图——事件树。在事件树中,分析起始于一特定事件(初始事件),再跟踪所有可能后续发生的事件,以确定可能要发生的事故。

管线失效后,从管线内泄放的易燃易爆有毒的气体可能产生各种不同的失效后果,对失效点附近的人员及财产将造成巨大的威胁。对于给定的管线,其失效后果的类型与气体泄漏源类型、管线运行状态、失效模式以及点燃时间(立即点燃或延迟点燃)等因素有关。

根据泄漏源面积的大小和泄漏持续的时间,泄漏源分为瞬时泄漏源和连续泄漏源。

(1)连续泄漏源:气田管道或容器上腐蚀或疲劳形成的裂纹或孔洞造成气体连续泄放的泄漏源为连续泄漏源,连续源具有长时间较小泄漏量的稳态泄放的特点。

(2)瞬时泄漏源:油气在储运生产中,管道或容器爆炸破裂瞬间,气体能形成一定半径和高度的气云团的泄漏源为瞬时泄漏源,瞬时源具有短时间大量泄漏特点,其泄漏时间远小于扩散时间。

气田管道失效事件树分析结果由图 6.4 给出,其中喷射火、火球、爆炸和中毒是常见的后果类型。

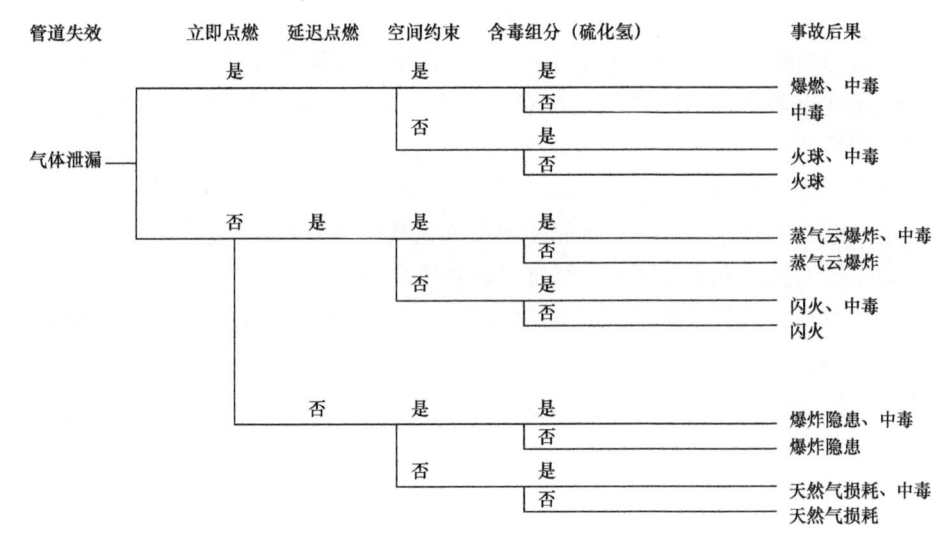

图 6.4 气田管道失效事件树分析结果

6.2.4.4.2 喷射火计算

气田管道高压天然气泄漏时形成射流,如果在裂口处被点燃,则形成喷射火。

喷射火要通过热辐射的方式影响周围环境。喷射火的影响主要是取决于是否有人员暴露于火焰或特定的热辐射中。一般而言,人员暴露于 $4kW/m^2$ 的热辐射 20s 以上会感觉疼痛；12.5kW/m² 热辐射范围内木材燃烧，塑料溶化，4s 之内将达到正常人疼痛的极限；如果暴露于 37.5kW/m² 的热辐射，将导致人员在来不及逃生的情况下立即死亡。

6.2.4.4.3 火球

火球是气态可燃物和空气的混合云团，处于可燃范围内时被一定量的引燃能点燃后发生的瞬态燃烧。它的热辐射经验模型和半经验模型之间的差别很大，尚没有能够全面准确描述火球发生、发展及其后果的计算模型。目前计算火球热辐射通量的模型主要有两种：固体火焰模型（假设火球表面热辐射通量与可燃物质量无关，为某一常数，通过实验测定）和点源模型（火球表面热辐射通量依赖于火球中的燃料质量、持续时间及火球直径大小等因素）。实验表明热辐射通量与火球大小有关，火球大小由于储罐数量、形状、存储压力和存储质量等因素有关。定量风险计算给出的火球半径，是火球导致人员死亡的影响距离。

6.2.4.4.4 汽云爆炸

爆炸是物质的一种非常急剧的物理、化学变化，也是大量能量在短时间内迅速释放或急剧转化成机械能对外做功的现象。它通常借助于气体的膨胀来实现。从物质运动的表现形式来看，爆炸就是物质剧烈运动的一种表现。物质运动急剧增速，由一种状态迅速地转变为另一种状态，并在瞬间释放出大量的能量。一般来说，爆炸现象具有以下特点：爆炸过程进行的很快；爆炸点附近压力急剧升高，产生冲击波；发出或大或小的声响；周围介质发生振动或邻近物质遭受破坏。

蒸气云发生爆炸事故必须满足以下几个条件：

（1）泄漏的物质必须可燃，而且具备适当的压力和温度条件。

（2）必须在点燃之前，即扩散阶段形成一个足够大的云团。如果可燃物刚泄漏就立即被点燃，则形成喷射火焰。但如果泄漏物质经过一段时间的扩散形成了蒸气云，然后被点燃，则会产生较强的爆炸波压力，并从云团中心向外传播，在大范围内造成严重破坏。据统计，绝大部分蒸气云爆炸事故发生在泄漏开始后的 3min 之内。

（3）局部蒸气云的浓度必须处于燃烧极限范围之内。

（4）存在湍流。蒸气云爆炸产生的爆炸波效应，是由火焰的传播速度决定的。火焰在可燃气云中传播得越快，云中产生的超压就越高，相应地，气云的爆炸波效应就得到增强。研究实验表明，湍流能够显著提高蒸气云的燃烧速率，加快火焰的传播速度。一般来说，火焰都是以爆燃方式传播的，只有在非常特殊的条件下，才会出现爆轰。高速燃烧通常局限于障碍区域。一旦火焰进入无障碍区或无湍流区，燃烧速度和压力都将下降。

（5）存在足够能量的点火源。

对蒸气云爆炸（VCE）事故进行定量分析的方法主要有两种：TNT 当量法和 TNO（multi-energy）模型法。

6.2.4.4.5 扩散中毒（H_2S，SO_2）

天然气中有毒的气体组分主要包括硫化氢和二氧化硫。

硫化氢具有极强毒性，为无色、可燃气体，具有典型的臭鸡蛋气味，冷却时很容易液化成为无色液体。硫化氢爆炸极限为 4.3%～46%，可溶于水、乙醇、二氧化碳以及四氯化碳等。硫化氢在空气中的最高容许浓度是 10mg/m³；当空气中硫化氢浓度达 10～300mg/m³（体积分数 0.00066%～0.0198%）时，可引起眼急性刺激症状，接触时间稍长会引起肺水肿；当硫化氢浓度介于 300～760mg/m³（体积分数 0.0198%～0.0502%）时，可引发肺水肿、支气管炎及肺炎、头痛、头昏、恶心、呕吐；当硫化氢浓度≥760mg/m³（体积分数 0.0502%）时，人会很快出现急性中毒，呼吸麻痹而死亡；硫化氢对人的绝对致死浓度为 1000mg/m³。

二氧化硫也具有毒性，为无色透明气体，有刺激性气味，可溶于水、乙醇和乙醚。当空气中的二氧化硫浓度达到 50mg/m³ 时，即可使人感到窒息感，并引起眼刺激症状；当浓度达到 1050～1310mg/m³ 时，人即便是短时间接触，也有中毒的危险；当空气中二氧化硫浓度达到 5240mg/m³，会立刻引起人的喉头痉挛、喉水肿而引起窒息。

泄漏出的含硫天然气，若在泄漏口未遇火源，将在其自身动量作用下，与空气混合、扩散形成毒性云团。在泄漏过程中，受到气质条件、气象和气候、地形地貌、压力、管长、管径以及破裂面积、泄漏位置等因素的影响。在泄漏过程结束后，毒性云团将脱离泄漏点并向下风向移动，直至被空气完全稀释。

气田管道泄漏释放的天然气在大气湍流的影响下扩散到周围环境中。释放的天然气在周围环境中的浓度可以通过大气扩散模型进行计算。这些浓度对有毒气体是否会导致人员损伤是十分重要的。

在扩散模型中需要考虑被称为 Pasquill 等级（A 到 F）的大气稳定性和一定的风速。

6.2.4.5 风险定量计算

气田管道定量风险评价分为个人风险和社会风险。

个人风险和社会风险结果应满足：

（1）个人风险应在比例尺地理图上以等值线的形式给出，具体给出的等值线应根据个人风险接受标准和所关心的个人风险值来确定；

（2）社会风险以表示累计频率和死亡人数之间关系的曲线图，即 F-N 曲线形式给出。

6.2.4.5.1 个人风险

个人风险（Individual Risk，IR）代表一个人死于意外事故的频率，且假定该人没有采取保护措施，个人风险在地形图上以等值线的形式给出。

个人风险计算流程：

（1）选择一个泄漏场景（S），确定 S 的发生频率 f_S。

（2）选择一种天气等级 M 和该天气等级下的一种风向 φ，给出天气等级 M 和风向 φ 同时出现的联合频率 $P_M P_\varphi$。

（3）如果是可燃物释放，选择一个点火事件 i 并确定点火频率 P_i。如果考虑物质毒性影响，则不考虑点火事件。

（4）计算在特定的泄漏场景 S、天气等级 M、风向 φ 及点火事件 i（可燃物）条件下网格单元上的致死率 $P_{个人风险}$，计算中参考高度取 1m。

（5）计算（S，M，φ，i）条件下对网格单元个体风险的贡献。

$$\Delta \text{IR}_{S,M,\varphi,i} = f_S P_M P_\varphi P_i P_{个人风险} \tag{6.3}$$

式中　f_S——某个泄漏场景（S）的发生频率；

$P_M P_\varphi$——天气等级 M 和风向 φ 同时出现的联合频率；

P_i——某个点火事件的点火频率；

$P_{个人风险}$——特定的泄漏场景 S、天气等级 M、风向 φ 及点火事件 i（可燃物）条件下网格单元上的致死率；

$\Delta \text{IR}_{S,M,\varphi,i}$——（$S$，$M$，$\varphi$，$i$）条件下对网格单元个体风险的贡献。

（6）对所有点火事件，重复步骤（3）至步骤（5）步的计算；对所有的天气等级和风向，重复步骤（2）至步骤（5）的计算；对所有泄漏场景，充不步骤（1）至步骤（5）的计算，则网格点处的个体风险由式（6.4）计算：

$$\text{IR} = \sum_S \sum_M \sum_\varphi \sum_i \Delta \text{IR}_{S,M,\varphi,i} \tag{6.4}$$

式中　IR——网格点处的个体风险。

6.2.4.5.2　社会风险

社会风险（Social Risk，SR）用于描述事故发生频率与事故造成的人员受伤或死亡人数的相互关系，是指同时影响许多人的灾难性事故的风险，这类事故对社会的影响程度大，易引起社会的关注。社会风险一般通过 $F—N$ 曲线表示（F 为频率，N 为伤亡人员数）。$F—N$ 曲线表示可接受的风险水平——频率与事故引起的人员伤亡数目之间的关系。$F—N$ 曲线值的计算是累加的，比如与"N 或更多"的死亡数相应的特定频率。

社会风险计算流程：

（1）首先确定以下条件：

① 确定泄漏场景及发生频率 f_S；

② 选择天气等级 M，频率为 P_M；

③ 选择天气等级 M 下的一种风向 φ，频率为 P_φ；

④ 对于可燃物，选择条件频率为 P_i 的点火事件 i。

（2）选一个网格单元，确定网格单元内的人数 N_{cell}；

（3）计算在特定的泄漏场景，M，φ，i 下，网格单元内的人口死亡百分比 $P_{社会风险}$，计算在参考高度取 1m。

（4）计算在特定的泄漏场景，M，φ，i 下网格单元的死亡人数 $\Delta N_{S,M,\varphi,i}$。

$$\Delta N_{S,M,\varphi,i} = P_{社会风险} N_{\text{cel}} \tag{6.5}$$

（5）对所有网格单元，重复步骤（2）至步骤（4）的计算，对 LOC，M，φ，i 计算死亡人数 $\Delta N_{S,M,\varphi,i}$。

$$\Delta N_{S,M,\varphi,i} = \sum_{\text{所有网格单元}} \Delta N_{S,M,\varphi,i} \tag{6.6}$$

（6）计算 S，M，φ，i 的联合频率 $f_{S,M,\varphi,i}$。

$$\Delta f_{S,M,\varphi,i} = f_S P_M P_\varphi P_i \tag{6.7}$$

（7）对所有 $S(f_S)$，M，φ，i，重复步骤（1）至步骤（7）的计算，用累计死亡人数 $\Delta N_{S,M,\varphi,i} \geqslant N$ 的所有事故发生的频率 $f_{S,M,\varphi,i}$ 构造 F—N 曲线。

$$FN = \sum_{S,M,\varphi,i} f_{S,M,\varphi,i} \longrightarrow \Delta N_{S,M,\varphi,i} \geqslant N \tag{6.8}$$

6.2.4.6　风险水平评估

定量风险评价采用国家安全监管总局2014年第13号文《危险化学品生产、储存装置个人可接受风险标准和社会可接受风险标准（试行）》中规定的重大危险源可容许的个人风险和社会风险标准。个体风险可接受标准见表6.12，社会风险可接受标准应满足图6.5的要求。

表6.12　个人风险可接受标准

防护目标	个人可接受风险标准（概率值）（人/a）	
	新建装置（每年）≤	在役装置（每年）≤
低密度人员场所（人数<30人）：单个或少量暴露人员	1×10^{-5}	3×10^{-5}
居住类高密度场所（30人≤人数<100人）：居民区、宾馆、度假村等 公众聚集类高密度场所（30人≤人数<100人）：办公场所、商场、饭店、娱乐场所等	3×10^{-6}	1×10^{-5}
高敏感场所：学校、医院、幼儿园、养老院、监狱等 重要目标：军事禁区、军事管理区、文物保护单位等 特殊高密度场所（人数≥100人）：大型体育场、交通枢纽、露天市场、居住区、宾馆、度假村、办公场所、商场、饭店、娱乐场所等	3×10^{-7}	3×10^{-6}

将风险计算的结果和风险可接受标准相比较，判断项目的实际风险水平是否可以接受，如果项目的风险超出容许上限，则应采取降低风险的措施，并重新进行定量风险分析，并将计算的结果再次与风险可接受标准进行比较分析，直到满足风险可接受标准。

6.2.4.7　风险评价工具

荷兰国家应用科学研究院（TNO）的定量风险评价软件EFFECTS和RISKCURVES是由编写 *Coloured Books* 丛书（国际安全研究领域公认的权威标准资料）的荷兰专家团队自20世纪80年代开始研发，通过多年的科学研究和项目经验，不断进行改进和扩展。软件内部的模型公式完全透明并具有可追溯性。

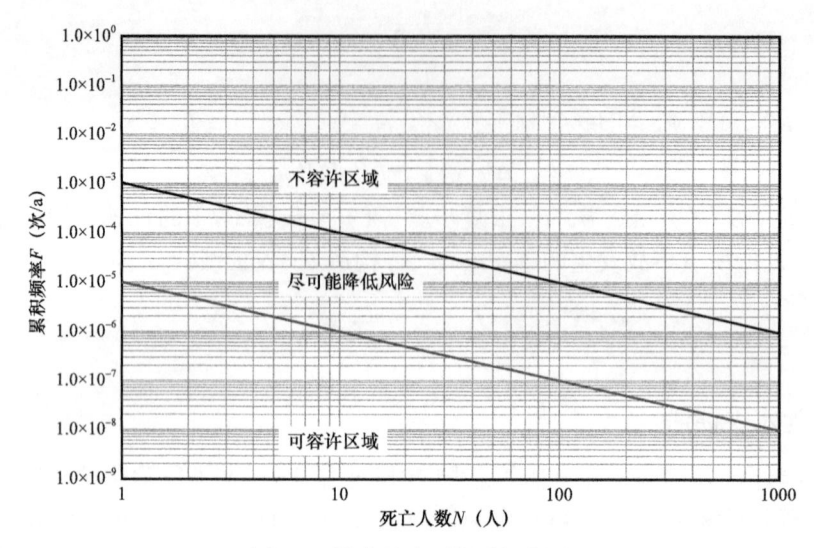

图 6.5 社会风险可接受标准图

  EFFECTS软件定量计算危险物质释放（泄漏）所产生的后果。它提供了泄漏模型、蒸发模型、火灾模型、爆炸模型、扩散模型、损伤模型。EFFECTS有完整的化学品数据库，包括毒性和可燃性的相关参数值以及热力学属性。它基于单个模型对于每种现象（热辐射、火焰直接接触、爆炸超压、暴露在有毒环境）进行计算。它可用于危害识别、安全分析与控制、定量风险分析、紧急预案制定、重新考虑指导方针。

  RISKCURVES软件是一个具有丰富功能，执行定量风险分析的计算机程序。它可以计算个人风险、社会风险以及多个潜在事故场景的后果区域。场景可以为预定义的损坏区域输入，也可以通过内置的后果模型计算。此外，可以在一个地点上，或者一条路径上定义场景。RISKCURVES也可以依靠分析造成的主要因素、构造所有类型的社会和个人风险曲线、显示风险等高线、计算每千米路程的运输风险等方法来分析风险。

  RISKCURVES允许定义一个或多个计算，每个计算都可以有无限多个静态和运输设备，可使用所有可能的情况和后果模型。在每个计算中，可定义人口统计数据、气候概率以及薄弱性和准确度等特定参数。提供了不用坐标系就可轻松实现图像地理参考（如航空摄影、Google Earth 图像等）的可能性。计算结果包括个人风险等值线、社会风险的 F—N 曲线和所有风险分级报告的范围。高度灵活的方法允许累计任何部分的计算结果，并与任何其他部分进行比较。如需进一步分析结果，RISKCURVES还提供了"分析点"来检查具体情况在特定地理位置的风险分布。

6.2.5 管道定量风险评价案例

6.2.5.1 评价对象概况

  重庆气矿万州作业区天高线B段（云安012-1井—万州末站）于2009年11月建成投产，管线规格 $D273mm\times11mm$～22.7km，管材为L245 NCS，输送含硫湿气，其硫化氢摩尔分数约为5.62%，设计输量$116\times10^4 m^3/d$，设计压力7.85MPa；目前输量$134.2\times10^4 m^3/d$，运行压力5.7MPa。该管道主要沿台田地、中低山丘陵敷设，沿线人口分布较多。阴极保护措施为强制电流。

本次定量风险评价共包括17个管段（T1～T17）。

6.2.5.2 泄漏场景的确定

在定量风险评价中，应包括对个人风险和社会风险产生影响的所有泄漏场景。泄漏场景的选择应考虑集输管道的运行状况、历史事故等。本次定量风险评价采取两种典型的集输管道泄漏场景：

（1）孔泄漏，取代表值50mm；

（2）完全断裂，取管道外径。

6.2.5.3 管道失效概率计算

管道失效概率根据管道基础失效频率和修正系数得到。其中管道失效基础数据来源于西南油气田公司安全环保与技术监督研究院建立的管道失效数据库，该数据库是总结西南油气田40余年的管道管理经验开发建立的；管道修正系数则基于KENT半定量打分法，根据现场实际调查情况确定。

通过分析其他国家或组织的管道失效数据库，并参考ASME B31.8S《气体管道的完整性管理体系》，将天然气管道的失效原因划分为以下5大类：腐蚀、第三方损坏、地质灾害、制造设计和施工缺陷、运行与维护误操作。天高线B段基础失效频率见表6.13。

表6.13 天高线B段基础失效频率

管道失效原因	基础失效频率[次/(km·a)]	
	孔泄漏	完全断裂
腐蚀	3.02×10^{-3}	0
自然与地质灾害	7.95×10^{-5}	5.89×10^{-6}
第三方损坏天失效频率	3.87×10^{-5}	5.89×10^{-6}
运行与维护误操作	3.53×10^{-5}	2.95×10^{-6}
设计与施工缺陷	1.94×10^{-4}	0

天高线B段修正后的管道失效频率见表6.14，以管段T4为例展示。

6.2.5.4 管道失效后果分析

油气管道泄漏后的事态发展可用事件树来进行分析。泄漏后果影响大小与泄漏介质特性、泄漏量大小和泄漏点环境等有关。天高线B段管道输送的是含硫湿气，泄漏事件树如图6.6所示，考虑的后果模式有喷射火、火球、蒸气云爆炸以及硫化氢中毒。

表 6.14　天高线 B 段修正后的管道失效概率（管段 T4）

失效原因	失效频率与修正系数		孔泄漏		完全断裂	
腐蚀	统计失效频率[次/(km·a)]	0.003	2.9×10^{-3}	0	0
	与管段环境、运行管理条件等相关的修正系数	0.961		0.961	
地质灾害	统计失效频率[次/(km·a)]	8.541×10^{-5}	8.54×10^{-5}	5.89×10^{-6}	5.89×10^{-6}
	与地形地貌、管道敷设方式等相关的修正系数	1		1	
第三方损坏	与管径有关的失效频率[次/(km·a)]	2.775×10^{-5}	4.43×10^{-5}	5.89×10^{-6}	6.75×10^{-6}
	与埋深有关的失效频率[次/(km·a)]	1.871×10^{-6}			
	与壁厚有关的失效频率[次/(km·a)]	9.063×10^{-6}			
	与管段环境、运行管理条件等相关的修正系数	1.146		1.146	
设计与施工缺陷	统计失效频率[次/(km·a)]	1.94×10^{-4}	1.05×10^{-4}	0	0
	与运行安全裕量、钢管材料选择等相关的修正系数	0.541		0.541	
运行与维护误操作	统计失效频率[次/(km·a)]	3.53421×10^{-5}	3.20×10^{-5}	2.945×10^{-6}	2.46×10^{-6}
	与员工培训、数据和资料管理等相关的修正系数	0.836		0.836	
总失效概率[次/(km·a)]			3.17×10^{-3}		1.51×10^{-5}

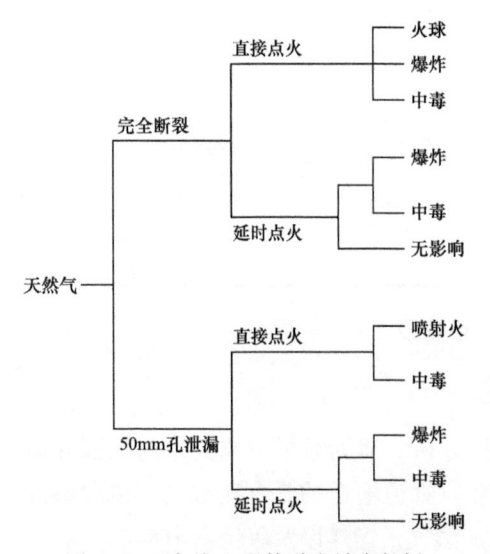

图 6.6　天高线 B 段管道失效事件树

6.2.5.4.1　点火概率计算

通过调研管道沿线人口分布、公路车辆通行以及输电线路等情况，确定天高线 B 段各管段泄漏后的延迟点燃概率。下面以管段 T4 为例说明，其余管段相关计算不再罗列。

天高线 B 段 T4 的路由走向如图 6.7 所示。该管段为管段 T3 沿逆气流方向延伸，经过万州区甘宁镇兴国村，总长约 900m，主要沿爬坡纵坡敷设，穿越果园及树林，管道两侧 5m 内有可能损坏管道防腐层的深根植物。管段穿越 S103 省道一处，穿越长度约 10m；穿越乡村公路两处，穿越长度均为 10m。管道沿线标志部分有标志桩缺失。在管道两侧总共约有居民 67 户。现场调查结果见表 6.15 和图 6.8。

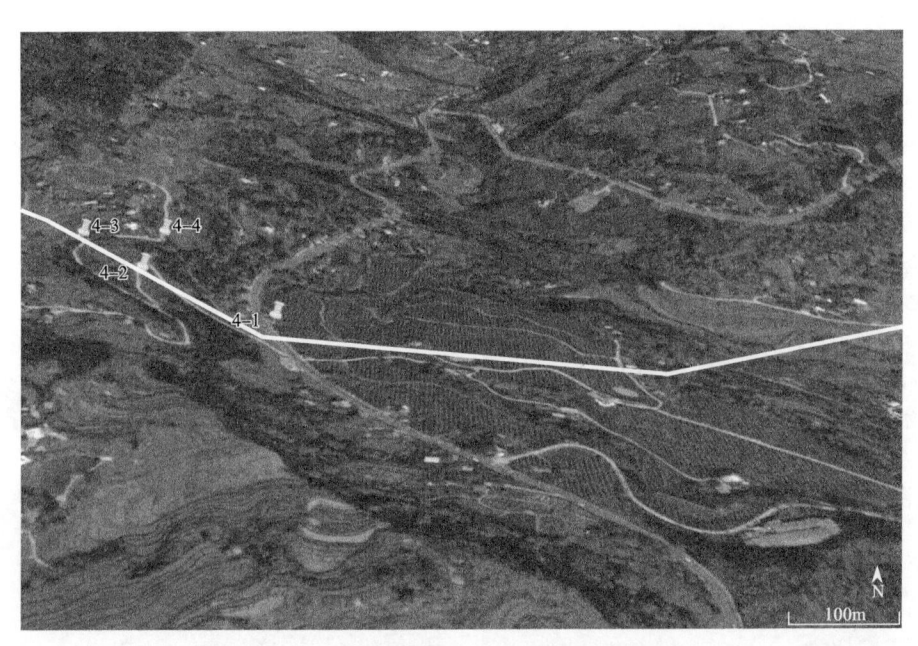

图 6.7 天高线 B 段 T4 管段的路由走向

表 6.15 天高线 B 段 T4 管段人口分布与点火源调查结果

类型	描述	数量
居民	约 67 户	约 201 人
点火源	公路	约 780 车/h
	输电线路	有

天高线 B 段 T4 周边点火源分布与点火概率计算结果见表 6.16。

表 6.16 天高线 B 段 T4 延迟点火概率

点火源	数量	点火概率
人口	618 人	0.997992987
公路	780 辆/h	0.691701162
输电线路	有	0.2

6.2.5.4.2 气象数据处理与分析

针对天高线管道可采用全年气象数据，利用帕斯奎尔分类法形成风玫瑰图。

6.2.5.4.3 失效后果计算结果

（1）喷射火模型计算结果。

喷射火的影响主要是取决于是否有人员暴露特定的热辐射值。不同损伤程度的热阈值见表 6.17，喷射火模型计算结果见表 6.18。

(a) 第三次穿越省道103旁有果园及居民

(b) 穿越省道103旁有果园及居民

(c) 穿越村公路（一）

(d) 穿越村公路（二）

(e) 兴国村三组

(f) 兴国村三组远景

图 6.8　天高线 B 段 T4 管段部分现场

（2）火球模型计算结果。

　　火球的影响主要是取决于是否有人员暴露于火焰范围内，在火球半径内，假设死亡率为100%。火球模型计算结果见表6.19。

表 6.17 热辐射影响范围

热阈值（kW/m²）	对设备的损害	对人的伤害
I_1=35	操作设备全部毁坏	1%死亡/10s
I_2=25	在无火焰、长时间辐射下，木材燃烧的最小能量	重大损伤/10s
I_3=12.5	有火焰时，木材燃烧，塑料溶化的最低能量	1度烧伤/10s

表 6.18 天高线 B 段管道后果模拟评价结果（喷射火模型）

喷射火影响范围（m）		示意图
I_3=12.5 kW/m²（操作设备全部毁坏；人员 1%死亡/10s）	60.2	
I_2=25 kW/m²（人员重大损伤/10s）	55.7	
I_1=35 kW/m²（人员 1 度烧伤/10s）	53.4	

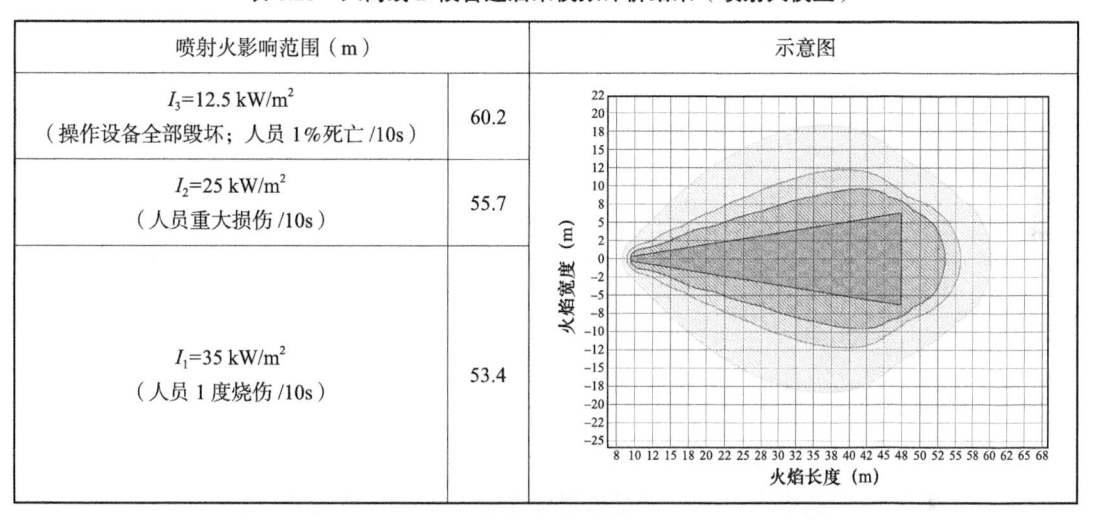

表 6.19 天高线 B 段管道后果模拟评价结果（火球模型）

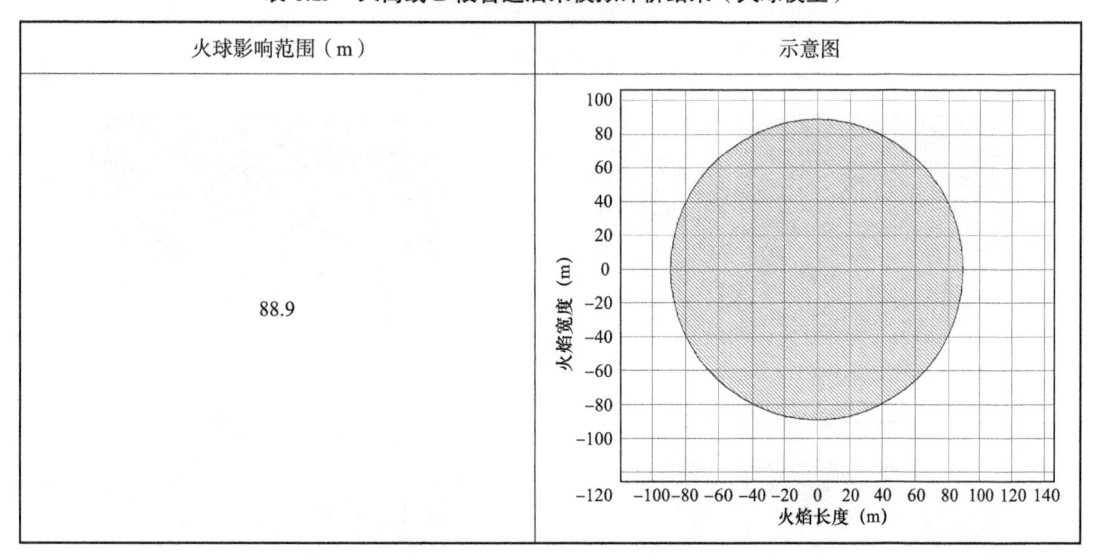

火球影响范围（m）	示意图
88.9	

（3）蒸汽云爆炸模型计算结果。

若发生天然气大量泄漏，并在空旷地带形成可爆云团，遇火源发生爆炸。在荷兰危险品防灾委员会（CPR）《定量风险评价指南　紫皮书》中设定超压 0.1bar 的范围中室外人员死亡率100%，室内人员死亡率为2.5%。火蒸汽云爆炸模型计算结果见表6.20。

表6.20　天高线B段管道后果模拟评价结果（蒸汽云爆炸模型）

泄漏场景	0.1bar超压爆炸半径（室外人员致死率100%）(m)
50mm孔泄漏	144.8
完全断裂	442.2

（4）硫化氢中毒模型计算结果。

硫化氢中毒影响范围计算结果见表6.21。

表6.21　天高线B段管道后果模拟评价结果（H_2S中毒模型）

泄漏场景	H_2S中毒影响范围（1%致死率）	
	毒性云团长度（m）	毒性云团宽度（m）
50mm孔泄漏	1050	57.7
完全断裂	2370	198.7

6.2.5.5　管道定量风险计算

（1）个人风险计算结果。

天高线B段各管段个人风险均满足可接受标准，计算结果见表6.22。

表6.22　天高线B段个人风险计算结果

管段	个人风险计算结果	判定	管段	个人风险计算结果	判定
T1		满足IR可接受标准	T2		满足IR可接受标准
T3		满足IR可接受标准	T4		满足IR可接受标准

续表

管段	个人风险计算结果	判定	管段	个人风险计算结果	判定
T5		满足IR可接受标准	T6		满足IR可接受标准
T7		满足IR可接受标准	T8		满足IR可接受标准
T9		满足IR可接受标准	T10		满足IR可接受标准
T11		满足IR可接受标准	T12		满足IR可接受标准
T13		满足IR可接受标准	T14		满足IR可接受标准

续表

管段	个人风险计算结果	判定	管段	个人风险计算结果	判定
T15		满足IR可接受标准	T16		满足IR可接受标准
T17		满足IR可接受标准			

（2）社会风险计算结果。

天高线B段管道社会风险计算结果如图6.9所示，共存在1处管段（位于万州区甘宁镇兴国村的T4管段）社会风险未达到可接受标准。

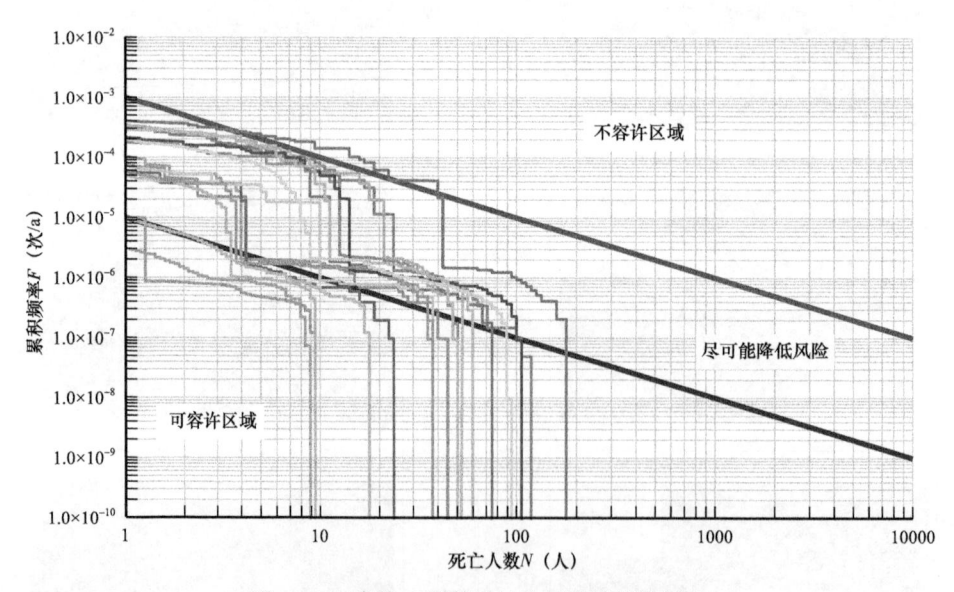

图6.9　天高线B段管道社会风险计算结果图

（3）风险分析与风险管理。

天高线B段管道T4管段各后果对社会风险的贡献比见表6.23，可以看出对社会风险贡献量最大的是50mm孔泄漏后导致的蒸气云爆炸。

表 6.23　天高线 B 段 T4 管段各后果对社会风险贡献比

场景	后果	社会风险贡献比（%）
50mm 孔泄漏	中毒	3.6
	喷射火	—
	爆炸	92.1
完全断裂	中毒	—
	火球	—
	爆炸	4.1

图 6.10 给出人口分布对社会风险的贡献比表示，颜色越深代表贡献量越大。可以看出，该段管道社会风险较大主要是由于管道顺气流右侧存在较密集居民区。

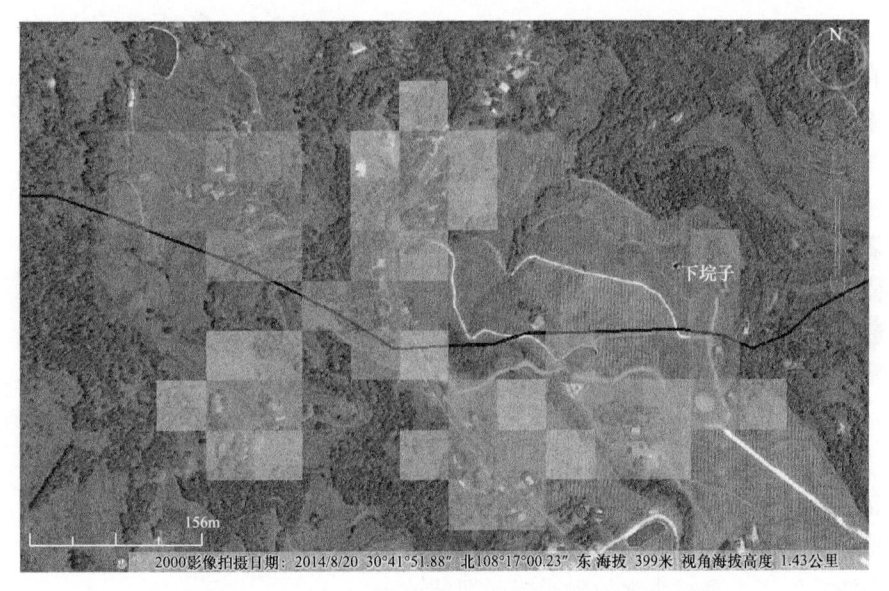

图 6.10　天高线 B 段 T4 管段人口分布对社会风险贡献比

根据定量风险评价结果，针对天高线 B 段万州区甘宁镇兴国村管段（T4 管段），在降压输送和改线无法实施的情况下，可考虑采取以下风险减缓措施：

（1）对该处管段提高巡线频率，对管道周边新建项目、第三方施工加强巡视；

（2）加强该处管道沿线安全宣传，提高周边村民天然气管道保护意识；

（3）与村委会、当地居民沟通，制订、演练应急情况下人员疏散计划，人员疏散距离可以参考管道失效后果影响范围；

（4）在具备条件的情况下，结合管道常规外检测、漏磁内检测、ICDA 等专项检测评估工作，提升管道本质安全管理水平，降低管道腐蚀失效风险。

6.3 管道风险管理

6.3.1 降低风险主要原则

按照风险管理的要求，可参照《中国石油天然气股份有限公司气田管道完整性管理手册》《中国石油天然气股份有限公司油气田管道和站场完整性管理规定》的相关内容，结合管道现状，在考虑本体设计、腐蚀、误操作、第三方破坏和泄漏等因素进行风险的识别和评价，确定管道的风险范围。低风险为可接受的风险，应进行监控和维持现有措施，以保持风险状态；中等风险为可管理的风险，应基于成本效益分析的基础上采取减缓措施并进行优先排序；高风险管道应重点管控，必须采取风险减缓措施以降低风险。

在进行风险管理过程中，对实际风险水平如果超出了容许上限，就应该采取降低风险的措施，其原则为：

（1）由火灾、爆炸和中毒引起的风险削减方法。
① 消除；
② 降低事故后果的严重性；
③ 降低事故发生的频率。

（2）本质安全实现途径。
① 集约化：减少危险物质的用量；
② 替代：用相对危险性小的物质替代危险物质；
③ 衰减：通过使用降低物质危险性的工艺，如降低物料的储存温度和压力；
④ 简化：通过使装置或工艺更加简单易操作来减小设备或人为失误的可能性。

（3）如果由于工艺或经济等原因，危险不能被消除，需要考虑降低事故后果来削减风险。
① 安装远程控制来对工艺物料进行及时切断；
② 减小管道的尺寸来降低管线破裂后的物料潜在泄漏量；
③ 降低操作压力来减小事故发生时的泄漏流量；
④ 通过水喷雾系统或泡沫系统来控制火灾；
⑤ 通过水幕或蒸汽幕来减小有毒气体的扩散范围；
⑥ 通过防爆墙的设置来降低爆炸超压的危害；
⑦ 通过设置气体探测器早期发现可燃、有毒物质的泄漏，缩小有害气体的扩散范围。

（4）降低事故发生频率的措施包括：
① 通过选择腐蚀性低的物质来降低设备或管道破裂的可能性；
② 减少法兰连接的数量；
③ 为转动设备配置可靠的密封装置；
④ 通过提高设计的安全系数来减小设备失效的可能性；

⑤ 包容——通过设置双壁罐或双层管道来降低设备泄漏的可能性；
⑥ 有效的安全管理体系可以减少危险的发生。

6.3.2 防范风险和消减措施

6.3.2.1 防范管道社会风险

（1）对高风险管段提高巡线频率，对管道周边新建项目、第三方施工加强巡视；
（2）加强高风险管道沿线安全宣传，提高周边村民天然气管道保护意识；
（3）与村委会、当地居民沟通，制订、演练应急情况下人员疏散计划，人员疏散距离可以参考管道失效后果影响范围；
（4）在具备条件的情况下，结合管道常规外检测、漏磁内检测、ICDA 等专项检测评估工作，提升管道本质安全管理水平，降低管道腐蚀失效风险。

6.3.2.2 防范管道地质灾害风险

对管道地质灾害风险控制措施应在风险评价、分级的基础上按不同的风险等级灾害点参照表 6.24 采取不同的风险控制措施，对风险等级为"高"的为不可接受风险，需要采取风险减缓措施；其余的风险为可接受风险，需要采取监测、巡视等风险控制措施。

表 6.24　不同风险等级灾害点的风险控制

风险等级	风险控制措施
高	防治、改线等风险消减措施，在风险消减措施实施前宜先实施监测
较高	重点巡检，专业监测或风险消减措施
中	重点巡检或简易监测
较低	巡检
低	不采取措施

6.3.2.3 防范管道第三方损坏风险

根据管道第三方损坏风险评价报告，编制风险管理方案，制订切实有效的风险控制措施。做好管道管理人员、巡线人员的培训工作，加强对管道管理新方法、新技能的研究和创新。充分利用目前已有的 GPS 巡检系统，及时记录巡检信息，保证巡线员巡检时间，并将其与传统巡检方式（巡检卡片）充分结合，不留监管死角。

（1）高风险、较高风险控制措施。
处于该风险等级的管段属于事故萌生区或属于即将发生事故或人口稠密的区段，出现大量第三方损坏事件迹象，该管段一般处于三级或四级地区，多数管段目前的保护条件达不到正常使用的要求或已丧失应有的保护功能，第三方损坏事件历史记录较多。管段可靠性降低，需立即采取防控和维护措施。

① 采取人工巡线及无人机巡线的方式，加强对管道经过的人口、建筑密集区的巡护力度；加强与沿线地方政府、企事业单位和居民的沟通与交流，向沿线居民宣传管道保护的重要性。

② 管道安全距离范围内存在第三方施工风险的，采取加强与第三方施工单位的沟通交流、视频监控等措施。

③ 由于管段所处区域第三方风险等级较高，需要立即采取风险削减措施，如铺设盖板涵等，需实施大修理治理措施。

④ 在高风险管段设置地面警示标志，喷涂管道及光缆的埋深和走向信息。

⑤ 实行电子化巡检，新型巡检仪记录的信息通过短信等方式可直接传送到服务器中，所有巡线人员的现场工作情况将会实时记录在手持 GPS 巡检机中，管理人员可利用计算机随时掌握巡线人员的巡检记录，并根据其表现对巡线工作进行月度考核。

（2）中等风险控制措施。

对于存在中等风险的管段，应定期上报管道管理部门，管道管理部门应考虑必要的防控和维护方案，并加强日常检查维护。

① 采取人工巡线及无人机巡线；

② 在风险管段设置地面警示标志，喷涂管道及光缆的埋深和走向信息。

（3）较低风险、低风险控制措施。

对于存在低风险的管段，可由管道管理部门自行备案、处理，加强日常巡护力度、提高巡护频次，注意监视环境条件的变化。

（4）其他风险缓解措施。

根据管道风险的主要来源，提出风险缓解措施建议。主要风险缓解措施可参照表6.25。

表 6.25　管道风险缓解措施一览表

序号	主要风险	主要的风险缓解措施
1	腐蚀	① 防腐层修复； ② 内外检测及缺陷修复； ③ 排流措施； ④ 更改路由； ⑤ 输送介质腐蚀性控制； ⑥ 清管； ⑦ 内涂、内衬等
2	制造与施工缺陷	① 内外检测，压力试验及修复； ② 降压运行
3	误操作	① 员工培训； ② 规范操作流程； ③ 超压保护； ④ 防误操作设计、防护

续表

序号	主要风险	主要的风险缓解措施
4	高后果	①安装泄漏监测系统； ②手动阀室变更为 RTU 阀室； ③增设截断阀室； ④更改路由； ⑤应急准备

6.3.3 风险控制相关技术

6.3.3.1 SCADA 系统

SCADA（Supervisory Control and Data Acquisition）系统，即数据采集与监视控制系统。SCADA 系统是以计算机为基础的生产过程控制与调度自动化系统，它可以对现场的运行设备进行监视和控制。

SCADA 系统利用设置在管线上的各种参数探测仪、传感器和变送器，采集数据和监测管道运行状态，并将数据传输至监视设备。控制人员可以通过这些数据手动或自动的控制和调节管道的运行状况，实现管道的监测监控，保证系统的安全运作和优化控制。

6.3.3.2 地理信息系统（GIS）

地理信息系统（Geographic Information System，GIS）是一种特定的十分重要的空间信息系统，它是在计算机硬件与软件系统支持下，对整个或部分地球表层（包括大气层）空间中的有关地理分布数据进行采集、储存、管理、运算、分析、显示和描述的技术系统。地理信息系统（GIS）与全球定位系统（GPS）和遥感系统（RS）合称 3S 系统。

GIS 系统提供了地理信息服务，集成管线周围一定范围的地理、人口、环境、植被、经济各类资源数据，利用 GIS 的空间分析功能进行叠加分析、缓冲区分析、最短路径分析等操作，可以进行线路总体规划和评估，为决策和管理提供重要的依据。还可以采用 GIS 技术对管道风险进行管理，指导系统编制维修计划，并采取相应的补救措施，当风险指数达到警戒线时，自动启动相应的应急预案，尽可能地降低管道事故发生率。GIS 系统通过整合管线和设备周围的地理信息、管线和设备本身的空间信息及其图形信息、维护信息、监控信息等于一体，并集成管道输送的相关专业，将管道和设备的运行状态借助地理空间实时提供给使用者，从而为管道的运行、巡查、维护和安全管理提供支持。

6.3.3.3 泄漏检测系统

随着管道的建设及运行管理水平的提高，管道泄漏检测技术不断发展。应用泄漏检测系统，不仅能及时发现泄漏位置，而且有利于防止泄漏事故的进一步发展，遏制重大事故的发生，减少事故损失。

根据泄漏检测原理，现有的泄漏检测方法可分为基于硬件的泄漏检测方法和基于软件的泄漏检测方法两大类。

（1）基于硬件的泄漏检测方法。

① 直接观察法：由有经验的管道巡检人员或经过训练的动物沿管线行走，通过看、闻、听等方式，直接检查管道的泄漏情况，其检测精度依赖于检测人员的经验。这种检测方法耗时、费力、检测周期长、检测精度不高，一般只能检测较大量的泄漏，不能实现管线在线实时检测。近年来，现代科技的进步使该方法有了新发展，如美国 OILTON 公司近年开发出一种机载红外检测技术，由直升机带一高精度红外摄像机沿管道飞行，通过分析输送物资与周围土壤的细微温差，来确定管道是否泄漏，并用光谱分析进行定位，该法检测费用较高。

② 电缆检漏法：沿管线敷设特殊的电缆，当泄漏物质渗入电缆里时，电缆的相关属性发生变化，从而实现泄漏的检测和定位。目前常用的电缆有油溶性电缆、渗透性电缆和分布式传感器电缆3种。这种检测方法优点是灵敏度、定位精度很高，对小泄漏也可精确定位；缺点是电缆的造价高，且电缆一旦沾染泄漏物后就需更换。

③ 管内探测球法：将探测球放入管内进行探测，利用超声技术、视觉技术、漏磁技术等采集大量数据后，进行综合分析以判断漏点。该方法优点是泄漏检测精度较高，误报率较低；缺点是检测周期长，无法实现在线实时检测，探测球在管内随管内介质流动，极易在弯头或阀门等位置发生堵塞现象。

④ 示踪剂检测法：将放射性物质掺入管道输送的介质中，在管道发生泄漏的部位，放射性示踪剂随泄漏介质一起流到管道外，利用示踪剂检漏仪对管壁周围示踪剂的浓度进行监测，从而判断泄漏事故的发生和泄漏点的位置。该方法优点是对微量泄漏检测的灵敏度和定位精度都很高；缺点是不能在线实时检测。

⑤ 光纤检测法：在输送管道敷设的同时敷设一条或几条光纤，利用光纤作为传感器，采集管道周围的压力、温度等信号，传送给中心服务器，通过对信号的分析和处理，对管道泄漏进行判断和准确定位。该方法在管道泄漏检测及定位中有很大的应用空间。光纤检测法抗干扰性强，信号传输方便，灵敏度高，且不会发生类似电缆检测那样的失效问题。

（2）基于软件的泄漏检测方法。

① 负压波法：管道泄漏时，泄漏点处会因为流体的流失而出现压力降低，形成负压力波，负压波向管道上下游传播，在管道的首末端设置压力传感器，对负压力波进行采集，判断泄漏发生，通过首末端信号互相关函数确定泄漏点位置。该方法只需在管道上下游安装压力传感器，具有施工量小、成本低、安装与维护方便等优点，因此在长输管线的泄漏检测中得到了广泛应用；缺点是对缓慢增加的泄漏或微小的渗漏反应弱，甚至无效。

② 质量平衡法：管道正常运行情况下，在同一时间间隔内流入管道中的流入量与流出量相等，当二者差值大于管道允许阈值时，判定泄漏事故发生。该方法优点是适于较大泄漏量的泄漏检测，可实现在线实时检测；缺点是不能进行泄漏点的定位，对小泄漏量检测灵敏度不高，其检测精度依赖于流量测量的精度。

③ 压力梯度法：该方法假定管线压降沿管线是线性变化的，根据上游站和下游站的测量参数，计算出相应的压力梯度，然后分别按上游站出站压力和下游站进站压力绘图，其交点就是泄漏点。该法优点是操作简单，仪器使用量少；缺点是检测精度依赖于压力和流量的测量精度，且实际管线压降不完全按线性变化，因而检测定位精度不高。

④ 实时模型法：建立不稳定流动数学模型，实时模拟出压力、流量等数值，同时对管道运行的相应参数进行测量，比较模拟值和测量值，确定出管道泄漏点和泄漏量。该法成本低，运行操作简单，可实现在线测量。但该法检测的精度依赖于模型和硬件的精度，需要建立可靠的管道动态数学模型。

⑤ 统计决策法：管道运行经验表明，正常运行时，进出口压力和流量满足一定的函数关系。根据这一原理，对管道进出口流量和压力进行连续测量，实时计算出流量和压力的关系。泄漏发生时，二者关系发生变化，从而可判断出泄漏的发生。通过测量流量和压力的统计平均值估算泄漏量，用最小二乘法进行泄漏定位。该方法优点是避开了复杂的管道模型，只需测定进出口的压力、流量就可进行泄漏判断，运行操作简单，不受管道结构限制；缺点是对小泄漏无法检测。

6.3.3.4 腐蚀监测系统

金属腐蚀对地下管网正常运行构成极大危害。管道安全事故不仅带来巨大直接经济损失，而且常常造成间接损失和环境污染。因此，对埋地管道的腐蚀状况进行在线监测，预估其安全危险区段，继而评价其剩余寿命至关重要。

（1）外腐蚀层监测。

埋地管道防腐层由于诸多因素引起劣化，出现老化、脆化、剥离、脱落，最终会导致管道腐蚀穿孔，引起泄漏。防腐层劣化也同样影响阴极保护效能，导致管道与大地绝缘性能降低，保护电流散失，保护距离缩短，从而致使管道腐蚀速率加剧。因此，定期评估管道防腐层状况，并计划性检漏和补漏是预防和避免因防腐层劣化而引发管道腐蚀的重要手段。

① 防腐层开挖检测。防腐层开挖检测是最直接的检测手段，可以同时检测对防腐层性能和管道腐蚀状况。一般的定期抽样开挖检查通常选择易发生腐蚀部位或怀疑发生腐蚀部位。首先检查防腐层外观，有无气泡、吸水、破损、剥离现象，测量防腐层厚度，用电火花检漏仪检测漏点分布情况；继而检查管道金属腐蚀状况，观察是否有蚀坑、应力裂纹等，用测厚仪测量管壁剩余厚度，并作出定性描述和量化记录；必要时现场取样送实验室按规定要求进行分析。开挖检测的缺点是评价准确性受采样率的限制，难以做出全面的评价，而且成本较高，尤其在城镇、工矿、厂区等建（构）筑物密集地段难以实施。

② 防腐层物理检测。近年来，国内许多油气田或城市燃气公司逐渐采用管道外防腐层检测仪对埋地管道的外防腐层完好情况进行在线检测，即采用物探的方法对防腐层进行检测。采用物探的方法检测防腐层，其基本原理几乎都是通过在管道上加载直流或交流信号来实现的。目前，应用较为广泛的检测技术包括标准管地电位法（P/S）、Pearson

法（PS）管内电流衰减法、多频管中电流法（PCM）、密间隔电位法（CIPS）、直流电位梯度法（DCVG）等。

（2）内腐蚀监测。管道内腐蚀监测是目前应用广泛和有效的管道检测方法。它利用超声波、漏磁、射线等探伤原理，并结合计算机、自动控制及卫星定位等高新技术制成的智能检测器，在不影响正常生产的情况下，通过智能检测器在管内的行走，对埋地管道的管壁和涂层的缺陷，如变形、损伤、腐蚀、穿孔、管壁失重及厚度变化等进行在线检测，获得准确可靠的检测数据，为管道安全评估和完整性管理提供基础资料。

目前，内腐蚀监测方法主要包括变形检测法、漏磁检测法、超声波检测法、智能检测法、涡流检测法、射线检测法、激光检测法及弹性波检测法等。变形检测法通过检测管道变形情况，考察管道是否由于发生严重变形而不适合继续使用的情况。漏磁检测法和超声波检测法是目前广泛采用的检测管道腐蚀缺陷与裂纹缺陷的主要方式。涡流检测法只适用于检测表面腐蚀，如果仅是表面腐蚀产物中有磁性垢层或氧化物，可能出现误差，另外，为提高测量精度，还要求被测体保持恒温。激光检测法则需要和其他方法配合才能得出有效、准确的腐蚀数据。

第 7 章　气田管道完整性管理平台建设

7.1　建设背景

7.1.1　项目背景及建设必要性

根据中国石油天然气勘探与生产分公司统一部署，2015—2018 年间，各油气田公司持续开展了油气田管道和站场完整性管理相关试点工程，不断探索完整性管理相关经验。在历年开展的各项试点工程中，贯彻了"以试点工程为载体，以点带面"的完整性管理推进模式，初步完成了技术探索、制度建设、标准制定等工作。

依据全流程、全区块和全生命周期完整性管理要求，西南油气田公司分别选择龙王庙气藏和万州作业区开展了建设期及运行期完整性管理相关试点工程。2019 年中国石油天然气股份有限公司要求完整性管理试点工程将体现示范工程的引领作用，深入推进完整性管理工作的实施，落实"一线一案、一区一案"的要求，突出"双高"（高后果区、高风险段）管理。近年来，在中国石油天然气勘探与生产分公司的指导下，2015—2018年间，西南油气田公司重庆气矿在万州作业区对管道和站场完整性管理开展了大量工作，进行项目试点，积累了卓有成效的经验及成果，完整性数字化管理就是基于《中国石油天然气股份有限公司气田管道完整性管理手册》相关标准和要求，对气矿管道完整性管理成果数据进行全面梳理、整合、提取，并按照"时间—空间—属性"对数据进行主题分类和组织，形成气田完整性管理大数据中心。利用大数据、机器学习、分布式并行运算、可视化及遥感识别等技术，建立气田完整性管理大数据分析平台。

在此基础上，结合气田管道日常管控、分析查询、辅助决策及可视化展示的实际需求，搭建业务应用系统，服务于气矿作业区、工艺研究所及各业务科室，实现资源数据展示可视化、完整性管理监控动态化、高后果区识别智能化、应急指挥科学化。

（1）气田管道完整性管理数据分散，需要通过信息平台进行数据集成。

气田管道完整性管理数据分散在各业务科部室和业务系统中，具有数据源多、数据量大的特点，需要通过数据集成整合，实现信息共享，并通过应用系统的建设体现数据价值。

（2）基于气田管道完整性管理大数据，通过大数据挖掘分析，辅助决策。

建立气田管道完整性管理数据建库标准，完善各项数据资源，建立气田管道完整性管理成果大数据中心，通过数据分层组织，统一管道完整性管理的数据查询展示入口，并通过大数据的挖掘分析，辅助决策。

（3）需要建立酸气田管道全流程的应急指挥体系和工具。

通过气田管道完整性管理数字化成果应用平台的建设，为中国石油天然气股份有限公司管道完整性管理平台提供数据支撑，探索管道完整性管理数据的深度应用场景，建设全流程的应急指挥体系和工具，实现应急演练及指挥数字化、可视化、科学化。

7.1.2 建设需求

数据中心建设及集输管道数据采集，主要包括气田完整性管理数据中心建设、基础三维地形场景建设、集输管道数据采集（航拍图、管线探测、管道中心线两侧各250m范围内周边影响数据测绘调查）等。

气田完整性管理数字化成果应用平台建设，主要包括管道场站数据查询子系统、完整性管理数据分析子系统、应急指挥子系统、高后果区辅助识别子系统、电子沙盘可视化子系统、三维GIS基础平台、大数据中心及分析平台、影像地物识别服务等应用系统。

7.1.3 应用对象

按照对完整性数字化管理系统的使用权限要求，分为气矿作业区、工艺研究所和各业务科室3类用户。

（1）气矿作业区用户。

① 基于三维GIS场景，查看作业区内管线、场站空间走向及分布，支持快速定位、查看详情。

② 集输管道高清数据采集和完整性管理数据成果入库及查询；监测设备集中管理和智能感知预警，辅助作业区人员进行动态监控。

③ 应急状态下实现一键报警、事件分级、应急响应及大数据协同指挥，辅助指挥人员进行事态研判，科学决策。

（2）气矿工艺研究所用户。

① 在气矿完整性管理中心大屏集中展示气田完整性管理示范工程数字化成果应用平台建设成果。

② 探索高后果区智能识别和基于影像的地物识别方法，为管道完整性管理提供技术支撑。

（3）气矿各业务科室用户。

① 基于三维GIS场景，多角度、多维度查看气田管道场站数据。

② 通过驾驶舱仪表盘的方式可视化气田管道完整性管理数据成果。

7.1.4 功能业务

7.1.4.1 管道完整性管理

（1）整合、集成管道完整性管理数据，建立管道完整性管理数据中心，提供数据采集、高后果区识别及风险评价、检测评价、维修维护及效能评价数据的可视化分析等功能；

（2）多维度对管道完整性管理过程进行画像、监测、查询及关联分析，增强管道完整性管理工作的可预见性、针对性和指导性。

7.1.4.2 高后果区识别

（1）对接管道与场站管理系统，完成管道基本信息和空间数据的收集，并对管道与场站管理系统中未包含的数据进行采集补充。

（2）对管道沿线左右两侧 250m 的人居及特定场所进行数据调查和采集，完成人居及特定场所数据收集。

（3）按照地区定级标准和高后果区识别规则，建立基于地图的高后果区识别模型，利用大数据分析平台的机器学习技术，对管道两侧存在的高后果区进行智能识别。

7.1.4.3 智能感知预警

（1）开发数据接口，完成与光纤安全预警系统、次声波泄漏监测系统、阴极保护电位远程监控系统、SCADA 系统、视频监控闯入监测系统的对接，实现实时监测数据和报警数据的对接。

（2）对监测设备台账和实时数据的管理，及时掌握监测设备空间分布和运行状态，并对监测设备的指标值设置不同的报警阈值。

（3）通过实时数据与阈值的智能运算，结合设备点周边历史报警情况、人居分布数据、特定场所数据、高后果区数据和视频监控等信息进行分析，辅助受控人员研判异常事件情况，实现警情的撤销与处置。

（4）通过对警情数据的查询和统计分析，利用表格、统计图和地图分布，对警情发生情况进行分析，辅助调度人员掌握警情发生的总体趋势。

7.1.4.4 应急指挥

（1）对接智能感知预警平台，自动将对险情推送至作业区调控中心；同时，气矿人员发现险情后，通过安全通 APP 或电话向生产调度中心上报，提交险情描述、现场情况和位置等信息。

（2）调度室人员收到险情后，通过人机交互和辅助分析进行研判，判断险情的影响情况，还可通过安全通 APP 向气矿工作人员下达险情核实任务，如果险情不成立则撤销险情并向报警人员反馈，如果确认险情则准备启动预案。

（3）根据险情的影响大小，对于井站级事件，根据井站应急处置卡向井站人员下达处置命令；对于作业区级应急事件，对接短信平台，根据时间的实际情况快速关联预案，并给应急人员发送短信通知，启动应急预案，生成事件简报，抄送给应急人员，实现应急事件响应；对于气矿级应急事件，在作业区应急响应的同时，向气矿调度室上报。

（4）结合事件位置和事件的特点，通过三维 GIS 分析技术，快速分析出与该事件特点匹配的医疗机构、消防机构、应急物资以及最近的派出所和村委会，并集成实时交通路况数据，对事故周边的应急车辆、医院、消防机构等进行在线路径规划，自动推荐最优行进路线。通过指令下达、人员定位、在线通知、任务在线反馈等功能，实现指挥中心与现场人员的连接。

（5）根据事故位置、三维地形、天气信息和影响区域等因素，绘制警戒线、安置区、撤离路线、人员布置和车辆停放区域等要素，并利用警戒线建立电子围栏。

7.2 数字化管理平台架构

7.2.1 总体框架

7.2.1.1 主要原则

（1）资源整合与共享原则。

在满足系统整体性能的前提下，充分利用已有的办公网络、硬件服务器、分公司云服务器资源、工艺所管道完整性管理中心及作业区调控中心的大屏。同时对接 A4 地理信息系统、管道与场站管理系统等系统的数据资源，实现资源、信息共享，减少重复建设。

（2）灵活与可扩展性原则。

在满足各类用户通用需求基础上，整个系统建设能根据个性化的业务需求较快地进行服务和功能的替换、配置或组装，灵活响应需求的发展和变化。既支持各种业务专题数据的扩充，又支持专题应用的扩展，并在用户并发陡增的情况下，通过扩充设备和网络带宽解决。

（3）安全性和保密性原则。

全面考虑完整性管理平台建设的安全性，建立一整套有效的安全保障体系，确保信息的共享与服务符合国家的相关保密法规和政策。系统的网络和应用软件在设计中充分考虑数据的保密性与安全性，在系统运行过程中，采用一系列完备的信息资源安全体系与系统安全管理策略，确保信息服务的安全运行。

（4）先进性与实用性原则。

以地理信息为载体，整合管道及附属设施、场站、实时监测、安全风险以及应急资源等数据，实现管道数据横向整合。在此基础上，提供数据可视化、综合监测、应急指挥等应用系统，日常状态下实现数据管理及展示、设备运行监测、一网接入报警；应急状态下实现接警快速分析、事件智能分级、大数据协同指挥。

7.2.1.2 系统框架

气田管道完整性管理数字化成果应用平台系统总体架构如图 7.1 所示。

（1）标准与规范体系。

规范标准是贯穿于整个系统的标准架构，保证系统设计符合国际、国内相关标准，符合业务实际流程规范，保证系统的先进性及与其他系统的数据交换和信息共享。统一的地理空间框架、专题数据标准、服务应用规范和技术规范等，保证数据在一致的标准下能够实现服务与交换应用，应用系统和信息服务系统开发依据统一的技术规范开展工作。

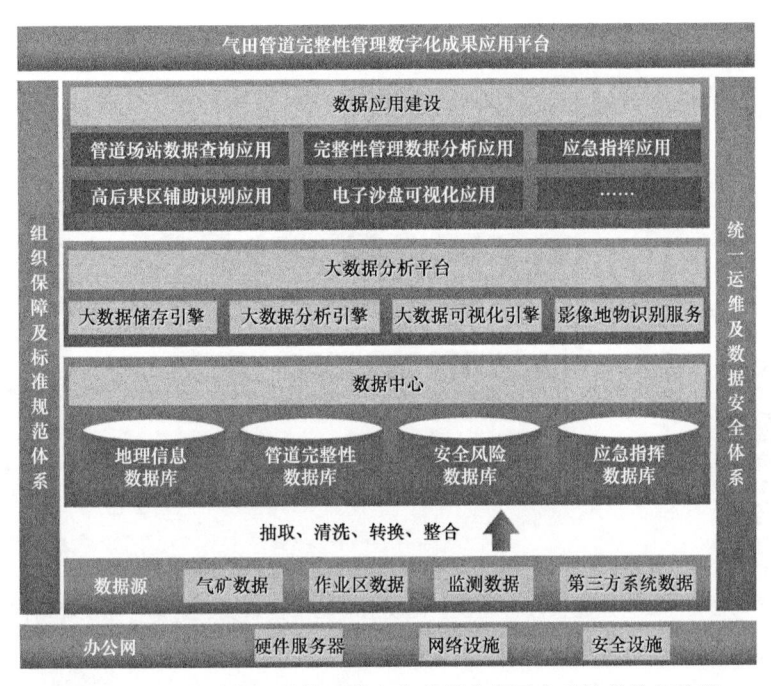

图 7.1　气田管道完整性管理数字化成果应用平台系统总体架构图

（2）安全保障体系。

安全保障贯穿于整个项目的建设过程中，用于实现系统不同层次的安全需求，保证系统整体的安全性，包括网络安全、应用安全和数据安全。

（3）办公网。

基础层是项目运行需要的基础支撑环境，通过充分利用现有基础环境，部署在办公网内。这部分主要包括网络环境、基础硬件环境和基础软件环境，即服务器、存储设备、安全设备、数据库软件等支撑基础平台运行的软硬件设备。

（4）数据层。

数据层即数据中心架构层，是本系统的核心组成部分，数据层包括气矿数据、作业区数据、监测数据和第三方系统数据，通过抽取、清晰、转换和整合，形成地理信息数据库、管道完整性数据库、安全风险数据库和应急指挥数据库等子库，按照"时间－空间－属性"对数据进行主题分类和组织，形成气田管道数据中心，为气田管道完整性管理数字化成果应用的数据分析、数据报表、数据挖掘、数据应用、数据可视化提供数据支撑。

气田管道完整性管理数字化成果应用平台系统数据库总体设计结构如图 7.2 所示。

（5）大数据分析平台。

以 BiGeo 空间信息大数据平台为底层平台架构，整合地理信息、管道完整性管理、风险管理、应急指挥等主题数据，并利用地理信息、分布式并行运算、机器学习、大数据分析以及遥感技术，建立大数据分析平台，提供大数据存储引擎、大数据检索引擎、大数据分析引擎以及影像地物识别服务。

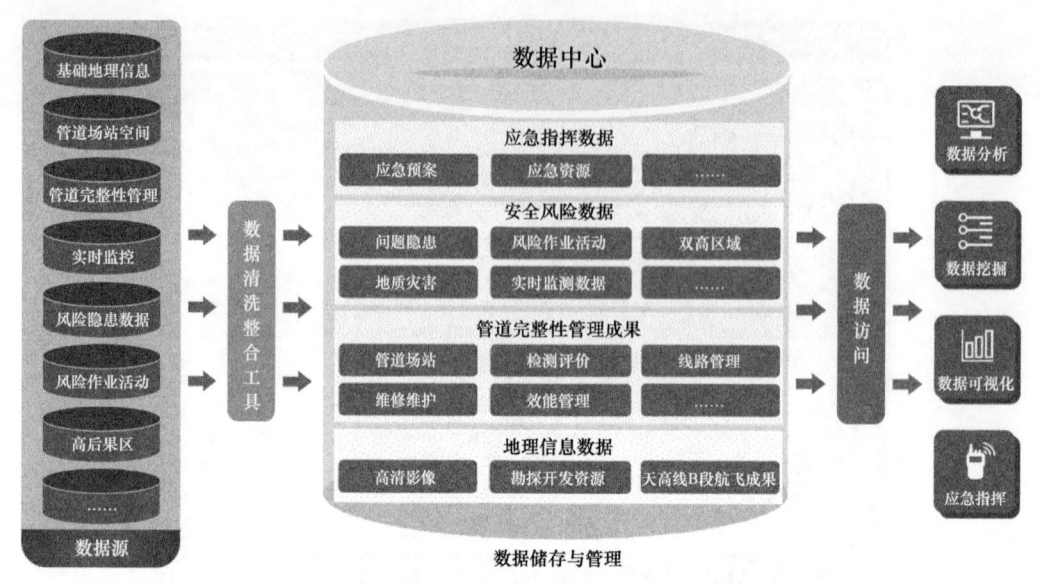

图 7.2　气田管道完整性管理数字化成果应用平台系统数据库总体设计结构

（6）应用层。

结合业务功能的需求进行应用开发，应用层包括数据查询应用、完整性管理数据分析应用、应急指挥应用、高后果区辅助识别应用和电子沙盘可视化应用等业务应用系统。

7.2.2　电子沙盘系统

如图 7.3 所示，基于 2000 坐标系，汇聚作业区卫星影像、管道高清影像及完整性管理各类空间数据建立电子沙盘系统，通过综合查询、数据分层、热点场景、三维漫游等功能，全方位、多角度展示作业区管道完整性管理数字化成果，实现各类时空数据、静态数据、动态数据的汇聚及三维直观可视。

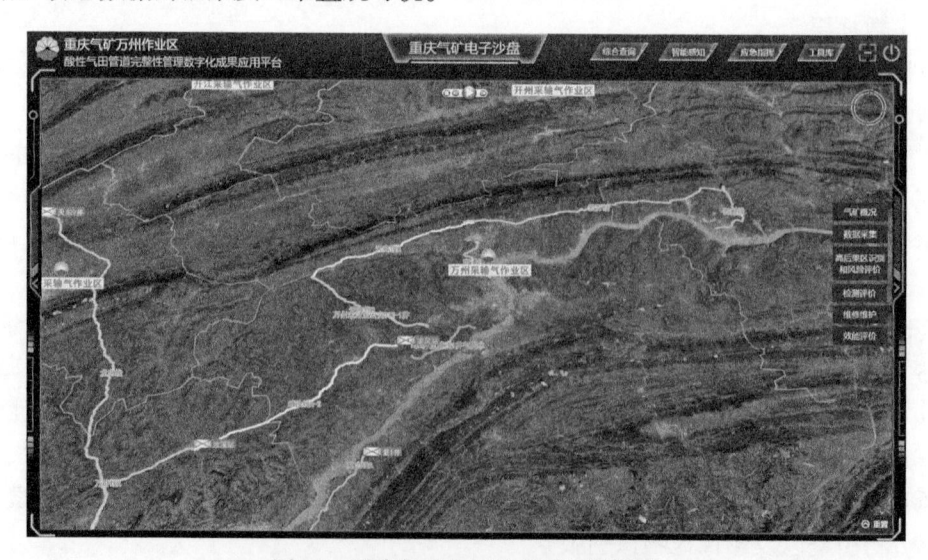

图 7.3　重庆气矿电子沙盘系统图界面

7.2.2.1 综合查询

以气田管道数据中心为基础,结合地理信息空间分析技术,实现对管道场站历史和现状数据、静态和动态数据一键式查询分析。如图7.4所示,通过设置名称关键字、属性信息、数据类型、空间位置等查询条件,查询符合条件的数据,查询结果关联属性表,以数据列表、三维地图复合方式展示。

7.2.2.2 图层控制

将业务空间数据划分为"气矿概况""数据采集""高后果区识别和风险评价""检测评价""维修维护""效能评价"6个类别。通过选择数据类别,以信息树方式对每类数据组织分层。通过图层开关打开业务专题图,在三维地图上动态叠加

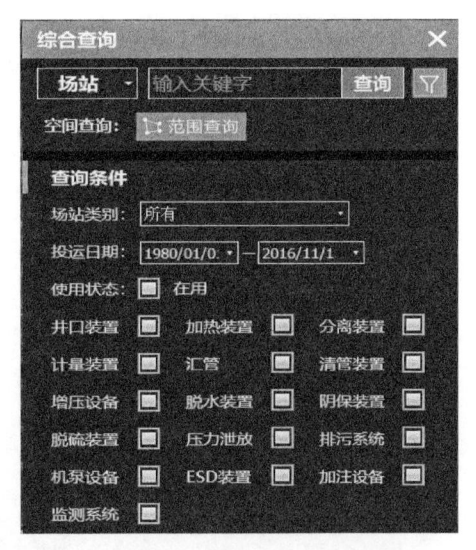

图7.4 重庆气矿电子沙盘系统数据综合查询界面

高清影像地图、基础地理信息、气矿概况、风险管理、检测评价、维修维护以及运行管理等数据,同时以数据列表的方式展示每个专题的业务数据(图7.5)。

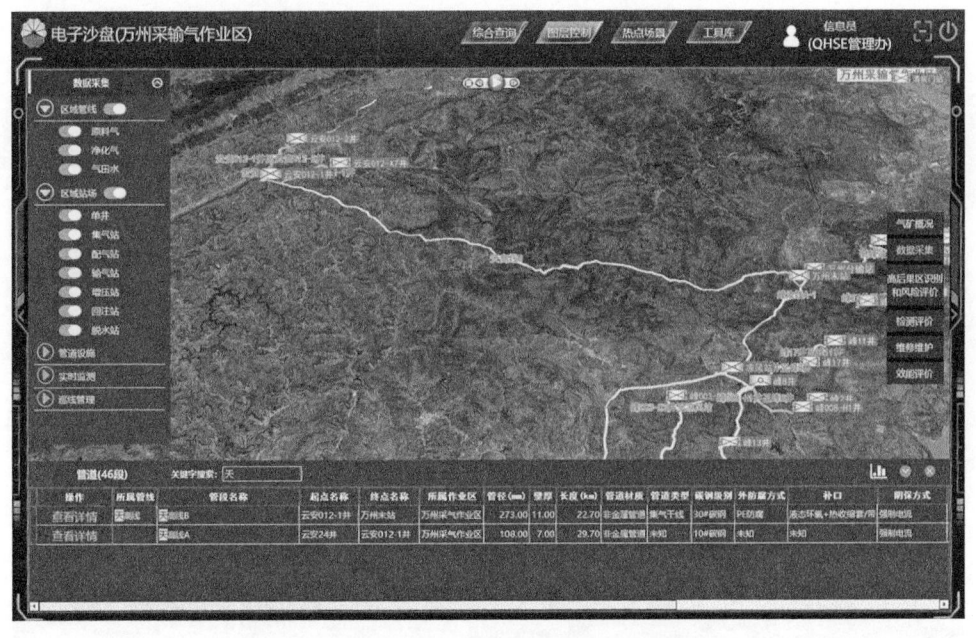

图7.5 重庆气矿电子沙盘系统图层控制图界面

7.2.2.3 热点场景

提供一键漫游管理,将用户关心的区域制作为视点和飞行路径,使用户可以快速浏览或定位到感兴趣的区域(图7.6)。

图 7.6　重庆气矿电子沙盘系统热点场景图界面

7.2.2.4　工具库

系统具备辖区全域三维地形、地貌、作业区、管线数据以及场站数据的快速加载与漫游功能，能够承载场站精细模型的展示。系统能提供灵活的、交互式的浏览漫游、空间量算功能、地图输出等功能。

例如，在三维场景中可测量两点之间的水平距离，也可以自由测量任意多边形封闭区域内的平面面积和表面积，实现对事故影响面积进行测算（图 7.7）。

图 7.7　重庆气矿电子沙盘系统面积测量工具界面

7.2.3 管道完整性管理可视化系统

根据《中国石油天然气股份有限公司气田管道完整性管理手册》规范，按照管道完整性管理"五步循环法"，全面整合管道完整性管理全过程、全要素数据，形成重庆气矿管道完整性管理可视化系统，通过大屏主题展示和数据挖掘，实现多维度对管道数据采集、高后果区识别及风险评价、检测评价、维修维护和效能评价进行画像和关联分析，增强管道完整性管理工作的可预见性、针对性和指导性。

7.2.3.1 数据采集

重庆气矿管道完整性管理可视化系统提供管道基本信息、附属设施、实时监测数据、运行数据、巡线数据的展示。以大屏可视化的方式渲染管线空间走向、起始场站的运行信息，通过列表和地图复合展示管线及附属设施，支持列表快速定位。

（1）基本信息。

如图 7.8 所示，重庆气矿管道完整性管理可视化系统提供对管道的基本信息查看的功能，包括管道的管径、壁厚、长度、管道材质、管道类型等，通过点击"更多"，以弹框的形式展示管道的全要素信息。

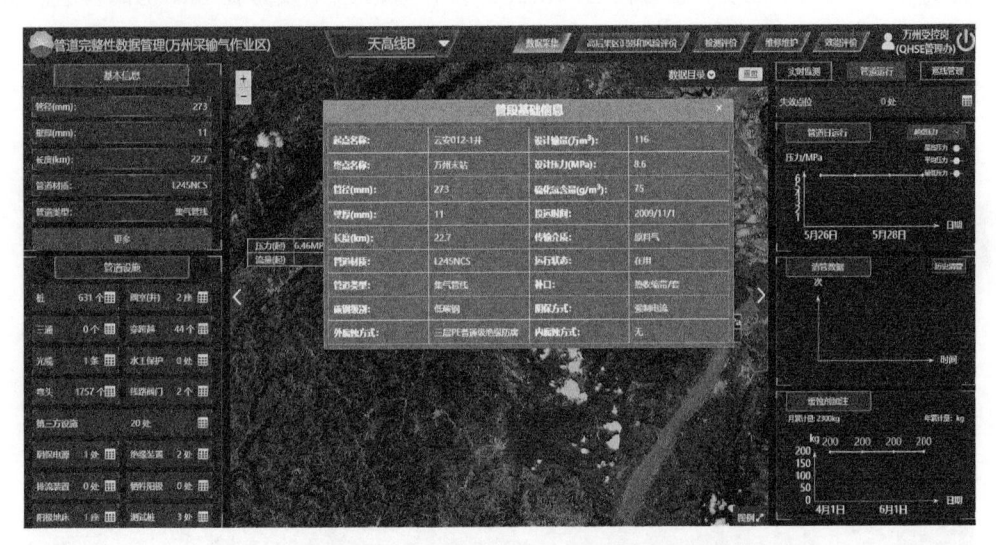

图 7.8　重庆气矿管道完整性管理可视化系统管道基础信息界面

如图 7.9 所示，重庆气矿管道完整性管理可视化系统在地图中渲染出管道的空间走向、起止场站分布，通过接入 SCADA 生产数据，展示起止场站压力流量等实时数据，地图支持二维和三维间的切换。

（2）附属设施。

系统提供对管道附属设施汇总信息以及详细信息查看的功能，以卡片的形式展示管道不同附属设施的数量汇总，包括桩、穿跨越、阀室（井）、三通、光缆、水工保护、弯头、线路阀门、第三方设施、阴极保护电源、绝缘装置、排流装置、牺牲阳极、阳极地床、测试桩等。

图7.9 重庆气矿管道完整性管理可视化系统管道空间走向界面

通过点击卡片,在地图中渲染出管道附属设施的空间位置,并以列表的方式展示设施设备的详细信息,支持点击列表记录快速定位,查看某个设施在地图上的位置,如图7.10所示。

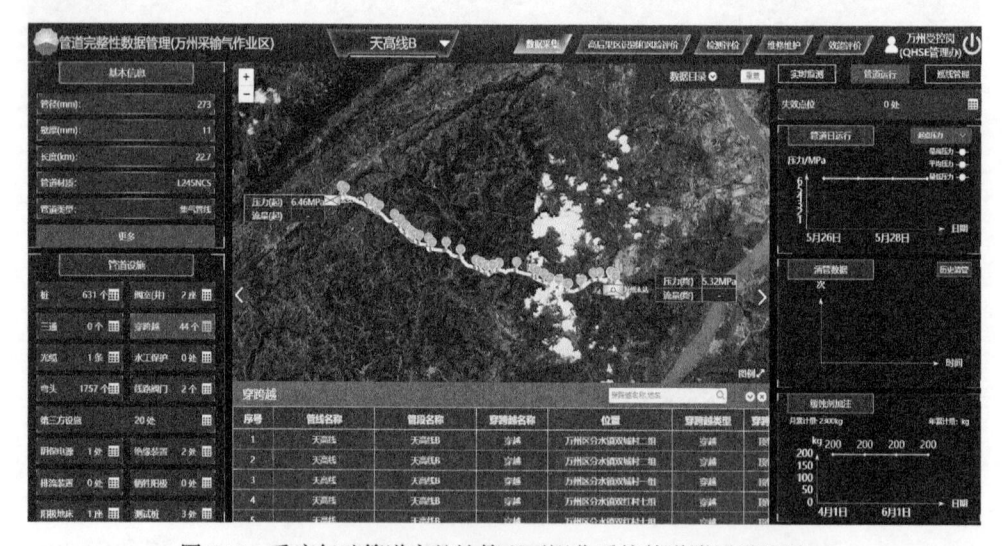

图7.10 重庆气矿管道完整性管理可视化系统管道附属设施界面

(3)实时监测。

重庆气矿管道完整性管理可视化系统实时接入并展示次声波监测、光纤监测设备采集的报警信息,包括报警时间、报警状态、报警类型等,并支持报警位置地图定位和历史查询(图7.11)。

(4)管道运行。

重庆气矿管道完整性管理可视化系统提供对管道失效点位、管道日运行、清管数据、缓蚀剂加注统计汇总功能。

- 228 -

图 7.11　重庆气矿管道完整性管理可视化系统管道实时监测界面

重庆气矿管道完整性管理可视化系统以卡片的方式展示管道历史失效次数，通过点击卡片，以列表的方式展示历史失效详情，支持点击列表记录快速地图定位的功能。通过分公司生产数据平台，系统实时接入管道的运行信息，以折线图的方式展示管道的起点压力、终点压力、运行输量、输气量、管输效率、运行效率、硫化氢含量和放空气量等信息。清管数据以柱状图的方式直观展示，通过点击"历史"按钮，以列表的方式展示管道的历史清关记录，支持点击列表记录快速地图定位的功能。缓蚀剂加注以折线图的方式直观展示历史趋势，并汇总展示最新的月加注量和年加注量。

（5）巡线信息。

重庆气矿管道完整性管理可视化系统提供管道巡线管理信息、周边信息的展示。巡线管理以卡片的方式提供第三方施工、三色预警、浮露管、视频监控点信息的汇总。通过点击卡片，在地图上渲染出第三方施工等信息的空间位置，并以数据列表的方式展示详细信息。

管线周边信息指 5m，50m，100m 和 200m 范围的人居和特定场所。通过点击表格，系统自动在地图中渲染管线周边 5m，50m 和 200m 的范围线，同时以数据列表的方式展示范围线内的人居和特定场所的详细信息，如图 7.12 所示。

7.2.3.2　高后果区识别和风险评价

高后果区识别和风险评价包括管道最新的高后果区和风险评价的汇总及详情展示，如图 7.13 所示。

（1）根据高后果区识别结果，以卡片的方式汇总最新的高后果区段数及里程，以折线图的方式直观展示管道高后果区的历史汇总结果。通过点击卡片，通过数据列表的方式展示最新高后果区详情，包括识别更新时间、编号、绝对里程、相对里程、高后果区等级、描述信息等。

（2）风险评价以卡片的方式汇总展示地质灾害风险、风险评价、隐患的信息。通过点击卡片,在地图上渲染出地质灾害风险等信息的空间分布,并以数据列表的方式展示详情信息。

图7.12　重庆气矿管道完整性管理可视化系统周边信息界面

图7.13　重庆气矿管道完整性管理可视化系统高后果区识别和风险评价界面

7.2.3.3　检测评价

根据管道最新的检测评价结果,重庆气矿管道完整性管理可视化系统提供管道内检测、内腐蚀直接评价、外腐蚀直接评价和压力试验的展示,通过列表展示评价结果,通过地图展示空间位置。

（1）内检测。

根据管道的内检测结果,重庆气矿管道完整性管理可视化系统以柱状图的方式直观展示管道的金属损失、制造缺陷、ERF值的损失率、缺陷率等信息。通过点击"更多"按钮,弹框展示管道内检测的全要素信息,同时以环形图的方式分类汇总管道的本体缺陷,包括金属损失、制造缺陷、凹陷、焊缝缺陷、椭圆变形等,如图7.14所示。

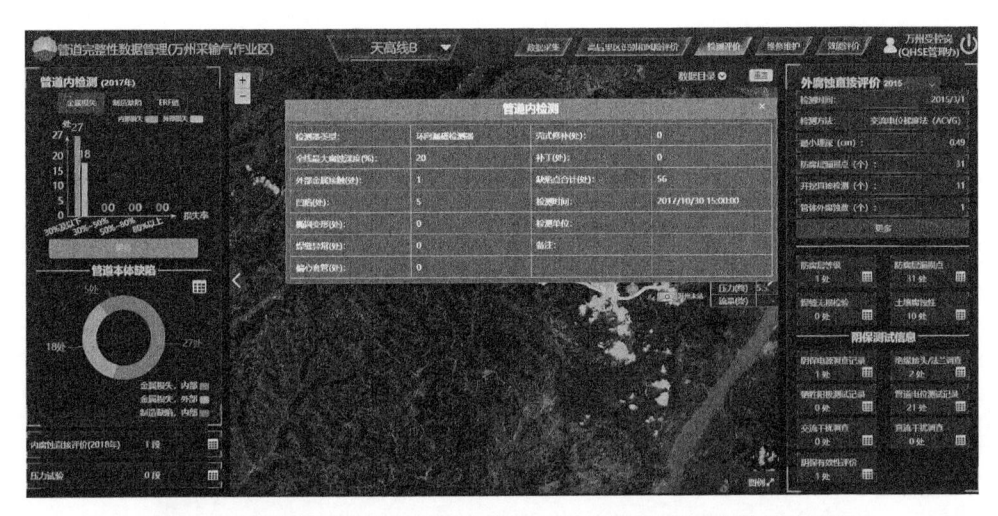

图 7.14　重庆气矿管道完整性管理可视化系统展示管道本体缺陷界面

（2）内腐蚀直接评价。

根据管道的内腐蚀直接评价结果，以卡片的方式汇总展示最近一次的内腐蚀直接评价管段数量，如图 7.15 所示。

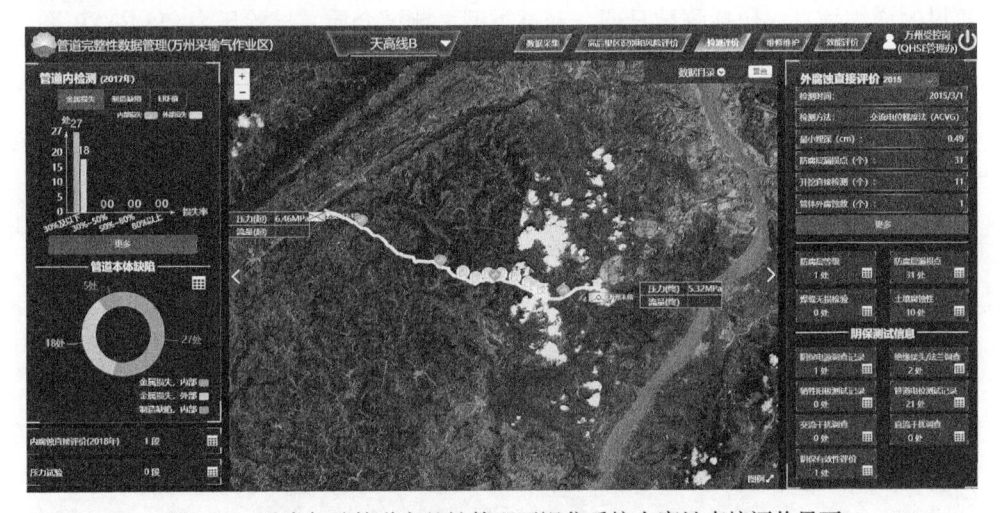

图 7.15　重庆气矿管道完整性管理可视化系统内腐蚀直接评价界面

（3）外腐蚀直接评价。

根据管道的外腐蚀直接评价结果，重庆气矿管道完整性管理可视化系统以卡片的方式展示最近一次的外腐蚀评价信息，包括检测时间、检测方法、最小埋深、防腐层漏损点、开挖直接检验个数、管体外腐蚀数等，如图 7.16 所示。通过点击"更多"按钮，弹框展示本次外腐蚀直接评价的全要素信息。同时以卡片的方式汇总展示管道的防腐层等级、防腐层漏损点、焊缝无损检、土壤腐蚀性以及阴保测试信息，包括阴保电源调查记录、绝缘接头/法兰调查记录、牺牲阳极测试记录、交流干扰调查、直流干扰调查、阴保有效性评价等。

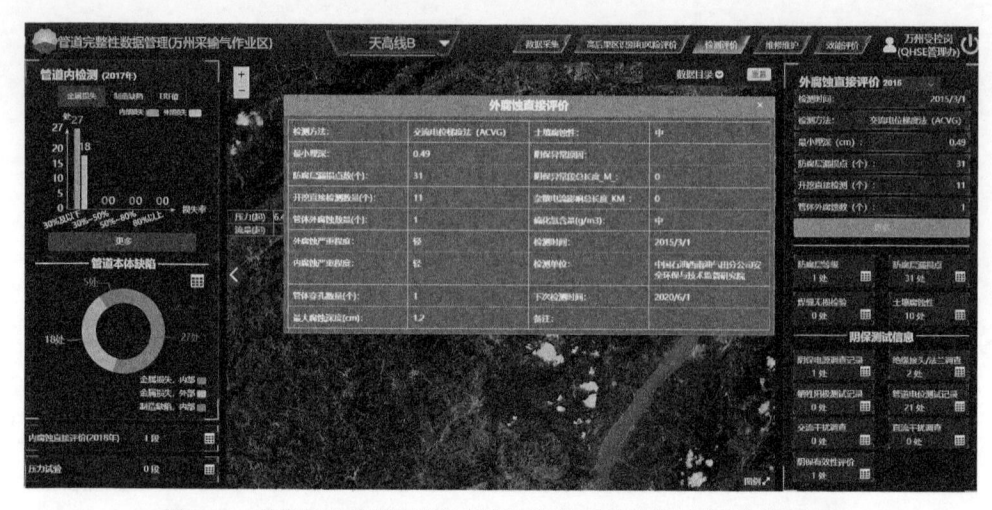

图 7.16 重庆气矿管道完整性管理可视化系统外腐蚀直接评价界面

（4）压力试验。

重庆气矿管道完整性管理可视化系统以卡片的方式汇总展示管道压力试验的段数，如图 7.17 所示。通过点击卡片，在地图上渲染出试验管段的空间位置，并以列表的方式展示每段的详细信息，包括测试日期、测试类型、测试介质、试验压力和 MOAP 等。

图 7.17 重庆气矿管道完整性管理可视化系统压力试验界面

7.2.3.4 维修维护

重庆气矿管道完整性管理可视化系统展示绝缘层修复、本体缺陷修复和管道更换的汇总数量，通过环形图、直方图、列表、地图多角度直观展示管线修复更换情况，支持列表快速定位（图 7.18）。

（1）绝缘层修复。

基于管道的绝缘层修复数据，重庆气矿管道完整性管理可视化系统以卡片的方式展示管道的绝缘层修复总数，并根据修复材料，以环形图的方式分类汇总绝缘层修复情况，通过点击卡片，在地图上渲染出绝缘层修复的空间位置，并以列表的方式展示修复的记录信息，包括地貌信息、埋深、漏点DB值、漏点尺寸、修复材料、修复日期等信息，支持按修复材料、年份对修复记录进行筛选，提供点击列表快速定位的功能。

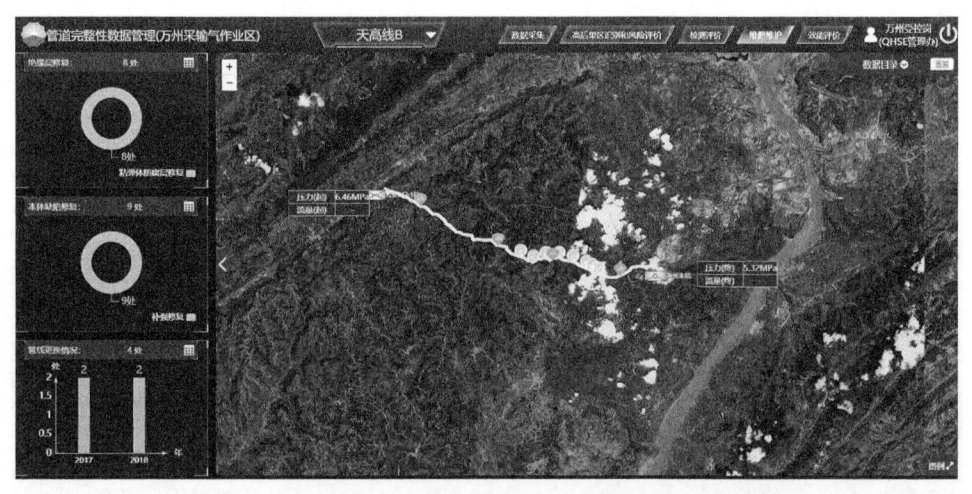

图 7.18　重庆气矿管道完整性管理可视化系统维修维护图界面

（2）本体缺陷修复。

基于管道的本体缺陷修复数据，重庆气矿管道完整性管理可视化系统以卡片的方式展示管道的本体缺陷修复总数，并根据修复措施，以环形图的方式分类汇总本体缺陷修复情况，通过点击卡片，在地图上渲染出本体缺陷修复的空间位置，并以列表的方式展示修复的记录信息，包括位置信息、绝对里程、缺陷类型、修复等级、修复方法和修复日期等，支持按位置和年份对修复记录进行筛选，提供点击列表快速定位的功能。

（3）管道更换情况。

基于管道的更换数据，重庆气矿管道完整性管理可视化系统以卡片的方式展示管道的更换汇总数量，并以柱状图的方式汇总管线的历史更换处数，通过点击卡片，在地图上渲染出管线更换的空间位置，并以列表的方式展示更换的记录信息，包括更换前管道长度、更换长度、换管材质、更换后的内防止腐方式、更换后的外防腐方式和更换日期等，支持按换管材质和年份对更换记录进行筛选，提供点击列表快速定位的功能。

7.2.3.5　效能评价

重庆气矿管道完整性管理可视化系统提供管道失效数据汇总，并以统计图方式展示全矿每万米失效点位数及历史变化趋势，通过点击"失效数据"卡片，以数据列表的方式展示失效记录详情，包括管线名称、管段名称、地理位置、绝对里程、相对里程、失效时间、发现方式、失效长度、失效宽度和失效原因等，支持点击列表快速定位，点击"失效报告"按钮进行失效报告的在线查看（图 7.19）。

7.2.4　高后果区智能识别与管理系统

高后果区（HCA）指如果管道发生泄漏会严重危及公众安全和（或）造成环境较大

破坏的区域。高后果区内的管段是实施风险评价和完整性评价的重点管段。根据中国石油勘探与生产分公司《气田管道高后果区识别和风险评价程序》（KT/GIM/CX-04）的标准和规范，基于0.8~2m卫星影像、管道中心线以及管道三桩数据，利用大数据分析和可视化展示等技术，形成重庆气矿高后果区智能识别与管理系统，对作业区高后果区进行智能识别、更新和管理。辅助作业区管理人员，实现高后果区识别智能化，管理高效化。

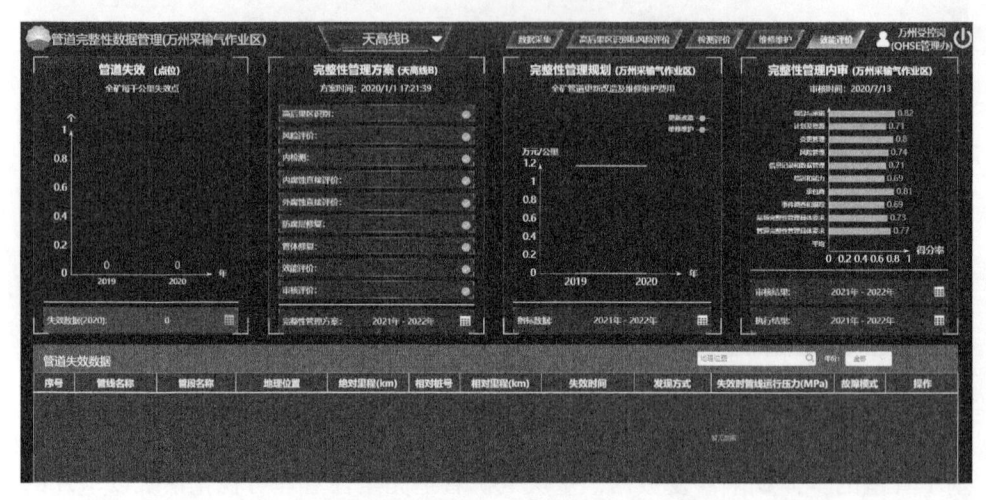

图7.19 重庆气矿管道完整性管理可视化系统管道失效记录界面

7.2.4.1 数据管理

提供根据高后果区的识别标准及要求，需要对管道沿线的人居和特定场所数据进行采集。形成重庆气矿高后果区智能识别与管理系统提供采集功能，并通过列表和地图的方式进行采集结果的展示，为高后果区智能识别提供基础数据支撑（图7.20）。

图7.20 重庆气矿高后果区智能识别与管理系统数据管理界面

巡线工通过对沿线人居和特定场所的调查，将调绘信息通过重庆气矿安全通小程序填入表单提交。数据提交后，由管理员通过系统 Web 端提供的数据审核功能，选择一条或多条信息记录，对数据进行审核。人居数据包括户主姓名、联系电话、地理位置、楼层数量、建筑面积、常住人口数、修建年份、用途等；特定场所数据包括场所名称、场所类型、地理位置、联系人、联系电话、每日聚集人数、易燃易爆品等信息。

7.2.4.2 智能识别

根据高后果区识别准则，通过新建识别任务、选择识别管线，重庆气矿高后果区智能识别与管理系统自动进行管道分段、地区等级划分、高后果区识别，形成高后果区识别成果，并提供高后果区数据导出、识别报告下载的功能，优化高后果区的识别流程，辅助基层人员快速完成高后果区识别（图 7.21）。

图 7.21　重庆气矿高后果区智能识别与管理系统智能识别界面

7.2.4.3 高后果区管理

重庆气矿高后果区智能识别与管理系统提供对高后果区的管理功能，支持高后果区的导入、新增、添加、编辑、删除等，实现高后果区的动态管理（图 7.22）。可通过列表、地图复合的方式展示高后果区信息，并支持列表定位功能。

（1）基本信息。

重庆气矿高后果区智能识别与管理系统展示高后果区信息和所属管线信息，其中高后果区信息包括高后果区编号、所属管线、长度、起始里程、终止里程、高后果区等级、人居数量、特定场所数量、易燃易爆场所数量、高后果区描述等；所属管段信息包括管线名称、管线规格、设计压力、最大允许操作压力、传输介质、设计数量、硫化氢含量、材质等。

图 7.22 重庆气矿高后果区智能识别与管理系统高后果区管理界面

（2）风险信息。

重庆气矿高后果区智能识别与管理系统以列表和地图复合的方式展示高后果区关联的隐患、风险作业活动、三色预警信息，地图上渲染出关联信息的空间分布，支持点击列表快速定位。其中隐患信息包括隐患对象、发现时间、隐患地质、隐患描述等；风险作业活动包括风险类别、风险等级、作业活动名称、作业地点、作业内容等；三色预警包括风险类型、风险位置、风险因素描述、风险措施等。

（3）监管信息。

重庆气矿高后果区智能识别与管理系统以列表和地图复合的方式展示高后果区关联的巡线记录、视频监控点的信息，地图上渲染出关联信息的空间分布，支持点击列表快速定位。其中巡线信息包括巡线编号、巡线时常、巡线开始时间、巡线结束时间、巡护长度、巡线人员信息等；视频监控点信息包括名称、监控点位置、品牌、型号等。

7.2.4.4 统计汇总

根据高后果区的识别结果，重庆气矿高后果区智能识别与管理系统宏观展示辖区内高后果区的数量及宏观分布情况，并提供高后果区分级统计、趋势分析、按管线汇总、人居特定场所的汇总的功能。全面掌握辖区内高后果区的分布、占比及变化趋势（图 7.23）。

7.2.5 管道综合监测系统

整合智能阴保桩电位监测、光纤振动预警监测、次声波泄漏监测、地质灾害监测、监控视频、SCADA 数据等物联网感知数据，利用大数据关联分析技术，建立统一的管道综合监测系统，实现不同厂商、不同种类、不同批次监测设备统一集中管理，实现报警信息一网接入，在线处置，提升管道智慧化管理水平（图 7.24）。

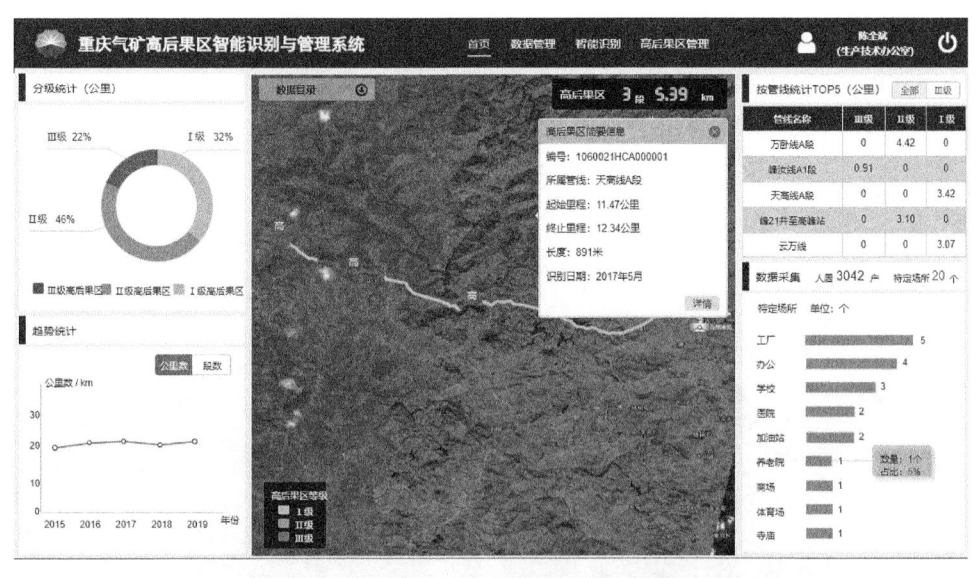

图 7.23　重庆气矿高后果区智能识别与管理系统统计汇总界面

图 7.24　管道综合监测系统外部设备

7.2.5.1　综合分析

通过阴极保护监测、视频监控、光纤预警、次声波泄漏监测和地质灾害监测 5 类监测数据，结合基础地理信息，宏观展示监测设备的分布。以统计图表的方式全方位展示辖区内的管道资产、双高汇总、设备覆盖情况、今日警情、设备运行情况。主要包括覆盖分析、设备运行分析。

（1）覆盖分析。

重庆气矿管道综合监测系统提供了辖区内管道、高后果区、高风险段的统计汇总及设备覆盖分析功能。其中管道按照介质、类别、干支线进行分类汇总，双高区域按照级别进行汇总,并分别分析设备在管道及双高地区的覆盖率(图 7.25)。可以全面直观地掌握辖区内管道资产及设备覆盖情况。

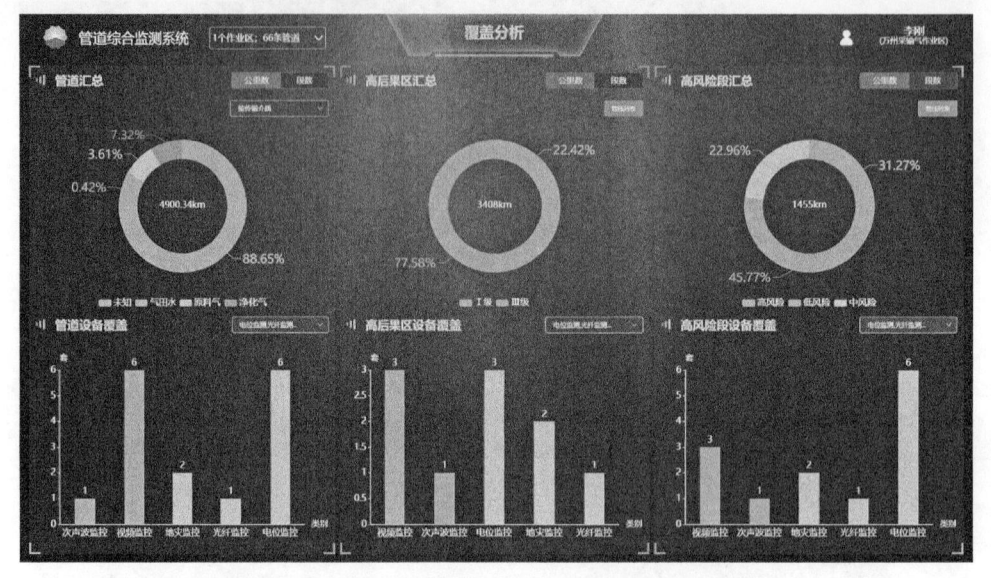

图 7.25 重庆气矿管道综合监测系统覆盖分析界面

(2)设备运行分析。

重庆气矿管道综合监测系统提供设备运行情况的统计汇总信息,包括设备异常数量汇总、设备按管线统计汇总、异常设备列表、异常设备占比分析,支持异常设备地图定位。可以及时掌握辖区内设备的运行情况。

7.2.5.2 警情分析与处置

重庆气矿管道综合监测系统提供 5 类监测设备本日、本月或本年的报警数量汇总,及警情的宏观分布,以统计图表的方式展示管线的警情汇总、报警事件的处置分析、历史报警趋势分析。可以及时掌握警情动态,为报警事件的处置提供数据支撑。

监测设备出现警情后,通过系统自动通知工作人员,一键可实现报警位置快速定位,还可以查看警情详细信息、报警管段基本信息、管段运行压力、周边影响、历史报警情况以及周边巡线人员等信息,辅助受控人员研判分析,确定为非警情时,撤销报警,确定为警情,完成处置后,修改警情处置状态(图 7.26)。

7.2.5.3 电位监测

重庆气矿管道综合监测系统电位监测主要包括恒电位仪实时监测数据、智能阴极保护桩远传监测数据和巡线人员上报的普通测试桩电位监测数据,通过实时监测、警情分析、设备管理等功能,实现电位监测的专题管理。

(1)实时监测。

重庆气矿管道综合监测系统从人防、技防的角度分类汇总恒电位仪、阴极保护测试桩及远传设备的总数和异常数、报警电位的超限数,以时间段、区域、管段等为基准,对通电电位、断电电位、自然电位和交流干扰电压等异常数据进行分类统计，并展示当前报警事件基本信息和位置信息。

图 7.26 重庆气矿管道综合监测系统警情处置界面

（2）电位监测警情分析。

重庆气矿管道综合监测系统提供电位监测设备的警情分析，主要包括恒电位仪、智能阴保测试桩、普通阴保测试桩，提供监测时间（本日、本月或本年）选择对报警情况进行过滤，利用表格、统计图和地图分布等方式，分析展示警情汇总情况、空间分布、处置情况、历史趋势等信息，辅助管理人员及时掌握电位监测警情动态，为警情事件的处置提供数据支撑。

（3）设备管理。

重庆气矿管道综合监测系统提供电位监测设备信息的管理，通过设置设备类别、设备类别、管道等查询条件，对设备信息进行查询，查询结果以表格和地图复合方式进行展示。通过表格可以实现与地图的联动定位，展示恒电位仪保护的管段信息和阴保测试桩监测的管段。

通过查看详情，可以展示恒电位仪和阴极保护测试桩监测的详细点位信息，包括恒电位仪保护点位、输出电压、输出电流和阴极保护测试桩的自然电位、通电电位、断电电位、直流干扰电压、交流干扰电压、直流电流密度和交流电流密度等监测指标信息。还可以展示全管线所有阴极保护测试桩某一监测指标的变化趋势，辅助管理人员分析研判恒电位仪运行状况。

7.2.5.4 三类报警监测

提供作业区、管道、监测时间（本日、本月或本年）选择对光纤预警报警、次声波泄漏监测报警、视频闯入监测报警情况进行过滤，利用表格、统计图和地图分布等方式，分析展示警情汇总情况、空间分布、处置情况、历史趋势等信息，辅助管理人员及时掌握光纤预警监测、次声波泄漏监测、视频闯入警情动态，为警情事件的处置提供数据支撑。

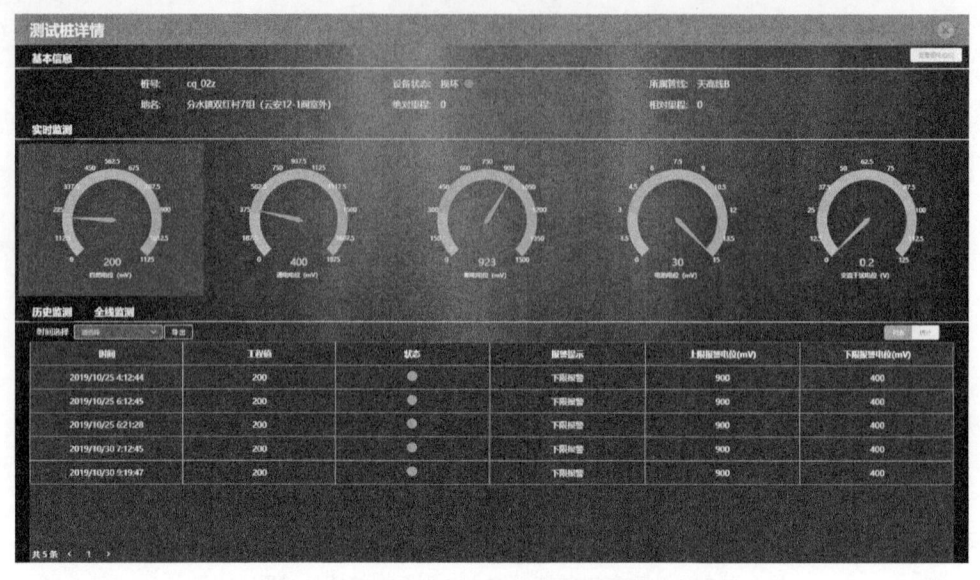

图 7.27　阴极保护测试桩电位监测指标详情

7.2.6　应急指挥系统

以三维地理信息为载体，全面集成作业区各类静态和动态信息、智能感知设备和应急资源，提供智能感知预警、一键报警、接警快速分析、事件智能分级、大数据协同指挥等功能，形成重庆气矿应急指挥闭环管理，为应急指挥提供辅助决策，实现应急抢险指挥一体化管控，提升处理突发事件的应急能力。

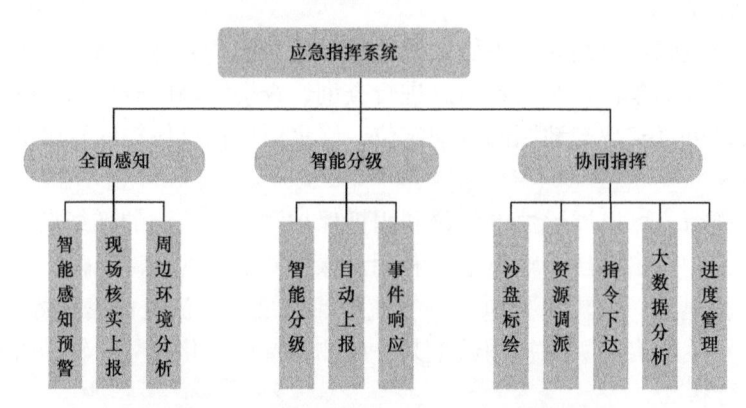

图 7.28　重庆气矿应急指挥系统总体功能结构图

7.2.6.1　接警上报及周边影响分析

重庆气矿应急指挥系统提供电话、安全通小程序、智能报警等方式上报险情，实现安全事件类型、位置、现场照片、视频、人员伤亡等信息一键上报；调度室人员接警后，系统自动进行周边分析，实现事件影响对象、上下游关系、周边影响、应急资源等信息智能分析（图7.29）。

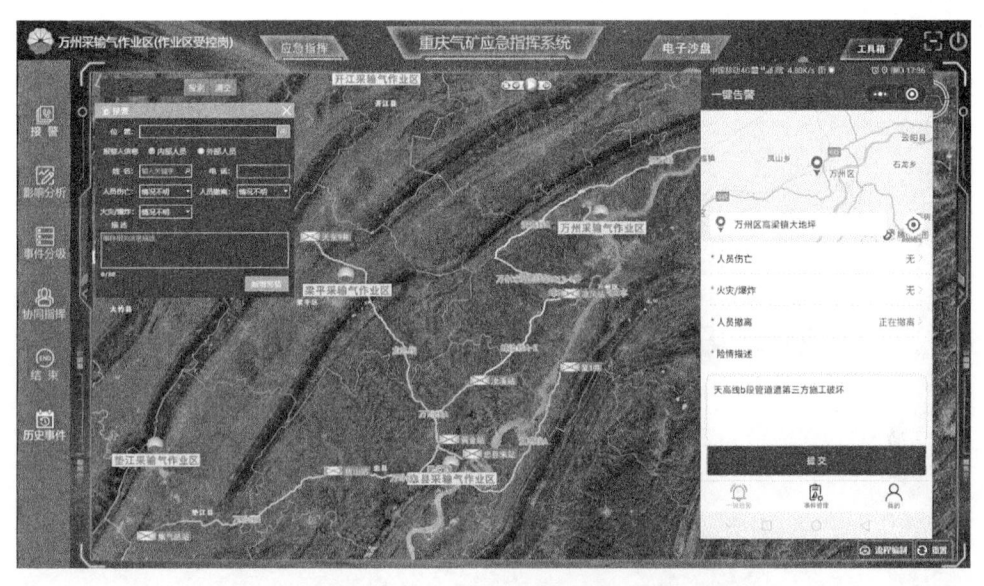

图7.29 重庆气矿应急指挥系统接警上报分析界面

7.2.6.2 应急事件管理

通过消息推送技术，重庆气矿应急指挥系统将报警信息上报到作业区调控中心，在指挥首页通过警报声和弹窗方式进行提醒调控中心人员，支持快速在三维场景中定位突发事件和查看事件基本信息，同时可对历史事件进行查询展示（图7.30）。

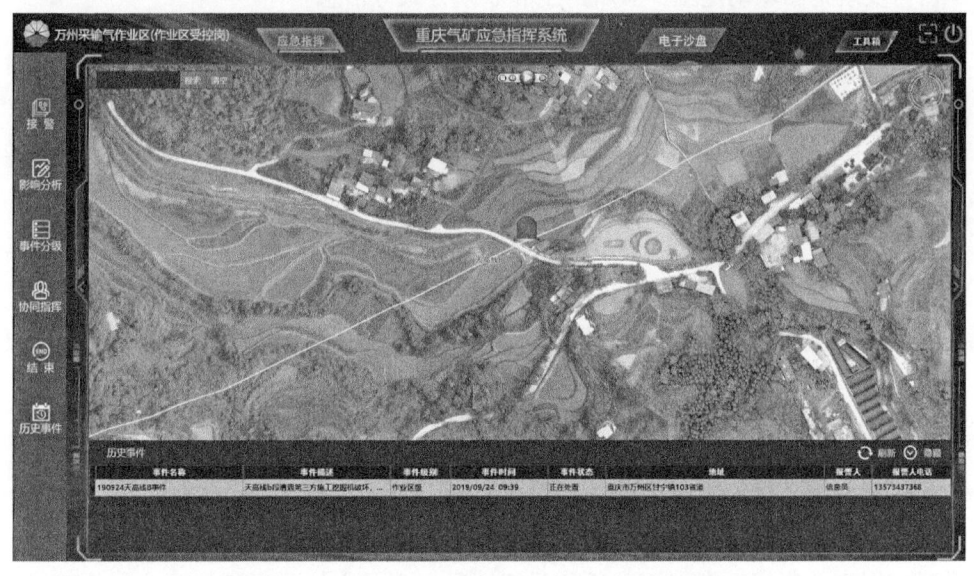

图7.30 重庆气矿应急指挥系统应急事件管理界面

7.2.6.3 周边影响分析

调度室人员接警后,通过三维空间关联分析,重庆气矿应急指挥系统自动完成事件点周边的环境分析,主要包括周边影响情况、上下游影响情况和应急资源情况等(图7.31)。

图 7.31 重庆气矿应急指挥系统周边影响分析界面

(1)周边影响情况。

智能分析出事故周边 100m 和 300m 的人居分布和特定场所等的汇总信息和详细列表,双击可实现地图联动定位,查看户主和联系方式等信息。

(2)上下游影响情况。

自动分析出影响管段的上下游场站(阀室),展示联系人和联系方式。

(3)应急资源情况。

结合实时导航数据,自动运算周边应急资源的距离和到达时间,按到达时间进行排序。应急资源包括医疗单位、消防机构、政务机构和环境监测站。

(4)应急事件响应。

根据现场情况和影响力分析结果,进行人机研判,事故确认后,系统匹配专项预案,对接短信平台给应急人员发送短信通知,启动应急预案,生成事件简报,抄送给应急人员,实现应急事件响应,支持多级协同应急响应。

7.2.6.4 人员调派管理

重庆气矿应急指挥系统提供指令下达、人员定位、在线通知和任务在线反馈等功能,实现指挥中心与现场人员的连接,各级调控中心能够快速查看现场文字消息、图片和视频,及时掌握事故现场动态,汇总任务反馈情况;现场人员可以通过安全通APP上报人员疏散、气体监测和现场图片等情况(图7.32)。

图 7.32　重庆气矿应急指挥系统人员调派管理图

（1）应急人员分组。

系统自动创建气体监测、周边警戒和人员疏散组，现场操作人员还可以根据实际需求创建临时工作组。

（2）任务下达。

现场操作人员通过空间位置标绘向应急人员下发指令，应急人员收到任务后，可通过移动设备导航功能快速前往指定地点，实现任务位置的分析。

（3）任务情况反馈。

应急处置人员可利用移动终端上报气体监测、人员疏散的进展情况和现场照片。操作人员收到线下报告后，可手动添加任务完成情况。同时提供一键汇总功能，按任务类别汇总进展情况，辅助领导快速准确掌握现场救援情况。

7.2.6.5　应急资源调派管理

结合事件位置和事件的特点，通过三维 GIS 分析技术，重庆气矿应急指挥系统可快速分析出与该事件特点匹配的医疗机构、消防机构、应急物资以及最近的派出所和村委会，并集成实时交通路况数据，对事故周边应急资源进行在线路径规划，获取导航路径、距离、所需时间等信息，自动推荐最优行进路线（图 7.33 至图 7.35）。

7.2.6.6　应急处置进度管理

重庆气矿应急指挥系统提供应急指挥进度管理功能，操作专员根据指令下达和反馈情况，记录应急抢险指挥过程每个步骤完成时间、内容、人员，实现事件应急指挥进度情况的快速查看和复盘，为各级领导快速查看应急指挥进度情况提供支撑。主要包括应急处置流程编制、选择和查看（图 7.36）。

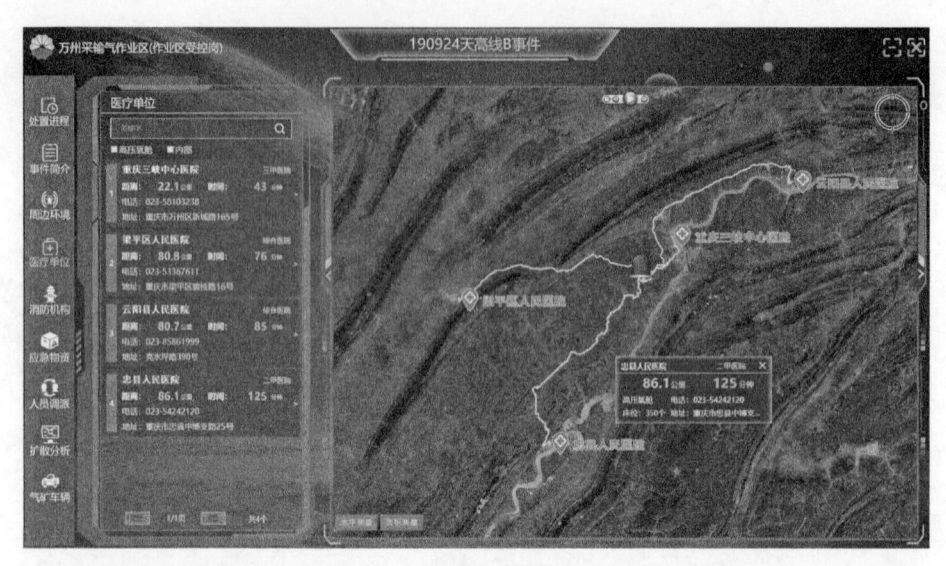

图 7.33　重庆气矿应急指挥系统分析医疗单位分布情况

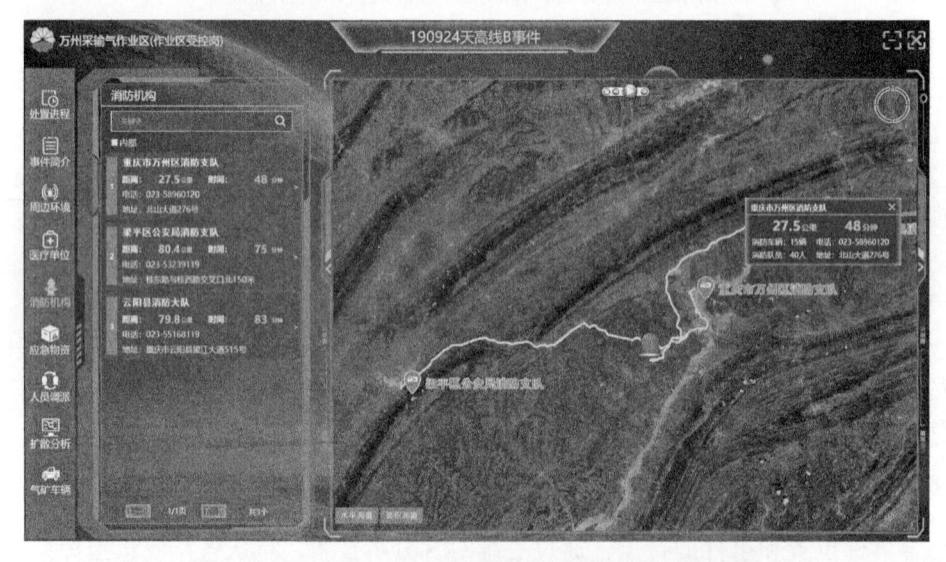

图 7.34　重庆气矿应急指挥系统分析消防机构分布情况

（1）应急处置流程编制。

提供受控人员对应急处置流程进行编制，实现流程节点新增、编辑和删除，流程编制完成后，还可自动关联应急预案。

（2）应急流程选择。

应急事件发生后，系统根据事件类别自动关联应急处置流程，同时支持应急处置流程的调整。

（3）应急处置流程查看。

现场操作人员对各流程节点的完成情况进行标识，同步更新到大屏端和移动终端，方便领导及时、准确地掌握应急事件的处置进程。

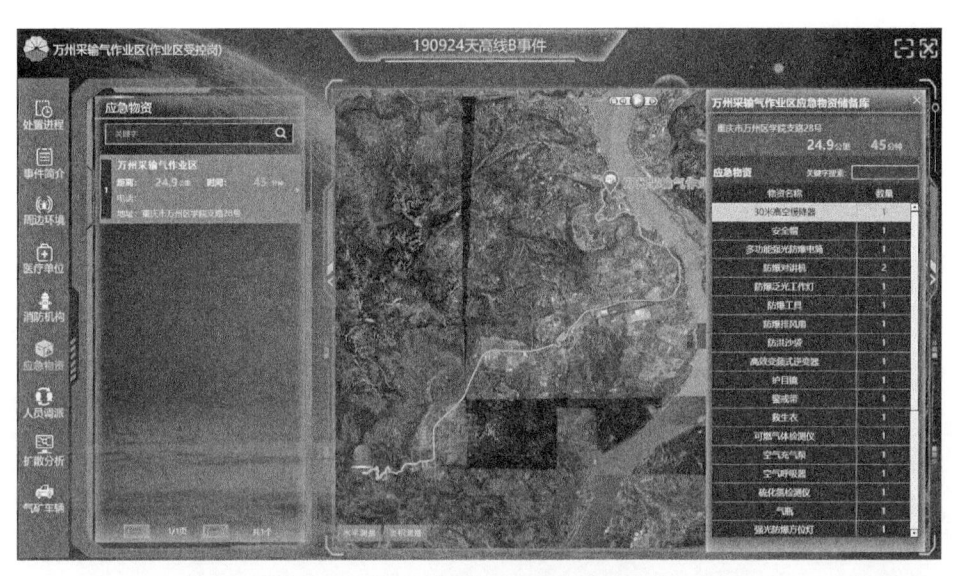

图 7.35 重庆气矿应急指挥系统分析应急物资分布与清单

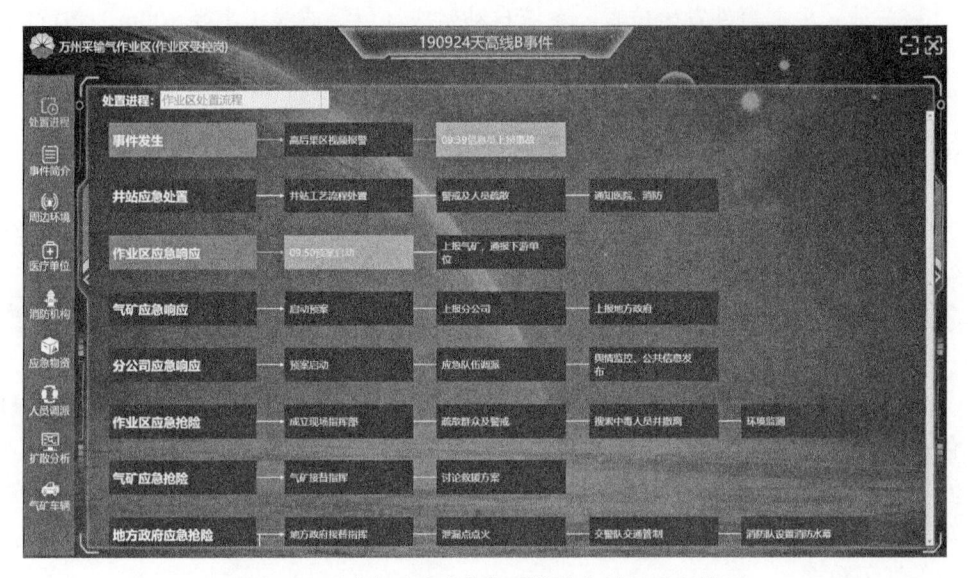

图 7.36 重庆气矿应急指挥系统应急处置进程管理

7.2.6.7 现场处置管理

根据事故位置、三维地形、天气信息、影响区域等因子，绘制警戒线、安置区、撤离路线、人员布置、车辆停放区域等要素，并利用警戒线建立电子围栏，若有现场人员（携带安全通）闯入，系统自动报警提示，辅助领导对现场情况的掌握（图 7.37）。

（1）实时标绘。

重庆气矿应急指挥系统结合三维场景和气象数据，提供现场操作人员对现场处置情况进行标绘，包括警戒线、疏散集合点、撤离路线、任务地点、指挥部、停车区域、车辆布置、特定场所、重要位置等。

图 7.37　重庆气矿应急指挥系统现场处置管理

①警戒线：根据事件发生位置，系统自动生成红色警戒线（半径 100m）和黄色警戒线（半径 300m），还提供警戒线的新增和编辑，同时设置线条样式、颜色、半径和文字标注快速生成警戒线，并向各终端同步。

②疏散集合点：提供疏散集合点标绘工具，实现疏散集合点一键标注，并向各终端同步。

③撤离路线：提供撤离路线标绘工具，实现撤离路线的快速绘制，同时提供路线颜色、线条样式和文字标注的设置，并向各终端同步。

④指挥部：提供指挥部标绘工具，实现指挥部位置的一键标注，同时提供边框颜色、矩形长度、矩形宽度、样式和文字标注的配置，并向各终端同步。

⑤停车区域：提供停车区域标绘工具，实现停车区域位置的一键标注，同时提供边框颜色、矩形长度、矩形宽度、样式和文字标注的配置，并向各终端同步。

⑥车辆布置：提供车辆布置标绘工具，实现车辆位置的一键标注，包括普车车辆、救护车、消防车和警车等类型，并向各终端同步（图 7.38）。

（2）气象数据。

重庆气矿应急指挥系统提供气象数据对接和录入功能，实现气象监测指标（包括风速、压强、温度、湿度和风向）的接入，系统自动根据气象指标数据，自动生成风向标绘信息，并同步推送到各终端。

7.2.6.8　电子围栏

重庆气矿应急指挥系统根据警戒线（其中红色为一级警戒区域、黄色为二级警戒区域）形成事件电子围栏，当持有安全通 APP 的工作人员进入电子围栏，大屏端和手机端同时报警，并持续对进入人员进行动态监控，同时根据高清影像和警戒线分布情况，设置及交通管制点，确保充分保障现场人员的人身安全。

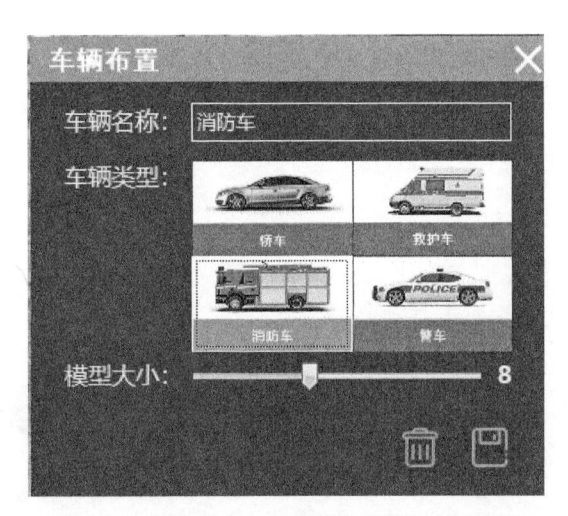

图 7.38　重庆气矿应急指挥系统车辆布置标绘

7.2.6.9　扩散分析

重庆气矿应急指挥系统对接第三方专业软件运算结果，实现扩散范围和点火爆炸范围的动态模拟，为领导决策提供数据支撑。

（1）扩散分析管理。

系统提供操作人员对扩散分析成果管理，通过设置时间，录入有毒气体 0.002%（体积分数）含量和 0.01%（体积分数）含量的最大影像范围的长度和宽度，同时还提供泄漏点电话爆炸影响范围的信息的录入（图 7.39）。

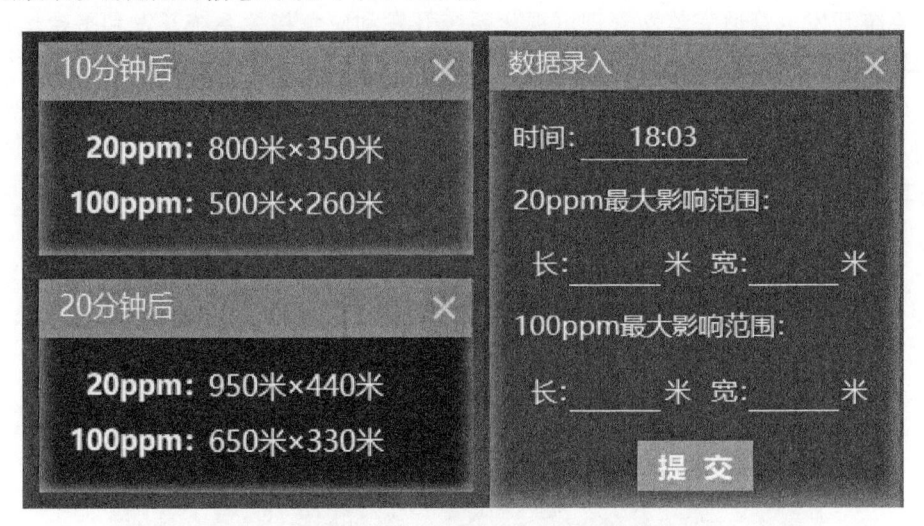

图 7.39　重庆气矿应急指挥系统扩散分析管理界面

（2）动态推演。

根据有毒气体 0.002%（体积分数）含量和 0.01%（体积分数）含量的最大影像范围的长度和宽度和时间，动态模拟推演有毒气体扩散路径，同时还提供爆炸影响范围，辅助应急人员研究现场处置方案（图 7.40）。

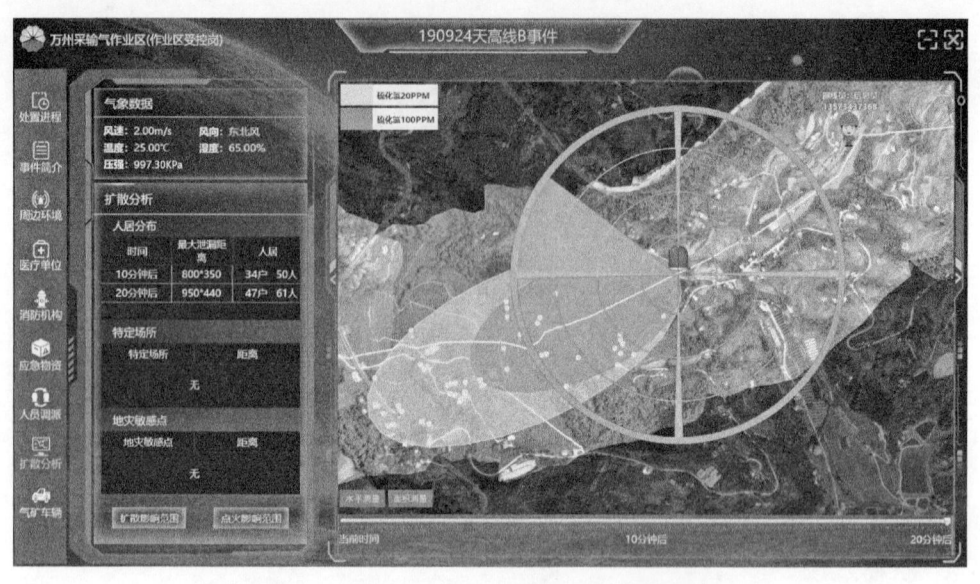

图 7.40　重庆气矿应急指挥系统动态推演界面

7.3　数字化平台应用

2019年12月，重庆气矿以万州作业区为示范区，将历年试点工程成果集成启动了气田完整性管理数字化成果应用平台项目。2020年6月全面完成天高线B段设计采集、电子沙盘系统开发、管道完整性管理可视化系统开发和应急指挥系统开发和平台运行。酸性气田管道完整性管理数字化成果应用平台的建立是基于重庆气矿多年来在管道完整性管理上取得的成果，包括电子沙盘、管道完整性数据管理、高后果区智能识别、管道综合监测、应急指挥等，实现了数据展示可视化、查询分析智能化、风险监控动态化、应急指挥科学化。

图 7.41　重庆气矿酸性气田管道完整性管理数字化成果应用平台界面

表 7.1 重庆气矿酸性气田管道完整性管理数字化成果应用平台系统建设成果

序号	项目	主要功能
1	管道场站数据查询子系统	1套。提供管道、场站数据全要素在线查询、统计和空间分析等功能
2	完整性管理数据分析子系统	1套。提供数据采集、高后果区、风险评价、完整性评价、风险消减与维修、效能评价数据查询、统计、分析等功能
3	应急指挥子系统	1套。提供一键报警、接警及影响力分析、预案启动和协同指挥等功能
4	高后果区辅助识别子系统	1套。建立高后果区辅助识别数字模型，依托空间大数据实现高后果区智能辅助识别等功能
5	电子沙盘可视化子系统	基于三维地理信息，提供万州作业区勘探开发空间数据可视化，管道、场站大数据电子沙盘可视化等功能
6	三维GIS平台	1套。提供大场景漫游、海量数据加载及空间分析能力基础平台支撑
7	大数据中心及分析平台	1套。提供大数据存储、管理和计算的平台框架
8	影像地物识别服务	1项。基于管线数据及卫星影像数据，利用机器学习及大数据分析技术，对天高线B段管线中心线两侧各200m范围内进行自动识别服务

7.3.1 空间可视化应用

通过建设电子沙盘系统实现了完整性管理数据的空间可视化。电子沙盘基于2000国家大地坐标系，汇聚万州作业区全域范围4000km² 的三维地形场景和卫星影像，加载了天高线B段23km管道中心线左右各250m范围优于0.1m分辨率的正射影像，并完成天高线B段23km人居调绘，其中人居838户，特定场所10处。实现了管线数据以及场站数据的快速加载与漫游功能，通过数据分层展示、作业区总览、全景可视化，全方位、多角度展示万州作业区管线、场站空间走向及分布，微观实现管线、场站空间查询分析。目前，已入库管线1041段，场站631座。

7.3.2 完整性管理数据管理应用

通过运用先进的计算机可视化技术、地理信息技术、机器学习以及大数据挖掘技术，以管道完整性管理规范为依据，多维度对气田完整性管理过程进行画像、监测和关联分析，将各类数据按照主题和专题进行重新组织，并提供了空间数据分析引擎，如管道缓冲区分析、管道关联分析、影像自动识别、剖面分析等，有效将各类数据进行整合、关联性分析，盘活了气矿各类数据，提升数据利用率和价值，增强了气田完整性管理工作的可预见性、针对性和指导性。

7.3.3 高后果区辅助识别应用

通过建设高后果区智能识别系统实现了根据高后果区识别的方法和算法模型，结合

0.8～2m卫星影像和管道中心线左右两侧各200m范围内的测绘调查数据，建立高后果区智能识别算法模型，按照高后果区识别规则，绘制管道识别距离线，逐一确认识别距离线范围内存在的高后果区，实现天高线B段示范区高后果区自动辅助识别，生成分析报告。

7.3.4 各类监测系统集成应用

通过整合光纤第三方破坏预警监测、次声波泄漏监测、阴极保护电位监测、地质灾害监测、生产数据（压力、流量、温度等）以及视频监控等物联网感知数据，利用大数据关联分析技术，建立统一的管道综合监测系统，提供监测设备资产统计、覆盖率分析、智能预警、警情分析以及设备运行监控等功能，实现不同厂商、不同种类和不同批次监测设备统一集中管理；实现管道监测设备一网接入、预警预测一网分析和警情信息一网处置，大大提升受控岗人员的工作效率，提升管道智慧化管理水平。

目前已经接入了阴极保护电位监测设备、光纤振动预警监测设备、次声波泄漏预警监测设备、地质灾害监测设备、恒电位仪、视频点及SCADA数据系统（表7.2）。

表7.2 监测系统接入成果

序号	监测类型	对接指标	完成情况
1	光纤震动预警监测	设备信息（布设位置，敷设长度等）、报警信息（报警时间、位置、类型等）	已接入系统并展示
2	次声波泄漏监测	设备信息（首末端布设位置，监测管段长度等）、报警信息（报警时间、位置、类型等）	已接入系统并展示
3	智能阴极保护桩电位监测	设备信息、电位信息（自然电位，通电电位、断电电位、交流干扰电压、电池电位等）	已接入系统并展示
		设备信息、电位信息（自然电位，通电电位、断电电位、交流干扰电压、电池电位等）	已接入系统并展示
		设备信息、电位信息（自然电位，通电电位、断电电位、交流干扰电压、电池电位等）	已接入系统并展示
4	视频闯入报警	监控视频	已接入系统并展示
5	地质灾害监测	雨量计、深部位移、土压力等地质灾害监测数据	已接入系统并展示

7.3.5 应急指挥应用

通过建立万州作业区全流程应急指挥应用系统，涵盖了事前预防、事中指挥和事后分析三个维度，日常状态下实现数据管理及展示、风险上报及处置、双高区域动态监控及应急桌面推演；应急状态下实现APP一键报警、接警快速分析、事件智能分级、协同指挥科学有效，可有效提升风险管理、应急指挥的准确性、时效性和科学性。

参考文献

《管道完整性管理技术丛书》编委会,2020.管道完整性管理系统平台技术［M］.北京：中国石化出版社.

《天然气脱水》编写组,2018.天然气脱水［M］.北京：石油工业出版社.

董绍华,2015.管道完整性管理技术与实践［M］.北京：中国石化出版社.

顾锡奎,何鹏,陈思锭,2019.高含硫长距离集输管道腐蚀监测技术研究［J］.石油与天然气化工,48（1）：68-73.

何鑫,李媛,刘正雄,等,2019.重庆某输气管道地铁杂散电流干扰检测评价与防护案例研究［J］.腐蚀科学与防护技术,31（3）：263-271.

胡德芬,秦伟,冉丰华,等,2020.天然气生产数据集成整合与智能分析系统［J］.天然气工业,40（11）：96-101.

姜越,孟然,张庆,等,2018.川东地区天然气管道干气输送效果分析［J］.中国石油和化工标准与质量,38（14）：104-105.

刘年忠,付建华,陈开明,2005.天然气管道智能清管技术及应用［J］.天然气工业（9）：116-118,162-163.

马军,2012.管道巡检实现远程精确监控［J］.中国石油石化（19）：76.

孟凡,汤棠,2019.天然气管道地质灾害及其风险控制分析［J］.中国石油和化工标准与质量,39（13）：76-77.

裴秀丽,谭慧敏,王建军,等,2011.正常加注工艺中缓蚀剂液滴在湿天然气集输管道内流动分布的数值研究［J］.化学工程与装备（4）：1-8.

青松铸,范小霞,阳梓杰,等,2016.ASME B31G—2012标准在含体积型缺陷管道剩余强度评价中的应用研究［J］.天然气工业,36（5）：115-121.

石鑫,2012.油气集输管道缓蚀剂清管涂膜防腐技术［J］.生产实践,7（26）：60-64.

帅健,董绍华,2017.油气管道完整性管理［M］.北京：石油工业出版社.

王毅辉,李勇,蒋蓉,等,2013.中国石油西南油气田公司管道完整性管理研究与实践［J］.天然气工业,33（3）：78-83.

吴东容,敬加强,杜磊,2013.输气管道缓蚀剂预膜及控制技术［J］.油气储运,5（32）：485-488.

谢崇文,罗欢,李潮浪,2020.电磁涡流检测技术在气田集输管道内检测中的应用与分析［J］.管道技术与设备（6）：27-30.

雍芮,游春莉,张宸,等,2021.电磁涡流内壁检测技术在重庆气矿的应用［J］.石油石化物资采购（28）：46-48.